21世纪高等职业教育计算机技术规划教材

计算机
应用基础立体化教程

◎ 吴银芳 薛继成 主编
◎ 夏前正 主审

人民邮电出版社
北京

图书在版编目（CIP）数据

　　计算机应用基础立体化教程：配多媒体教学系统 / 吴银芳，薛继成主编. -- 北京：人民邮电出版社，2015.2（2018.1重印）
　　21世纪高等职业教育计算机技术规划教材
　　ISBN 978-7-115-37509-4

　　Ⅰ．①计… Ⅱ．①吴… ②薛… Ⅲ．①电子计算机—高等职业教育—教材 Ⅳ．①TP3

　　中国版本图书馆CIP数据核字(2014)第278950号

内 容 提 要

　　本书针对高职计算机基础教育，为帮助在校大学生掌握计算机基础知识和实用操作技能而编写。内容讲解以任务驱动的形式贯穿全书，知识点通过实例进行分析。书中精选了贴近学生生活的实际案例，尽力将每一个知识点都融合到具体的案例中，采用了大量图片；实例的操作步骤详细，遵循由浅入深、循序渐进的原则，注重实际的计算机应用能力和操作技能以及学生自主学习能力的培养。

　　本书内容共分6个单元：单元1为计算机基础知识，单元2为 Windows 7 操作系统基础知识，单元3为 Word 2010 文字处理实例，单元4为 Excel 2010 数据处理实例，单元5为 PowerPoint 2010 应用实例，单元6为网络基础和 Internet 应用。大部分单元后配有习题，以帮助读者理解和掌握相关内容。

　　本书结构合理，内容丰富，实用性强，适合于各专业计算机基础课程的教学，也可作为计算机等级考试和自学参考之用。

　◆　主　　编　吴银芳　薛继成
　　　主　　审　夏前正
　　　责任编辑　王　威
　　　责任印制　杨林杰

　◆　人民邮电出版社出版发行　　　北京市丰台区成寿寺路 11 号
　　　邮编　100164　　电子邮件　315@ptpress.com.cn
　　　网址　http://www.ptpress.com.cn
　　　北京京华虎彩印刷有限公司印刷

　◆　开本：787×1092　1/16
　　　印张：17　　　　　　　　　　2015 年 2 月第 1 版
　　　字数：449 千字　　　　　　　2018 年 1 月北京第 5 次印刷

定价：39.80 元
读者服务热线：(010)81055256　印装质量热线：(010)81055316
反盗版热线：(010)81055315

前　言

在这个信息化的社会，随着电子技术的不断更新，懂得使用计算机已经成为当代人必备的工作技能之一，而掌握计算机技术更是诸多单位衡量人才的标准。学习计算机知识、掌握计算机的基本应用技能、培养信息素养已成为时代对我们的要求。作为 21 世纪的大学生，尽快了解、掌握计算机的基础知识，迅速熟悉、学会应用计算机及计算机网络的基本技能，是进入大学的首要学习任务之一。

"计算机应用基础"课程是大学生进入大学后的第一门计算机课程。目前新入学大学生的计算机应用水平不是零起点，而且其水平还在以较快的速度提高，因此，"计算机应用基础"课程的改革势在必行。本书是几位多年从事本课程教学的教师，融入多年的教学经验和课程建设成果编写而成的。它的内容组织遵循由浅入深、循序渐进的原则，注重实际的计算机应用能力和操作技能以及学生的自主学习能力的培养，在项目实施的基础上通过"学、仿、做"达到理论与实践相统一及知识内化的教学目的。书中每单元后都附有精选的练习题，方便读者巩固复习和练习操作。

本书由吴银芳、薛继成任主编，夏前正任主审。编写分工为胡海锋编写了单元 1，神红玉编写了单元 2，薛继成、吴银芳、蒋永旺编写了单元 3 至单元 5，朱阳春编写了单元 6。全书由吴银芳统稿。

本书配套有全程的微视频、多媒体教学系统、素材与源代码、课后习题及答案等资源。任课老师可登录人民邮电出版社教学服务与资源网（www.ptpedu.com.cn）及 http://222.184.16.210/jsjjc 下载使用。

由于编者水平有限，书中难免存在不妥之处，请读者原谅，并提出宝贵意见。

编　者

2014 年 10 月

目 录 CONTENTS

PART 1

单元 1
计算机基础知识

计算机是一种能够按照程序运行，自动、高速处理海量数据的现代化智能电子设备，由硬件系统和软件系统所组成。没有安装任何软件的计算机称为裸机。计算机可分为超级计算机、工业控制计算机、网络计算机、个人计算机和嵌入式计算机 5 类。较先进的计算机有生物计算机、光子计算机、量子计算机等。

1.1 计算机的概述

1.1.1 计算机的发展

1946 年 2 月 14 日，由美国军方定制的世界上第一台电子计算机——电子数字积分计算机（ENIAC，electronic numerical and calculator）在美国宾夕法尼亚大学问世，如图 1-1 所示。ENIAC（中文名：埃尼阿克）是美国奥伯丁武器试验场为了满足计算弹道需要研制而成的。这台计算机使用了 17 840 只电子管，长 30.48 米，宽 1 米，高 2.4 米，占地面积约 170 平方米，重达 28 t，功耗为 170 kW，其运算速度为 5 000 次/秒的加法运算，造价约为 487 000 美元。ENIAC 的问世具有划时代的意义，标志着电子计算机时代的到来。在以后 60 多年里，计算机技术以惊人的速度发展，没有任何一门技术的性能价格比能在 30 年内增长 6 个数量级。

图 1-1 世界上第一台计算机

计算机的发展大致分为以下 4 个阶段。

（1）第一阶段：电子管数字计算机（1946 年—1957 年）。

硬件方面，逻辑元件采用真空电子管，主存储器采用汞延迟线、阴极射线示波管静电存储器、磁鼓、磁芯，外存储器采用磁带；软件方面采用机器语言、汇编语言。应用领域以军事和科学计算为主。特点是体积大、功耗高、可靠性差、速度慢（一般为每秒数千次至数万次）、价格昂贵，但为以后的计算机发展奠定了基础。

（2）第二阶段：晶体管数字计算机（1958 年—1964 年）。

硬件方面，逻辑元件采用晶体管，主存储器采用磁芯，外存储器采用磁盘；软件方面，出现了以批处理为主的操作系统、高级语言及其编译程序。应用领域以科学计算和事务处理为主，并开始进入工业控制领域。特点是体积缩小、能耗降低、可靠性提高、运算速度提高（一般为每秒数十万次，可高达 300 万次/秒）、性能比第一代计算机有很大的提高。

（3）第三阶段：集成电路数字计算机（1964 年—1970 年）。

硬件方面，逻辑元件采用中、小规模集成电路（MSI、SSI），主存储器仍采用磁芯；软件方面，出现了分时操作系统以及结构化、规模化程序设计方法。特点是速度更快（一般为每秒数百万次至数千万次），而且可靠性有了显著提高，价格进一步下降，产品走向了通用化、系列化和标准化。应用领域开始进入文字处理和图形图像处理领域。

（4）第四阶段：大规模集成电路计算机（1970 年至今）。

硬件方面，逻辑元件采用大规模和超大规模集成电路（LSI 和 VLSI），软件方面，出现了数据库管理系统、网络管理系统和面向对象语言等。特点是 1971 年世界上第一台微处理器在美国硅谷诞生，开创了微型计算机的新时代，应用领域从科学计算、事务管理、过程控制逐步走向家庭。

在我国，作为人类最伟大发明的计算机，其技术的发展深刻影响着人们的生产和生活。特别是随着微型处理器结构的微型化，计算机从之前的应用于国防军事领域开始向社会各个行业发展，如教育系统、商业领域、家庭生活等。计算机的应用在我国越来越普遍，改革开放以后，我国计算机用户的数量不断攀升，应用水平不断提高，特别是互联网、通信、多媒体等领域的应用取得了不错的成绩。

计算机从出现至今，经历了机器语言、程序语言、简单操作系统和 Linux、Macos、BSD、Windows 等现代操作系统 4 代，运行速度也得到了极大的提升，第 4 代计算机的运算速度已经达到每秒几十亿次。计算机强大的应用功能，产生了巨大的市场需求。未来计算机正向着巨型化、微型化、智能化和网络化的方向发展。

（1）巨型化。

巨型化是指为了适应尖端科学技术的需要，发展高速度、大存储容量和功能强大的超级计算机。人们对计算机的依赖性越来越强，特别是在军事和科研教育领域对计算机的存储空间和运行速度等要求也会越来越高。此外，计算机的功能将更加多元化。

（2）微型化。

随着微型处理器（CPU，cental processing unit）的产生，计算机中开始使用微型处理器，这使得计算机体积缩小了，成本降低了。另一方面，软件行业的飞速发展提高了计算机内部操作系统的便捷度，计算机外部设备也趋于完善。计算机理论和技术上的不断完善促使微型计算机很快渗透到全社会的各个行业和部门中，并成为人们生活和学习的必需品。40 年来，计算机的体积不断缩小，台式电脑、笔记本电脑、掌上电脑、平板电脑体积逐步微型化，为人们提供便捷的服务。因此，未来计算机仍会不断趋于微型化，体积将越来越小。

（3）网络化。

互联网将世界各地的计算机连接在一起，使人类社会从此进入了互联网时代。计算机网络化彻底改变了人类世界，人们通过互联网进行沟通、交流（腾讯 QQ、微博等），教育资源共享（文献查阅、远程教育等）、信息查阅共享（百度、谷歌）等，特别是无线网络的出现，极大地提高了人们使用网络的便捷性，未来计算机将会进一步向网络化方面发展。

（4）人工智能化。

计算机人工智能化是未来发展的必然趋势。现代计算机具有强大的功能和运行速度，但与人脑相比，其智能化和逻辑能力仍有待提高。人类不断在探索如何让计算机能够更好地反映人类思维，使计算机能够具有人类的逻辑思维判断能力，可以通过思考与人类进行沟通交流，摒弃以往的通过编码程序来运行计算机的方法，直接对计算机发出指令。

（5）多媒体化。

传统的计算机处理的信息主要是字符和数字。事实上，人们更习惯的是图片、文字、声音等多种形式的多媒体信息。多媒体技术可以集图形、图像、音频、视频、文字为一体，使信息处理的对象和内容更加接近真实世界。

1.1.2 计算机的特点与性能指标

1. 计算机的特点

（1）运算速度快。

计算机内部的运算是由数字逻辑电路组成，可以高速准确地完成各种算术运算。当今计算机系统的运算速度已达到每秒万亿次，微机也可达每秒亿次以上，使大量复杂的科学计算问题得以解决。例如，卫星轨道的计算、大型水坝的计算、24 小时天气预报的计算等，过去人工计算需要几年、几十年，而在现代社会里，用计算机只需几天甚至几分钟就可完成。

（2）计算精确度高。

科学技术的发展特别是尖端科学技术的发展，需要高度精确的计算。计算机控制的导弹之所以能准确地击中预定的目标，是与计算机的精确计算分不开的。一般计算机可以有十几位甚至几十位（二进制）有效数字，计算精度可由千分之几到百万分之几，是任何计算工具所望尘莫及的。

（3）逻辑运算能力强。

计算机不仅能进行精确计算，而且具有逻辑运算功能，能对信息进行比较和判断。计算机能把参加运算的数据、程序以及中间结果和最后结果保存起来，并根据判断的结果自动执行下一条指令以供用户随时调用。

（4）存储容量大。

计算机内部的存储器具有记忆特性，可以存储大量的信息。这些信息，不仅包括各类数据信息，还包括加工这些数据的程序。

（5）自动化程度高。

因为计算机具有存储记忆能力和逻辑判断能力，所以人们可以将预先编好的程序粗纳入计算机内存，在程序控制下，计算机可以连续、自动地工作，不需要人的干预。

2. 计算机的性能指标

计算机功能的强弱或性能的好坏，不是由某项指标决定的，而是由它的系统结构、指令系统、硬件组成、软件配置等多方面的因素综合决定的。对于大多数普通用户来说，可以从以下几个指标来大体评价计算机的性能。

（1）运算速度。

运算速度是衡量计算机性能的一项重要指标。通常所说的计算机运算速度（平均运算速度），是指计算机每秒钟所能执行的指令条数，一般用"百万条指令／秒"（MIPS，million instruction per second）来描述。同一台计算机，执行不同的运算所需时间可能不同，因而对运算速度的描述常采用不同的方法。常用的有 CPU 时钟频率（主频）、每秒平均执行指令数（ips）等。微型计算机一般采用主频来描述运算速度，例如，Pentium/133 的主频为 133 MHz，Pentium Ⅲ/800 的主频为 800 MHz，Pentium 4 1.5G 的主频为 1.5 GHz。一般说来，主频越高，运算速度就越快。

（2）字长。

计算机在同一时间内处理的一组二进制数称为一个计算机的"字"，而这组二进制数的位数就是"字长"。在其他指标相同时，字长越大计算机处理数据的速度就越快。早期的微型计算机的字长一般是 8 位和 16 位。目前 586（Pentium，Pentium Pro，Pentium Ⅱ，Pentium Ⅲ，Pentium 4）大多是 32 位，现在大多数人都装 64 位的了。

（3）内存储器的容量。

内存储器，也简称主存，是 CPU 可以直接访问的存储器，需要执行的程序与需要处理的数据就是存放在主存中的。内存储器容量的大小反映了计算机即时存储信息的能力。随着操作系统的升级，应用软件的不断丰富及其功能的不断扩展，人们对计算机内存容量的需求也不断提高。目前，运行 Windows XP 需要 128 M 以上的内存容量；运行 Windows 7 需要 512 M 以上的内存容量。内存容量越大，系统功能就越强大，能处理的数据量就越庞大。

（4）外存储器的容量。

外存储器容量通常是指硬盘容量（包括内置硬盘和移动硬盘）。外存储器容量越大，可存储的信息就越多，可安装的应用软件就越丰富。目前，市场上可以买到的新品（台式机）硬盘大小为 80~500 G，甚至达到 1 T。

除了上述这些主要性能指标外，微型计算机还有其他一些指标，例如，所配置外围设备的性能指标以及所配置系统软件的情况等。另外，各项指标之间也不是彼此孤立的，在实际应用时，应该把它们综合起来考虑。

1.1.3　计算机的用途与应用领域

1. 计算机在现代社会中的用途

在现代社会，计算机已广泛应用到军事、科研、经济、文化等各个领域，成为人们一个不可缺少的好帮手。

在科研领域，人们使用计算机进行各种复杂的运算及大量数据的处理，如卫星飞行的轨迹、天气预报中的数据处理等。在学校和政府机关，每天都涉及大量数据的统计与分析，有了计算机，工作效率就大大提高了。

在工厂，计算机为工程师们在设计产品时提供了有效的辅助手段。现在，人们在进行建筑设计时，只要输入有关的原始数据，计算机就能自动处理并绘出各种设计图纸。

在生产中，用计算机控制生产过程的自动化操作，如温度控制、电压电流控制等，从而实现自动进料、自动加工产品以及自动包装产品等。

2. 计算机的应用领域

信息管理是以数据库管理系统为基础，辅助管理者提高决策水平，改善运营策略的计算机技术。信息处理具体包括数据的采集、存储、加工、分类、排序、检索和发布等一系列工作。信息处理已成为当代计算机的主要任务，是现代化管理的基础。据统计，80%以上的计算机主要应用于信息管理，成为计算机应用的主导方向。信息管理已广泛应用于办公自动化、企事业计算机辅助管理与决策、情报检索、图书馆里、电影电视动画设计、会计电算化等各行各业。

计算机的应用已渗透到社会的各个领域，正在日益改变着传统的工作、学习和生活的方式，推动着社会的发展。主要应用领域如下。

（1）科学计算。

科学计算是计算机最早的应用领域，是指利用计算机来完成科学研究和工程技术中提出的数值计算问题。在现代科学技术工作中，科学计算的任务是大量的和复杂的。利用计算机的运算速度高、存储容量大和连续运算的能力，可以解决人工无法完成的各种科学计算问题。例如，工程设计、地震预测、气象预报、火箭发射等都需要由计算机承担庞大而复杂的计算量。

（2）过程控制。

过程控制是利用计算机实时采集数据、分析数据，按最优值迅速地对控制对象进行自动调节或自动控制。采用计算机进行过程控制，不仅可以大大提高控制的自动化水平，而且可以提高控制的时效性和准确性，从而改善劳动条件、提高产量及合格率。因此，计算机过程控制已在机械、冶金、石油、化工、电力等部门得到广泛的应用。

（3）辅助技术。

计算机辅助技术包括计算机辅助设计、计算机辅助制造和计算机辅助教学。

① 计算机辅助设计（CAD,computer aided design）是利用计算机系统辅助设计人员进行工程或产品设计，以实现最佳设计效果的一种技术。CAD 技术已应用于飞机设计、船舶设计、建筑设计、机械设计、大规模集成电路设计等。采用计算机辅助设计，可缩短设计时间，提高工作效率，节省人力、物力和财力，更重要的是提高了设计质量。

② 计算机辅助制造（CAM ,computer aided manufacturing）是利用计算机系统进行产品的加工控制过程，输入的信息是零件的工艺路线和工程内容，输出的信息是刀具的运动轨迹。将 CAD 和 CAM 技术集成，可以实现设计产品生产的自动化，这种技术被称为计算机集成制造系统。有些国家已把 CAD、CAM、计算机辅助测试（CAT,computer aided test）及计算机辅助工程（CAE,computer aided engineering）组成为一个集成系统，使设计、制造、测试和管理有机地组成为一体，形成高度的自动化系统，因此产生了自动化生产线和"无人工厂"。

③ 计算机辅助教学（CAI,computer aided instruction）是利用计算机系统进行课堂教学。教学课件可以用 PowerPoint 或 Flash 等制作。CAI 不仅能减轻教师的负担，还能使教学内容生动、形象，能够动态演示实验原理或操作过程，激发学生的学习兴趣，提高教学质量，为培养现代化高质量人才提供了有效方法。

（4）计算机翻译。

1947 年，美国数学家、工程师沃伦·韦弗与英国物理学家、工程师安德鲁·布思提出了以计算机进行翻译（简称"机译"）的设想，机译从此步入历史舞台，并走过了一条曲折而漫长的发展道路。机译被列为 21 世纪世界十大科技难题。

机译消除了不同文字和语言间的隔阂，堪称高科技造福人类之举。但机译的译文质量长期以来一直是个问题，离理想目标仍相差甚远。中国数学家、语言学家周海中教授认为，在人类尚未明了大脑是如何进行语言的模糊识别和逻辑判断的情况下，机译要想达到"信、达、雅"的程度是不可能的。这一观点恐怕道出了制约译文质量的瓶颈原因所在。

（5）人工智能。

（AI,artificial intelligence）是指计算机模拟人类某些智力行为的理论、技术和应用，如感知、判断、理解、学习、问题的求解及图像识别等。人工智能是计算机应用的一个新的领域，这方面的研究和应用正处于发展阶段，在医疗诊断、定理证明、模式识别、智能检索、语言翻译、机器人等方面，已有了显著的成效。例如，用计算机模拟人脑的部分功能进行思维学习、推理、联想和决策，使计算机具有一定"思维能力"。我国已开发成功一些中医专家诊断系统，可以模拟名医给患者诊病开方。

（6）多媒体应用。

随着电子技术特别是通信和计算机技术的发展，人们已经有能力把文本、音频、视频、动画、图形和图像等各种媒体综合起来，构成一种全新的概念——"多媒体"（multimedia）。在医疗、教育、商业、银行、保险、行政管理、军事、工业、广播、交流和出版等领域中，多媒体的应用发展很快。

1.1.4 现代计算机的主要类型

通常，人们用"分代"来表示计算机在纵向的历史中的发展情况，而用"分类"来表示计算机在横向的地域上的发展、分布和使用情况。我国计算机界以往常把计算机分成巨、大、中、小、微5个类别。目前，国内、外多数书刊也采用国际上通用的分类方法，根据美国电气和电子工程师协会（IEEE,Institute of Electrical and Electronics Engineers）1989 年提出的标准来划分的，即把计算机分成巨型机、小巨型机、大型主机、小型主机、工作站和个人计算机6 类。

1. 巨型机

巨型机（supercomputer）也称为超级计算机，如图 1-2 所示，在所有计算机类型中其占地最大，价格最贵，功能最强，其浮点运算速度最快（1998 年达到 3.9TELOPS），即每秒 3.9 万亿次。只有少数国家的几家公司能够生产。目前，巨型机多用于战略武器（如核武器和反导武器）的设计，空间技术，石油勘探，中、长期天气预报以及社会模拟等领域。巨型机的研制水平、生产能力及其应用程度，已成为衡量一个国家经济实力和科技水平的重要标志。

图 1-2 超级计算机

2. 小巨型机

小巨型机（minisupercomputer）即小型超级计算机，或称桌上型超级计算机，出现于 20 世纪 80 年代中期。其功能低于巨型机，速度能达到 1TELOPS，即每秒 10 亿次，价格也只有巨型机的十分之一。

3. 大型机

大型机（mainframe）也称大型计算机，覆盖国内通常说的大、中型机。其特点是大型、通用，内存可达 1 KMB 以上，整机处理速度高达 300~750 Mi/s，具有很强的处理和管理能力。主要用于大银行、大公司、规模较大的高校和科研院所。在计算机向网络化发展的当前，大型主机仍有其生存空间。

4. 小型机

小型机（minicomputer/minis）结构简单，可靠性高，成本较低，不需要经过长期培训即可维护和使用，对于广大中、小用户较为适用。

5. 工作站

工作站（workstation）是介于 PC 机和小型机之间的一种高档微机。其运算速度快，具有较强的联网功能，用于特殊领域，如图像处理、计算机辅助设计等。它与网络系统中的"工作站"，在用词上相同，但含义不同。网络上的"工作站"泛指联网用户的结点，以区别于网络服务器，常常由一般的 PC 机充当。

6. 个人计算机

个人计算机（personal computer）即通常说的电脑、微机或计算机，一般指 PC 机。它出现于 20 世纪 70 年代，以其设计先进（总是率先采用高性能的微处理器 MPU）、软件丰富、功能齐全、价格便宜等优势而拥有广大的用户，因而大大推动了计算机的普及应用。PC 机的主流是 IBM 公司在 1981 年推出的 PC 机系列及其众多的兼容机。可以这么说，PC 机无所不在，无所不用，除了台式的，还有膝上型、笔记本、掌上型、手表型等。

1.1.5 计算机的常见名词解析

1. 数据单位

（1）位（bit）。位音译为"比特"，是计算机内信息的最小单位，如 1010 为 4 位制数（4 bit）。一个二进制位只能表示两种状态（0 与 1）。

（2）字节（byte）。字节又简记为 B。一个字节等于 8 个二进制位，即 1 B=8 bit。

（3）字和字长。计算机处理数据时，一次存取，加工和传送的数据称为字。一个字通常由一个或若干个字节组成。

目前微型计算机的字长有 8 位、16 位、32 位和 64 位几种。例如，IBMPC/XT 字长 16 位，称为 16 位机。486，Pentium 微型机字长 32 位，称为 32 位机。目前，高档微型计算机的字长已达到 64 位。

2. 存储容量

计算机存储容量大小以字节数来度量，经常使用 KB、MB、GB、TB 等度量单位。其中 K 代表"千"，M 代表"兆"（百万），G 代表"吉"（十亿），TB 代表"太字节"，B 是字节的意思。

$$1 \text{ KB}=2^{10}\text{ B}=1024\text{ B}$$
$$1 \text{ MB}=2^{20}\text{ B}=2^{10}\times 2^{10}\text{ B}=1024\times 1024\text{ B}$$
$$1 \text{ GB}=2^{30}\text{ B}=2^{10}\times 2^{10}\times 2^{10}\text{ B}=1024\times 1024\times 1024\text{ B}$$
$$1 \text{ TB}=2^{40}\text{ B}=2^{10}\times 2^{10}\times 2^{10}\times 2^{10}\text{ B}=1024\times 1024\times 1024\times 1024\text{ B}$$

例如，一台 Pentium Ⅳ微机，内存容量为 256 MB，外存储器软盘为 1.44 M,，硬盘为 40 G。

$$内存容量=256\times 1024\times 1024\text{ B}$$
$$软盘容量=1.44\times 1024\times 1024\text{ B}$$
$$硬盘容量=40\times 1024\times 1024\times 1024\text{ B}$$

3. 运算速度

（1）CPU 时钟频率。

计算机的操作在时钟信号的控制下分步执行，每个时钟信号周期完成一步操作，时钟频率的高低在很大程度上反映了 CPU 速度的快慢。以目前 Pentium CPU 的微型计算机为例，其主频一般有 1.7 GHz，2 GHz，2.4 GHz，3 GHz 等档次。

（2）每秒平均执行指令数（i/s）。

通常用 1 s 内能执行的定点加减运算指令的条数作为 i/s 的值。目前，高档微机每秒平均执行指令数可达数亿条，而大规模并行处理系统 MPP 的 i/s 的值已能达到几十亿。

由于 i/s 单位太小，使用不便，实际中常用每秒执行百万条指令（Mi/s）作为 CPU 的速度指标。

1.2　计算机系统组成

计算机是一个有机的整体，一个完整的计算机系统由硬件系统和软件系统两大部分组成。硬件（hardware）即硬设备，是指计算机中的各种看得见、摸得着的实实在在的物理设备的总称，是计算机系统的物质基础；而软件（software）是无形的，就如同人的知识和思想，它是计算机的灵魂，是在硬件系统上运行的各类程序、数据及有关文档的总称。

软件和硬件相辅相成、缺一不可。没有配备软件的计算机叫"裸机"，不能供用户直接使用。而没有硬件对软件的物质支持，软件的功能也无法发挥。所以，只有软件与硬件相结合，才能充分发挥计算机的功能。计算机系统组成如图 1-3 所示。

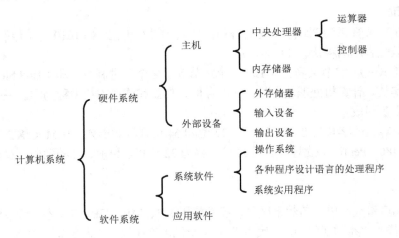

图 1-3　计算机系统组成

微型计算机由多个实际的部件组成，这些部件经过多年的不断发展，有的被合并了，有的功能更强大、更丰富了。例如，以前在微型计算机中，要连接硬盘、软驱等设备，需要专门有一个 I/O 卡（也叫多功能卡），而现在它们都集成在了主板上；又如，在现在的主板上，一片南桥芯片，就实现了 I/O 控制、中断控制等过去需要五六个芯片才能完成的功能。功能的集成和丰富，大大提高了微型计算机的性能价格比，从而使其更加普及。

从外部看，典型的计算机系统由主机、显示器、键盘、鼠标等部分组成，如图 1-4 所示。

图 1-4　典型的计算机系统

（1）主机。

指计算机除去输入/输出设备以外的主要机体部分，通常包括主板、CPU、内存、硬盘、光驱、电源、以及其他各种功能扩展卡（如显卡）等，它们都安装在主机箱内。其中，CPU 在风扇下面，无法直接显示，其他内部主要部件如图 1-5 所示。

电源　主板　显卡　光驱　内存　硬盘

图 1-5　主机内部结构

（2）显示器。

显示器（display）通常被称为监视器。显示器是属于电脑的 I/O 设备，即输入/输出设备。它是一种将一定的电子文件通过特定的传输设备显示到屏幕上再反射到人眼的显示工具。

（3）键盘。

键盘是最常见的计算机输入设备。它广泛应用于微型计算机和各种终端设备上，可利用键盘和显示器与计算机对话。用户通过键盘向计算机输入各种指令、数据，指挥计算机的工作。

（4）鼠标。

鼠标是计算机显示系统纵横坐标定位的指示器，因形似老鼠而得名。鼠标可以使计算机的操作更加简便，可代替键盘繁琐的指令。

表 1-1 对组成一台现代基本的微型计算机所需的部件分别进行了说明。

表 1-1　组成微型计算机的基本部件

部　件	说　明
处理器	处理器通常被认为是系统的"发动机"，也称为 CPU（中央处理单元）
主板	主板是系统的核心，安装了组成计算机的主要电路系统，其他各个部件都与它连接，它控制系统中的一切操作
内存	系统内存通常称为随机存取存储器（RAM,random access memory），是系统的主存，保存在任意时刻处理器使用的所有程序和数据
机箱	机箱中包含主板、电源、硬盘、适配卡和系统中其他物理部件
电源	电源负责给 PC 中的每个部分供电
硬盘	硬盘是系统中最主要的存储设备
光驱	读写光碟内容的机器，是一种高容量可移动的光驱动器
键盘	键盘是人们与系统通信并控制系统所使用的最主要的 PC 设备
鼠标	虽然如今市场上有许多点设备，但首要的最流行的这类设备还是鼠标
显卡	显卡控制了屏幕上显示的信息
显示器	显示器显示计算机运行的结果及人们向计算机输入的内容
声卡	声卡是多媒体技术中最基本的组成部分，是实现声波/数字信号相互转换的一种硬件
网卡	网卡将计算机通过网络互相连接起来，可以共享资源和集中管理
音箱	音箱与声卡配合使用

在这些部件中，有些并不是必须的，而有些部件如果缺少的话，计算机就不能真正地工作起来。在实际应用中，大家经常提的最小化系统是一个动态的，例如，音箱在一个系统中就不是一个必须的部件，但当计算机不能发出声音，就必须选取这个部件；显卡则根据主板情况，如集成，可以不选。

计算机主要的部件有 CPU、主板、内存、外部存储设备、显示设备及电源、机箱、键盘、鼠标。认识计算机的主要硬件设备，理解它们在计算机中的主要作用，掌握其主要的性能参数；通过观察、了解、剖析个人计算机的所有硬件，掌握硬件设备的基本性能、指标、主要技术参数以及各种硬件之间的兼容性，就可以去配置、管理、维护一台计算机了。本书将围绕这一主题加以阐述。

1.2.1　计算机工作原理

目前计算机的组成和工作原理基本上采用的都是冯·诺依曼于 1946 年提出的存储程序和程序控制的设计思想。

1．冯·诺依曼存储程序的基本思想

（1）计算机内部以二进制形式表示指令和数据。

数据和指令在代码的外形上并无区别，都是由 0 和 1 组成的代码序列，只是各自约定的含义不同而已。采用二进制，使信息的数字化容易实现，可以用二值逻辑工具进行处理。

（2）采用存储程序方式。

存储程序方式是冯·诺依曼思想的核心内容，人们事先编制程序，然后将程序（包括指令和数据）存入主存储器中，计算机在运行程序时就能自动地、连续地从存储器中依次取出指令且执行。这是计算机能高速自动运行的基础。计算机的工作体现为执行程序，计算机功能的扩展体现为所存储程序的扩展。

（3）基本组成。

运算器、存储器、控制器、输入设备和输出设备等组成计算机的系统，并规定了各部分的功能。其逻辑组成如图 1-6 所示。

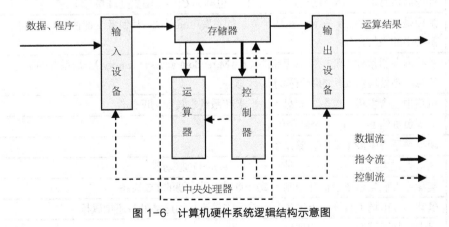

图 1-6　计算机硬件系统逻辑结构示意图

2．五大部件功能

（1）运算器。

运算器是进行算术运算和逻辑运算的部件。其任务是对二进制信息进行加工处理。

（2）存储器。

存储器是用来存放程序和数据的部件，具有"记忆"功能。它的基本功能是按照指定的位置"存入"或"取出"信息。

（3）控制器。

控制器是统一指挥和控制计算机各部件进行工作的中央机构，控制和协调整机各功能部件工作。它根据人们预先确定的操作步骤，产生各种控制信号，然后向其他部件发出相应的操作命令和控制信号，控制各部分有条不紊地工作。

（4）输入设备。

输入设备是将程序和原始数据送到计算机的存储器中。其功能是将外界的信息转换成机器能够识别的电信号，并将这些电信号存入计算机的存储器中。

（5）输出设备。

输出设备是将计算机的工作结果输出。其功能是将机器中用二进制描述的结果转换成人类认识的符号进行输出。

3．计算机的工作过程

微机的工作过程从本质上说就是取指令、执行指令的过程。具体工作过程由以下 5 个步骤组成。

（1）输入信息（程序和数据）在控制器控制下，由输入设备输入到存储器。

（2）控制器从存储器中取出程序的一条指令。

（3）控制器分析该指令，并控制运算器和存储器一起执行该指令规定的操作。

（4）运算结果在控制器的控制下，送存储器保存（供下一次处理）或送输出设备输出，第一条指令执行完毕。

（5）返回第（2）步，继续取下一条指令，分析并执行，如此反复，直至程序结束。

1.2.2　计算机硬件系统

计算机的硬件系统通常由输入设备、输出设备、存储器、运算器和控制器"五大件"组成。

1．输入设备

输入设备是将数据、程序、文字符号、图像、声音等信息输送到计算机中。常用的输入设备有键盘、鼠标、触摸屏、数字转换器等。

（1）键盘（keyboard）。

键盘是最常用、最主要的输入设备，通过键盘，可以将英文字母、数字、标点符号等输入到计算机中，从而向计算机发出命令、输入数据等。

（2）鼠标（mouse）。

"鼠标"的标准称呼应该是"鼠标器"。它用来控制显示器所显示的指针光标（pointer）。它从出现到现在已经有 40 年的历史了。鼠标的使用是为了使计算机的操作更加简便，来代替键盘繁琐的指令。

（3）触摸屏（touch screen）。

触摸屏是一种覆盖了一层塑料的特殊显示屏，在塑料层后是互相交叉不可见的红外线光束。用户通过手指触摸显示屏来选择菜单项。触摸屏的特点是容易使用，例如自动柜员机（ATM,automated teller machine）、信息中心、饭店、百货商场等场合均可看到触摸屏的使用。

（4）数字转换器（digitizer）。

数字转换器是一种用来描绘或拷贝图画或照片的设备。把需要拷贝的内容放置在数字化图形输入板上，然后通过一个连接计算机的特殊输入笔描绘这些内容。随着输入笔在拷贝内容上的移动，计算机记录它在数字化图形输入板上的位置，当描绘完整个需要拷贝的内容后，图像能在显示器上显示或在打印机上打印，或者存储在计算机系统上以便日后使用。数字转换器常用于工程图纸的设计。

除此之外的输入设备，还有游戏杆、光笔、数码相机、数字摄像机、图像扫描仪、传真机、条形码阅读器、语音输入设备等。

2．输出设备

输出设备将计算机的运算结果或者中间结果打印或显示出来。常用的输出设备有显示器、打印机、绘图仪和传真机等。

（1）显示器（display）。

显示器是计算机必备的输出设备，常用的有阴极射线管显示器、液晶显示器和等离子显示器。

（2）打印机（printer）。

打印机是计算机最基本的输出设备之一。它将计算机的处理结果打印在纸上。打印机按印字方式可分为击打式和非击打式两类。击打式打印机是利用机械动作，将字体通过色带打印在纸上，根据印出字体的方式又可分为活字式打印机和点阵式打印机。

（3）绘图仪（plotter）。

绘图仪是能按照人们的要求自动绘制图形的设备。它可将计算机的输出信息以图形的形式输出，主要可绘制各种管理图表和统计图、大地测量图、建筑设计图、电路布线图、各种机械图与计算机辅助设计图等。

3．存储器

存储器将输入设备接收到的信息以二进制的数据形式存到存储器中。存储器有内存储器和外存储器两种。

（1）内存储器。

微型计算机的内存储器是由半导体器件构成的。从使用功能上分，有随机存储器和只读存储器两种。

① 随机存储器（RAM,random access memory）

RAM 的特点是可以读出，也可以写入。读出时并不损坏原来存储的内容，只有写入时才修改原来所存储的内容。断电后，存储内容立即消失，即具有易失性。

RAM 可分为动态（DRAM,dynamic RAM）和静态（SRAM,static RAM）两大类。DRAM 的特点是集成度高，主要用于大容量内存储器；SRAM 的特点是存取速度快，主要用于高速缓冲存储器。

② 只读存储器（ROM,read only memory)

顾名思义，ROM 的特点是只能读出原有的内容，不能由用户再写入新内容。原来存储的内容是采用掩膜技术由厂家一次性写入的，并永久保存下来。它一般用来存放专用的固定程序和数据，不会因断电而丢失。

③ CMOS 存储器（Complementary Metal Oxide Semiconductor Memory，互补金属氧化物半导体内存)

COMS 内存是一种只需要极少电量就能存放数据的芯片。由于耗能极低，CMOS 内存可以由集成到主板上的一个小电池供电，这种电池在计算机通电时还能自动充电。因为 CMOS 芯片可以持续获得电量，所以即使在关机后，他也能保存有关计算机系统配置的重要数据。

（2）外存储器。

外存储器的种类很多，又称辅助存储器。外存通常是磁性介质或光盘，像硬盘、软盘、磁带、CD 等，能长期保存信息，并且保存信息不依赖于电，而是由机械部件带动，速度与 CPU 相比就显得慢得多。

4. 运算器

运算器是完成各种算术运算和逻辑运算的装置，能进行加、减、乘、除等数学运算，也能作比较、判断、查找和逻辑运算等。

5. 控制器

控制器是计算机指挥和控制其他各部分工作的中心，负责决定执行程序的顺序，给出执行指令时机器各部件需要的操作控制命令。其工作过程与人的大脑指挥和控制人的各器官一样。

控制器由程序计数器、指令寄存器、指令译码器、时序产生器和操作控制器组成，它是发布命令的"决策机构"，即完成协调和指挥整个计算机系统的操作。

控制器的主要功能如下：

① 从内存中取出一条指令，并指出下一条指令在内存中位置；

② 对指令进行译码或测试，并产生相应的操作控制信号，以便启动规定的动作；

③ 指挥并控制 CPU、内存和输入/输出设备之间数据流动的方向；

④ 控制器根据事先给定的命令发出控制信息，使整个电脑指令执行过程一步一步地进行，是计算机的神经中枢。

1.2.3 计算机软件系统

计算机软件是由系统软件和应用软件构成的。系统软件是计算机系统中最靠近硬件一层的软件，其他软件一般都通过系统软件发挥作用。

所谓软件是指为方便使用计算机和提高使用效率而组织的程序以及用于开发、使用和维护的有关文档。软件系统可分为系统软件和应用软件两大类。

1. 系统软件

系统软件（system software），由一组控制计算机系统并管理其资源的程序组成，其主要功能包括：启动计算机，存储、加载和执行应用程序，对文件进行排序、检索，将程序语言翻译成机器语言等。实际上，系统软件可以视为用户与计算机的接口，它为应用软件和用户提供了控制、访问硬件的手段，这些功能主要由操作系统完成。此外，编译系统和各种工具软件也属此类，它们从另一方面辅助用户使用计算机。下面分别介绍它们的功能。

（1）操作系统（OS,operating system）。

操作系统是管理、控制和监督计算机软、硬件资源协调运行的程序系统，由一系列具有不同控制和管理功能的程序组成。它是直接运行在计算机硬件上的、最基本的系统软件，是系统软件的核心。操作系统是计算机发展中的产物。它的主要目的有两个：①方便用户使用计算机，是用户和计算机的接口，如用户键入一条简单的命令就能自动完成复杂的功能；②统一管理计算机系统的全部资源，合理组织计算机工作流程，以便充分、合理地发挥计算机的效率。

（2）语言处理系统（翻译程序）。

人和计算机交流信息使用的语言称为计算机语言或程序设计语言。计算机语言通常分为机器语言、汇编语言和高级语言三类。如果要在计算机上运行高级语言程序就必须配备程序语言翻译程序（下简称翻译程序）。翻译程序本身是一组程序，不同的高级语言都有相应的翻译程序。翻译的方法有以下两种。

①解释。早期的 BASIC 源程序的执行都采用这种方式。它调用机器配备的 BASIC "解释程序"，在运行 BASIC 源程序时，逐条把 BASIC 的源程序语句进行解释和执行，它不保留目标

程序代码，即不产生可执行文件。这种方式速度较慢，每次运行都要经过"解释"，边解释边执行。

②编译。它调用相应语言的编译程序，把源程序变成目标程序（以 OBJ 为扩展名），然后再用连接程序，把目标程序与库文件相连接形成可执行文件。尽管编译的过程复杂一些，但它形成的可执行文件（以 exe 为扩展名）可以反复执行，速度较快。运行程序时只要键入可执行程序的文件名，再按 Enter 键即可。

对源程序进行解释和编译任务的程序，分别称为编译程序和解释程序。如 FORTRAN、COBOL、PASCAL 和 C 等高级语言，使用时需有相应的编译程序；BASIC、LISP 等高级语言，使用时需用相应的解释程序。

（3）服务程序。

服务程序能够提供一些常用的服务性功能，它们为用户开发程序和使用计算机提供了方便，像微机上经常使用的诊断程序、调试程序、编辑程序均属此类。

（4）数据库管理系统。

数据库是指按照一定联系存储的数据集合，可为多种应用共享。数据库管理系统（DBMS,data base management system）则是能够对数据库进行加工、管理的系统软件。其主要功能是建立、消除、维护数据库及对库中数据进行各种操作。数据库系统主要由数据库（DB,date base）、数据库管理系统（DBMS）以及相应的应用程序组成。数据库系统不但能够存放大量的数据，更重要的是能迅速、自动地对数据进行检索、修改、统计、排序、合并等操作，以得到所需的信息。这一点是传统的文件柜无法做到的。

数据库技术是计算机技术中发展最快、应用最广的一个分支。可以说，在今后的计算机应用开发中大都离不开数据库。因此，了解数据库技术尤其是微机环境下的数据库应用是非常必要的。

2. 应用软件

应用软件（application softwar）是为解决各类实际问题而设计的程序系统。它可以是一个特定的程序，如一个图像浏览器；也可以是一组功能联系紧密，可以互相协作的程序的集合，如微软的 Office 软件；还可以是一个由众多独立程序组成的庞大的软件系统，如数据库管理系统。

从其服务对象的角度，应用软件又可分为通用软件和专用软件两类。

1.2.4　硬件与软件的关系

计算机硬件建立了计算机应用的物质基础，而软件则提供了发挥硬件功能的方法和手段，扩大其应用范围，并能改善人-机界机，方便用户使用。没有配备软件的计算机称为"裸机"，是没有多少实用价值的。硬件与软件可形象地比喻为硬件是计算机的"躯体"，软件是计算机的"灵魂"。

软件与硬件的界限不是绝对的，因为软件与硬件在功能上具有等效性。计算机系统的许多功能，既能在一定的硬件物质基础之上用软件实现，也可以通过专门的硬件实现，有人称之为固件（firmware）。例如，在 MS-DOS 基础上开发的汉字操作系统，既可以是存放在磁盘上的软件，也可以制成硬"汉卡"，直接插在主机板的扩展槽上使用。一般说来，用硬件实现的造价高，运算速度快；用软件实现的成本低，运算速度较慢，但比较灵活，更改与升级换代比较方便。

软件与硬件的发展是相互促进的。硬件性能的提高，可以为软件创造出更好的开发环境，在此基础上可以开发出功能更强的软件。例如，微机每一次升级改型，其操作系统的版本也随之提高，并产生一系列新版的应用软件。反之，软件的发展也对硬件提出了更高的要求，促使硬件性能的提高，甚至产生新的硬件。

1.3　计算机中的数制与编码

计算机中处理的数据可分为数值数据和非数值数据两大类。非数值数据包括西文字母、标点符号、汉字、图形、声音和视频等。

无论什么类型的数据，在计算机内都使用二进制表示和处理。数值型数据可以转换为二进制；对于非数值型数据，则采用二进制编码的形式。

1.3.1　常用数制及其转换

数制是指用一组固定的符号和一套统一的规则来表示数值的方法。其中，按照进位方式计数的数制称为进位计数制。例如，日常生活中常用十进制，计算机中使用二进制。

1．十进制数

人们平时使用的十进制数是用 0、1、2、3、4、5、6、7、8、9 这 10 个数码组成的数码串来表示数字，其加法规则是"逢十进一"。数码处于不同的位置代表不同的数值，数值的大小与其所处的位置有关。

例如，对于十进制数 326.41，整数部分的第一个数码 3 处在百位，表示 300，第二个数码 2 处在十位，表示 20，第三个数码 6 处在个位，表示 6，小数点后第一个数码 4 处在十分位表示 0.4，小数点后第二个数码 1 处在百分位，表示 0.01。也就是说，十进制数 326.41 可以写成：

$$326.41 = 3 \times 10^2 + 2 \times 10^1 + 6 \times 10^0 + 4 \times 10^{-1} + 1 \times 10^{-2}$$

上式称为数值的按位权展开式，其中 10^i 称为十进制数位的位权。

数制中包含的数码个数称为该数制的基数，十进制数的基数就是 10。推广到一般情况，使用不同的基数，就可以得到不同的进位计数制。设 R 表示基数，则称为 R 进制，使用 R 个基本的数码，其加法运算规则是"逢 R 进一"。在 R 进制中，一个数码所表示数的大小不仅与基数有关，而且与其所在的位置，即"位权"有关，R^i 就是位权。对于任意一个具有 n 位整数和 m 位小数的 R 进制数 N，按各位的权展开可表示为

$$(N)_R = a_{n-1}R^{n-1} + a_{n-2}R^{n-2} + \cdots + a_1R^1 + a_0R^0 + a_{-1}R^{-1} + \cdots + a_{-m}R^{-m}$$

公式中，a_i 表示各个数位上的数码，其取值范围为 0~（R-1），R 为计数制的基数，i 为数位的编号。

2．二进制数

在上述公式中，如果基数 R 的值取 2，就得到二进制，它只有两个数码 0 和 1，其加法规则是"逢二进一"。二进制是计算机内部采用的计数方式，具有以下特点。

（1）简单可行。

二进制只有"0"和"1"两个数码，可以用两种不同的稳定状态来表示。

（2）运算规则简单。

二进制的运算规则非常简单。例如，二进制加法规则只有 4 条，即 0+0=0，0+1=1，1+0=1，1+1=10；二进制乘法规则为 0×0=0，0×1=0，1×0=0，1×1=1。

二进制的明显缺点是数字冗长、书写量过大、不便阅读。所以，在计算机技术中也常使用八进制和十六进制。

3．八进制和十六进制数

八进制的基数是 8，采用 8 个数码 0~7，加法规则是"逢八进一"。

十六进制的基数是 16，采用 0、1、2、3、4、5、6、7、8、9、A、B、C、D、E、F 共 16 个数码，加法规则是"逢十六进一"。

常用数制之间的对应关系见表 1-2。

表 1-2　常用数制之间的对应关系

二进制	十进制	八进制	十六进制	二进制	十进制	八进制	十六进制
0000	0	0	0	1000	8	10	8
0001	1	1	1	1001	9	11	9
0010	2	2	2	1010	10	12	A
0011	3	3	3	1011	11	13	B
0100	4	4	4	1100	12	14	C
0101	5	5	5	1101	13	15	D
0110	6	6	6	1110	14	16	E
0111	7	7	7	1111	15	17	F

基于上述数制，对于数据 4B9E，从使用的数码可以知道它是十六进制，而对于数据 892 而言，它是十进制还是十六进制呢？又如数据 100101，这 4 种进制都有可能。为了区分不同进制的数，在书写时常使用以下两种不同的方法。

一种方法是将数字用括号括起来，在括号的右下角写上基数来表示不同的数值，例如上面的数据 892 表示成（892）$_{10}$，则该数据是十进制数，若表示成（892）$_{16}$，则该数据是十六进制数；另一种方法是在一个数的后面加上不同的字母表示进制，其中 D 表示十进制，B 表示二进制， O 表示八进制，H 表示十六进制，如上面的数据 100101 表示成 100101B 和 100101H，则分别为二进制数和十六进制数。

4．不同进制数据之间的转换

（1）非十进制数转换成十进制数。

其转换方法是，用该数制的各位数乘以各自位权数，然后将乘积相加。

例：将二进制数 1011.011 转换成十进制数。

$1011.011B=1 \times 2^3+0 \times 2^2+1 \times 2^1+1 \times 2^0+0 \times 2^{-1}+1 \times 2^{-2}+1 \times 2^{-3}=11.375D$

例：将十六进制数 F6A 转换成十进制数。

$F6AH=15 \times 16^2+6 \times 16^1+10 \times 16^0=3946D$

课堂练习：将二进制数 1101101、十六进制数 4BC7 转换成十进制数。

（2）十进制数转换成二进制数。

将十进制数转换为二进制数时，可将数字分成整数和小数分别转换，然后再拼接起来。

整数部分的转换方法：采用"除 2 取余倒读"法，即将十进制数不断除以 2 取余数，直到商位是 0 为止，余数从右到左排列。

小数部分的转换方法：采用"乘 2 取整正读"法，即将十进制小数不断乘以 2 取整数，直到小数部分为 0 或达到所要求的精度为止，所得的整数从小数点自左往右排列。

例：将十进制数 38.24 转换为二进制数（取三位小数）。

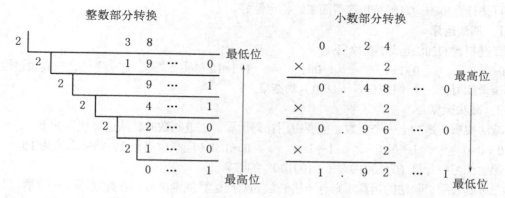

整数部分转换　　　　　　　　小数部分转换

结果为（38.24）$_{10}$=（100110.001）$_2$。

　　课堂练习：将十进制数 41.65 转换为二进制数（取两位小数）。

　　（3）二进制数转换成十六进制、八进制数。

　　二进制数转换成十六进制的方法：从二进制数的低位到高位每 4 位分为一组，然后将每组二进制数所对应的数用十六进制数表示出来。如有小数部分，则从小数点开始分别向左右两边按照上述方法进行分组计算。不足 4 位的，整数部分左补 0，小数部分右补 0。

　　例：将二进制数 1011100110001110011 转换为十六进制数。

二进制数	0010	1110	0110	0011	1011
十六进制数	2	E	6	3	B

结果为（1011100110001110011）$_2$=（2E63B）$_{16}$。

　　二进制数转换成八进制数的方法与之类似，只要将上述规则中对二进制数分组时每 3 位一组即可。

　　例：将上述二进制数转换为八进制数。

二进制数	101	110	011	000	111	011
八进制数	5	6	3	0	7	3

结果为（1011100110001110011）$_2$=（563073）$_8$。

　　课堂练习：将二进制数 1011101 分别转换成十六进制、八进制数。

　　（4）十六进制、八进制数转换成二进制数。

　　十六进制转换成二进制数的方法：采用"一分为四"的原则，即从十六进制数的低位开始，将每位上的数用 4 位二进制表示出来。如有小数部分，则从小数点开始，分别向左右两边按照上述方法进行转换。

　　例：将十六进制数 3B7D2 转换为二进制数。

十六进制数	3	B	7	D	2
二进制数	011	1011	0111	1101	0010

结果为（3B7D2）$_{16}$=（111011011111010010）$_2$。

　　八进制数转换成二进制数的方法与之类似，只要遵循"一分为三"的原则即可。

　　课堂练习：将十六进制数 9D2F 转换成二进制数。

1.3.2　二进制的算术运算

　　二进制的算术运算与十进制数的算术运算一样，也包括加、减、乘、除四则运算，但运算更加简单。在计算机内部，二进制加法是基本运算，其他三种运算可以通过加法和移位来实现，这样可使计算机的运算器结构变得简单、稳定性好。

1．加法运算

二进制数的加法运算规则如下。

$0+0=0$　　　　$0+1=1$　　　　$1+0=1$　　　　$1+1=10$（即按"逢二进一"法，向高位进位 1 ）

课堂练习：计算（ 1011 ）$_2$+（ 1110 ）$_2$的结果。

2．减法运算

减法实质上是加上一个负数，主要应用补码运算。二进制数的减法运算规则如下。

$0-0=0$　　　　$1-0=1$　　　　$1-1=0$　　　　$0-1=1$（向高位借位 1，结果本位为 1 ）

课堂练习：计算（ 111001 ）$_2$ -（ 10010 ）$_2$的结果。

二进制数乘、除法的运算规则与十进制数的对应运算规则类似，在此就不一一列举。

1.3.3　二进制的基本逻辑运算

二进制数的逻辑运算包括逻辑"与"、"或"、"非"和"异或"操作等。

1．"与"运算

"与"运算又称为逻辑乘，用符号"∧"表示，运算规则如下。

$0 \wedge 0=0$　　　　$0 \wedge 1=0$　　　　$1 \wedge 0=0$　　　　$1 \wedge 1=1$

可以看出，当两个参与运算的数中有一个数为 0，则运算结果为 0；若都为 1，结果为 1。

2．"或"运算

"或"运算又称为逻辑加，用符号"∨"表示，运算规则如下。

$0 \vee 0=0$　　　　$0 \vee 1=1$　　　　$1 \vee 0=1$　　　　$1 \vee 1=1$

即当两个参与运算的数中有一个数为 1，则运算结果为 1；若都为 0，结果为 0。

3．"非"运算

如果变量为 A，则它的非运算结果用 $\overline{A}$ 表示，运算规则如下。

$\overline{0}=1$　　　　　　　　$\overline{1}=0$

4．"异或"运算

"异或"运算用符号"∀"表示，运算规则如下。

$0 \veebar 0=0$　　　　$0 \veebar 1=1$　　　　$1 \veebar 0=1$　　　　$1 \veebar 1=0$

即当两个参与运算的数不同时，则运算结果为 1，否则为 0。

1.3.4　计算机中的信息编码

编码的概念在日常生活中随处可见，例如，学生证上的学号是一个编码，每张人民币纸币上都有一个编码。这两个编码中的前者是往往用十进制数表示，后者则是由十进制数和英文字母混合而成。下面详细介绍各种不同类型的信息在计算机中采用二进制进行编码的方法。

1．数值编码

前面介绍了不同进制之间的转换，对任何进制的数值，其绝对值都可以转换成二进制数，这样其他进制的数据就可以在计算机中表示了。

数值数据在计算机内保存时，除了进制转换，还有两个问题需要解决，就是数字的正负号和带小数部分的数值其小数点位置的处理。

正负号也采用编码的方法，可以将一个二进制数的最高位定义为符号位，用 0 表示正号，1

表示负号，这种表示方法称为原码表示。另外，在计算机中，带符号数还有反码和补码等表示方法。

正数的原码、反码和补码都是相同的，而负数则不同。在求负数的反码时，符号位为"1"，其余各数字位按位取反，即"1"都换成"0"，"0"都换成"1"；负数的补码为反码加1。

例如，+19的二进制表示为010011，-19的原码表示为110011，其反码表示为101100，补码表示为101101。

在计算机中表示小数点的位置有两种方法，一种是定点表示法，另一种是浮点表示法，这些内容可以查阅相关的资料。

2．西文字符的编码

在微机中对字符进行编码，通常采用ASCII码和Unicode编码。

（1）ASCII码。

ASCII码是American Standard Code for Information Interchange（美国信息互换标准代码）的简称，已经被国际标准化组织（ISO,International Standardization Organization）指定为国际标准，称为ISO 646标准，适用于所有拉丁文字字母。

标准ASCII码采用7位二进制数来表示所有的大写和小写字母、数字0~9、标点符号，以及在美式英语中使用的特殊控制字符等128个字符。这128个字符可以分为95个可显示/打印字符和33个控制字符两类。在8个二进制位中，ASCII采用了7位（b_0~b_6）编码，空闲最高位b_7常用作奇偶校验位。

ASCII码的字符编码表共有2^4=16行，2^3=8列。低4位编码$b_3b_2b_1b_0$用作行编码，而高3位$b_6b_5b_4$用作列编码。标准ASCII码字符集见表1-3。

表1-3　标准ASCII码字符集

低4位 $b_3b_2b_1b_0$	高3位 $b_6b_5b_4$							
	000	001	010	011	100	101	110	111
0000	NUL	DLE	SP	0	@	P	`	p
0001	SOH	DC1	!	1	A	Q	a	q
0010	STX	DC2	"	2	B	R	b	r
0011	ETX	DC3	#	3	C	S	c	s
0100	EOT	DC4	$	4	D	T	d	t
0101	ENQ	NAK	%	5	E	U	e	u
0110	ACK	SYN	&	6	F	V	f	v
0111	BEL	ETB	'	7	G	W	g	w
1000	BS	CAN	(	8	H	X	h	x
1001	HT	EM	)	9	I	Y	i	y
1010	LF	SUB	*	:	J	Z	j	z
1011	VT	ESC	+	;	K	[	k	{
1100	FF	FS	,	〈	L	\	l	|
1101	CR	GS	-	=	M	]	m	}
1110	SO	RS	.	〉	N	^	n	~
1111	SI	US	/	?	O	_	o	DEL

表中的每个字符对应一个二进制编码，每个编码的数值称为 ASCII 码的值，例如，字母 A 的编码为 1000001B，即 65D 或 41H。由于 ASCII 码只有 7 位，在用一个字节保存一个字符的 ASCII 码时，占该字节的低 7 位，最高位补 0。

可以看出，数字 0~9 的 ASCII 码的值范围是 48~59，大写字母的 ASCII 码的值范围是 65~90，小写字母的 ASCII 码的值范围是 97~122，其顺序与字母表中的顺序是一样的，并且同一个字母的大小写 ASCII 码的值相差 32。

（2）Unicode 编码。

扩展的 ASCII 码所提供了 256 个字符，但用来表示世界各国的文字编码显然是远远不够的，还需要表示更多的字符和意义，因此又出现了 Unicode 编码。

Unicode 是国际组织制定的可以容纳世界上所有文字和符号的字符编码方案。它为每种语言中的每个字符设定了统一并且唯一的二进制编码，以满足跨语言、跨平台进行文本转换、处理的要求。Unicode 编码自 1994 年公布以来已得到普及，广泛应用于 Windows 操作系统、Office 等软件中。

3．汉字的编码

计算机对汉字信息的处理过程实际上是各种汉字编码间的转换过程。这些编码主要包括汉字输入码、汉字内码、汉字字形码、汉字地址码和汉字信息交换码等。下面首先介绍汉字字符集的概念，然后介绍各种编码的作用。

（1）汉字字符集。

由于汉字数量巨大，不可能对所有的汉字都进行编码。可以在计算机中处理的汉字是指包含在国家或国际组织制定的汉字字符集中的汉字。常用的汉字字符集有以下几种。

① GB 2312—1980 编码。

GB 2312—1980 编码的是全称为"信息交换用汉字编码字符集—基本集"，简称交换码或国标码，是由国家标准总局发布的简体中文字符集的中国国家标准。国内几乎所有的中文系统和国际化软件都支持 GB 2312 标准，该标准收录了 6 763 个常用汉字、682 个非汉字符号，并为每个字符规定了标准代码。

GB 2312 的出现，基本满足了汉字的计算机处理需要，它所收录的汉字已经覆盖中国大陆 99.75%的使用频率。对于人名、古汉语等方面出现的罕用字，GB 2312 不能处理，这导致了后来 GBK 及 GB 18030 汉字字符集的出现。

② GBK 编码。

GBK 编码的全称是"汉字内码扩展规范"，由全国信息技术标准化技术委员会制定。GBK 编码标准兼容 GB 2312，共收录了汉字 21 003 个、符号 883 个，并提供 1 894 个造字码位，简、繁体字融于一库。

③ CJK 编码。

CJK 的含义是中日韩统一表意文字，目的是要把来自中文、日文、韩文、越文中，本质、意义相同，形状一样或稍异的表意文字（主要为汉字，但也有仿汉字）于 ISO 10646 及 Unicode 标准内赋予相同编码。CJK 编码是 GB2312—1980 编码等字符集的超集。

④ GB 18030 编码。

GB 18030 编码的全称是"信息交换用汉字编码字符集基本集的扩充"，目前的最新版本是 GB18030—2005，是在 GB 2312—1980 和 GBK 编码标准基础上扩展而成的。GB 18030 编码支持全部 CJK 统一汉字字符。

（2）汉字的编码

① 输入码。

汉字输入码是为了将汉字通过键盘输入计算机而设计的代码，也称为外码。汉字输入方案很多，综合起来可分为数字编码、音码、形码和音形码。例如，微软拼音—简捷 2010 输入法是音码，五笔字型是形码中最有影响的编码方法。

② 区位码。

将 GB 2312 字符集放置在一个 94 行、94 列的方阵中，方阵的每一行称为汉字的一个"区"，区号范围是 1~94，方阵的每一列称为汉字的一个"位"，位号范围是 1~94。这样，汉字在方阵中的位置可以用它的区号和位号来确定，将区号和位号组合起来就得到该汉字的区位码。区位码用 4 位数字编码，前两位是区号，后两位是位号。例如，汉字"中"在 54 区 48 位，其区位码就是 5448。

③ 国标码。

国标码中用两个字节对汉字进行编码。先将汉字区位码中的十进制区号和位号分别转换成十六进制数字，然后分别加上 20H，可以得到该汉字的国标码。例如，汉字"中"的区位码是 5448，计算其国标码：汉字"中"的区号 54 转换成十六进制数字为 36，位号 48 转换成十六进制数字为 30，两个字节分别加上 20H，即 3630H+2020H，得到汉字"中"的国标码为 5650H。

④ 汉字机内码。

汉字机内码简称内码，是供计算机系统进行存储、加工处理和传输所使用的代码。

汉字"中"的国标码为 5650H，这两个字节分别用二进制表示就是 01010110 和 01010000，英文字母 V 和 P 的 ASCII 码恰好是 01010110 和 01010000。如果在计算机中有两个字节的内容分别是 01010110 和 01010000，就无法确定究竟是表示一个汉字"中"，还是分别表示两个英文字母 V 和 P。

为解决这一问题，通常是将汉字国标码两个字节的最高位都设置为 1，即对国标码的两个字节分别加上 10000000B（即 80H），从而得到汉字机内码。

例如，计算汉字"中"的机内码。

汉字"中"的国标码为 5650H，因此汉字"中"的机内码为 5650H+8080H= D6D0H。

综上所述，区位码、国标码和机内码之间的关系为国标码=区位码+2020H，机内码=国标码+8080H。

课堂练习：已知汉字"仁"的区位码是 4042，计算其国标码和机内码。

⑤ 汉字字形码。

汉字的字形码供显示和打印汉字时使用，字形码和输入码都称为外码。每个汉字的字形信息事先保存在计算机中，称为汉字库。每个汉字的字形和机内码一一对应。在输出汉字时，首先根据机内码在汉字库中查找相应的字形信息，然后利用字形信息进行显示和打印。

描述汉字字形的方法主要有点阵字形和轮廓字形两种。汉字字形点阵有 16×16 点阵、24×24 点阵、32×32 点阵等。一个汉字方块中行数、列数划分得越多，描绘的汉字就越细致，其占用的存储空间也相应增加。汉字字形点阵中每个点的信息用一位二进制码表示。对于 16×16 点阵的字形码，需要用 16×16÷8=32 个字节表示。

课后练习

1. 选择题

（1）英文缩写 CAD 的中文意思是（　　　　）。

A. 计算机辅助设计　　　　　　　B. 计算机辅助制造

C. 计算机辅助教学　　　　　　　D. 计算机辅助管理

（2）二进制数 10010110 减去二进制数 110000 的结果是（　　　　）。

A. 100110　　　B. 1000110　　　C. 1100110　　　D. 10000110

（3）下列 4 种不同数制表示的数中，数值最大的一个是（　　　　）。

A. 八进制数 227　　B. 十进制数 789　　C. 十六进制数 1FF　　D. 二进制数 1010001

（4）某工厂的仓库管理软件属于（　　　　）。

A. 应用软件　　　　B. 系统软件　　　　C. 工具软件　　　　D. 字处理软件

（5）已知英文字母 n 的 ASCII 码值为 110，那么英文字母 p 的 ASCII 码值是（　　　　）。

A. 111　　　　　B. 112　　　　　C. 113　　　　　D. 114

（6）假设给定一个十进制整数 D，转换成对应的二进制整数 B，那么就这两个数字的位数而言，B 与 D 相比，（　　　　）。

A. B 的数字位数一定大于 D 的数字位数

B. B 的数字位数一定小于 D 的数字位数

C. B 的数字位数一定不小于 D 的数字位数

D. B 的数字位数一定不大于 D 的数字位数

（7）下列各项中，不属于多媒体硬件的是（　　　　）。

A. 光盘驱动器　　　　B. 视频卡　　　　C. 音频卡　　　　D. 加密卡

2. 填空题

（1）计算机软件系统包括_____和_____两大类。

（2）某汉字的区位码是 5448，它的机内码是_____。

（3）将高级语言编写的程序翻译成机器语言程序所采用的两种翻译方式是_____和_____。

（4）计算机系统中的硬件主要包括_____、_____、_____、_____和_____五大部分。

（5）微型计算机的主要性能指标有_____、_____、_____、_____和_____。

3. 运算题

（1）$(127)_{10}$=（　　　　）$_2$=（　　　　）$_{16}$=（　　　　）$_8$。

（2）$(BC8)_{16}$=（　　　　）$_2$=（　　　　）$_8$。

（3）$(111010100111.001)_2$=（　　　　）$_8$=（　　　　）$_{16}$。

PART 2

单元 2
Windows 7 操作系统基础知识

2.1　Windows 7 基础

Windows 7 是由微软公司（Microsoft）开发的操作系统，核心版本号为 Windows NT 6.1。Windows 7 可供家庭及商业工作环境、笔记本电脑、平板电脑、多媒体中心等使用。2009 年 7 月 14 日 Windows 7 RTM （Build 7600.16385）正式上线，2009 年 10 月 22 日微软于美国正式发布 Windows 7 。Windows 7 同时也发布了服务器版本——Windows Server 2008 R2。2011 年 2 月 23 日凌晨，微软面向大众用户正式发布了 Windows 7 升级补丁——Windows 7 SP1（Build7601.17514. 101119-1850），另外还包括 Windows Server 2008 R2 SP1 升级补丁。

2.1.1　Windows 7 简介

Windows 7 操作系统继承部分 Vista 特性，在加强系统的安全性、稳定性的同时，重新对性能组件进行了完善和优化，部分功能、操作方式也回归质朴，在满足用户娱乐、工作、网络生活中的不同需要等方面达到了一个新的高度。特别是在科技创新方面，Windows 7 操作系统实现了上千处新功能和改变，成为了微软产品中的巅峰之作。

1. Windows 7 操作系统的常见版本

（1）Windows 7 Home Basic（家庭普通版）：提供更快、更简单的找到和打开经常使用的应用程序和文档的方法，为用户带来更便捷的计算机使用体验，其内置的 Internet Explorer 8 提高了上网浏览的安全性。

（2）Windows 7 Home Premium（家庭高级版）：可帮助用户轻松创建家庭网络和共享用户收藏的所有照片、视频及音乐；还可以观看、暂停、倒回和录制电视节目，实现最佳娱乐体验。

（3）Windows 7 Professional（专业版）：可以使用自动备份功能将数据轻松还原到用户的家庭网络或企业网络中。通过加入域，还可以轻松连接到公司网络，而且更加安全。

（4）Windows 7 Ultimate（旗舰版）：是最灵活、强大的版本。它在家庭高级版的娱乐功能和专业版的业务功能基础上结合了显著的易用特性，用户还可以使用 BitLocker 和 BitLocker To Go 对数据加密。

2. Windows 7 安装硬件要求

根据表 2-1 中的配置信息完成硬件配置检查。下表中的内容共分为以下两部分。

（1）推荐配置：能够顺利完成 Windows 7 的安装，且在该配置下能够流畅运行大部分应用程序并获得良好的用户体验。

（2）最低配置：能够顺利完成 Windows 7 的安装，且也能够获得较好的用户体验，该配置为安装 Windows 7 所需要的硬件配置底线，低于该配置可能无法完成 Windows 7 的安装。

表 2-1　Windows 7 推荐配置和最低配置

硬件	推荐配置	最低配置
处理器	1 GHz 32 位或 64 位处理器	1 GHz 32 位或 64 位处理器
内存	1 GB 的 RAM	512 MB 的 RAM
磁盘空间	16 GB	6～10G 可用磁盘空间
显示适配器	支持 DirectX 9 图形，具有 128 MB 内存	
光驱动器	DVD-R/W 驱动器	
Internet 连接	访问 Internet 以获取更新	

在 Windows 7 专业版以上的版本中，微软为用户提供了 Windows XP 模式，通过该功能可帮助企业用户解决大部分应用程序兼容性问题。要使用该功能，Windows 7 安装所在的硬件及相对应的系统版本必须满足表 2-2 中的要求，如果低于相关的配置或版本要求，则 Windows XP 模式无法运行或不能获得较好的执行效率。

表 2-2　Windows 7 下 Windows XP 模式最低配置

所需操作系统版本	CP 主频	CPU 其他硬件指标	推荐内存大小	硬盘可用空间
Windows 7 专业版、企业版、旗舰版	1GHZ 或更高	支持 Inter － VT 或 AMD-V 技术	2G	

2.1.2　Windows 7 安装指南

Windows 7 的安装方法有很多，但不论是通过光盘还是硬盘等方法，其基本的原理是一样的。下面就介绍常用的安装方法。

（1）开始安装 Windows 7 操作系统，首先要得到安装过程的镜像文件，同时通过刻录机，将其刻录到光盘当中（如果不具备刻录设备，也可通过虚拟光驱软件，加载运行 ISO 镜像文件），之后重启计算机，进入 BIOS 设置选项。找到启动项设置选项，将光驱（DVD-ROM 或 DVD-RW）设置为默认的第一启动项目，随后保存设置并退出 BIOS，此时放入刻录光盘，在出现载入界面时按回车键，即可进入 Windows 7 操作系统的安装界面，同时自动启动对应的安装向导。

（2）在完成对系统信息的检测之后，即进入 Windows 7 系统的正式安装界面，首先会要求用户选择安装的语言类型、时间和货币方式、默认的键盘输入方式等，如安装中文版本，就选择中文（简体）、中国北京时间和默认的简体键盘即可，设置完成后则会开始启动安装，如图 2-1 所示。

图 2-1　Windows 7 正式安装界面

（3）单击"开始安装"按钮，启动 Windows 7 操作系统安装过程，随后会提示确认 Windows 7 操作系统的许可协议，用户在阅读并认可后，选定"我接受许可条款"，并进行下一步操作。

（4）此时，系统会自动弹出包括"升级安装"和"全新安装"两种升级选项提示，前者可以在保留部分核心文件、设置选项和安装程度的情况下，对系统内核执行升级操作。例如，可将系统从 Windows Vista 旗舰版本，升级到 Windows 7 的旗舰版本等，不过并非所有的微软系统都支持进行升级安装。Windows 7 为用户提供了包括升级安装和全新安装两种选项当前支持升级的对应版本（仅支持从 Vista 升级到 Windows 7），如图 2-2 所示。

图 2-2　选择安装类型

（5）在选择好安装方式后，下一步则会选择安装路径信息，此时安装程序会自动罗列当前系统的各个分区和磁盘体积、类型等，选择一个确保有 8 GB 以上剩余空间的分区，即可执行安装操作。当然，为防止出现冲突，建议借助分区选项，对系统分区先进行格式化，再继续执行安装操作。

（6）选择安装路径后，执行格式化操作并继续系统安装。选择好对应的磁盘空间后，下一步便会开始启动包括对系统文件的复制、展开系统文件、安装对应的功能组件、更新等操作，期间基本无需值守，当前会出现一到两次的重启操作。

（7）完成配置后，开始执行复制、展开文件等安装工作。文件复制完成后，将出现 Windows 7 操作系统的启动界面，如图 2-3 所示。

图 2-3　Windows 7 启动界面

（8）经过大约 20 分钟之后，安装部分便已经成功结束，之后会弹出包括账户、密码、区域和语言选项等设置内容，此时根据提示，即可轻松完成配置向导，之后便会进入 Windows 7 操作系统的桌面当中，如图 2-4 所示。

图 2-4　Windows 7 设置界面

2.1.3　激活 Windows 7 系统

成功安装 Windows 7 后，需要在 30 天内联网进行激活。如果在这个时间内没有完成激活，Windows 7 会黑屏或者过一段时间重启，严重影响系统的正常使用，所以可以按照下面的方法进行激活。

（1）右键单击桌面上的"计算机"图标，在弹出的菜单中选择"属性"命令，打开"系统"窗口，如图 2-5 所示。

（2）单击窗口下方"剩余×天可以激活，立即激活 Windows"链接，打开"正在激活 Windows…"对话框，开始联网验证密钥，如图 2-6 所示。验证结束即可。

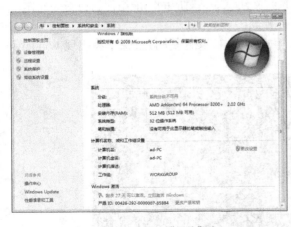

图 2-5　"系统"窗口　　　　　　　　　　图 2-6　进行激活

（3）如果在安装系统时没有输入密钥或激活失败需要更改新的密钥，可以在"系统"窗口下方单击"更改产品密钥"链接，在弹出的"键入产品密钥"对话框中，输入产品密钥，如图 2-7 所示，单击"下一步"按钮，即可打开"正在激活 Windows…"对话框进行激活。

图 2-7　"键入产品密钥"对话框

2.1.4　Windows 7 开关机操作

1. 开机操作及其原理

按下主机开关和显示器开关以后，Windows 7 自动运行启动。

（1）开启电源。

计算机系统将进行加电自检（POST,power-on self-test）。如果通过，之后 BIOS 会读取主引导记录（MBR,master boot record）——被标记为启动设备的硬盘的首扇区，并传送被 Windows 7 建立的控制编码给 MBR。这时，Windows 接管启动过程。接下来，MBR 读取引导扇区——活动分区的第一扇区。此扇区包含用以启动 Windows 启动管理器（Windows boot manager）程序 Bootmgr.exe 的代码。

（2）启动菜单生成。

Windows 启动管理器读取启动配置数据存储（boot confi guration data store）中的信息。此信息包含已被安装在计算机上的所有操作系统的配置信息，并且用以生成启动菜单。

（3）启动菜单中的选择。

① 如果用户选择的是 Windows 7（或 Windows Vista），Windows 启动管理器运行 %SystemRoot%\System32 文件夹中的 OS loader——Winload.exe。

② 如果用户选择的是自休眠状态恢复 Windows 7 或 Vista，那么启动管理器将装载 Winresume.exe 并恢复用户先前的使用环境。

③ 如果用户在启动菜单中选择的是早期的 Windows 版本，启动管理器将定位系统安装所在的卷，并且加载 Windows NT 风格的早期 OS loader（Ntldr.exe）——生成一个由 boot.ini 内容决定的启动菜单。

（4）核心文件加载及登录。

Windows7 启动时，加载其核心文件 Ntoskrnl.exe 和 hal.dll——从注册表中读取设置并加载驱动程序。接下来将运行 Windows 会话管理器（smss.exe）并且启动 Windows 启动程序(Wininit exe)，本地安全验证（Lsass.exe）与服务（services.exe）进程，完成后，用户就可以登录自己的系统了。

（5）登录后的开机加载项目。

这时，用户便进入了 Windows 7 操作系统的登录界面。

2. 关机操作

Windows 7 的关机操作与 Windows XP 操作系统的关机非常相似，下面具体讲解。

（1）单击"开始"→"关机"按钮，即可关闭计算机，如图 2-8 所示。

（2）单击"关机"右侧的  按钮，可以对计算机进行其他操作，如"重新启动"、"切换用户"等，如图 2-9 所示。

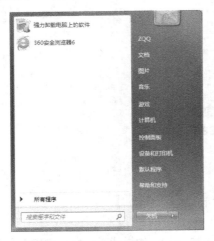

图 2-8 "开始"菜单

图 2-9 "关机"菜单

2.2 Windows 7 界面的认识及简单操作

2.2.1 Windows 7 桌面的组成

Windows 7 的桌面相对于以前版本的桌面有很大改变，不但有很强的可视化效果，而且功能方面也进行了归类，便于用户查找和使用。启动 Windows 7 后，出现的桌面主要包括桌面图标和任务栏，如图 2-10 所示。

图 2-10 Windows 7 桌面

桌面图标主要包括系统图标和快捷图标，与 Windows XP 图标组成是一样的，操作方式也是一样的。桌面背景可以根据用户的喜好进行设置，以后会进行具体介绍。任务栏有很多变化，主要包括"开始"按钮、快速启动区、语言栏、系统提示区与"显示桌面"按钮。下面对各个部分进行具体介绍。

2.2.2 桌面的个性化设置

Windows 7 的桌面设置更加美观和人性化，用户可以根据自己的需求设置不同的桌面效果，使桌面有自己的"个性化"外表。

1. 使用 Windows Aero 界面

Windows 7 默认的外观设置不是每个人都喜欢，用户可以通过个性化的设置，自定义操作系统的外观。微软在系统中引入了 Aero 功能，只要电脑的显卡内存在 125 MB 以上，并且支持 DirectX 9 或以上版本，就可以打开该功能。打开 Aero 功能后，Windows 窗口呈透明化，将鼠标悬停在任务栏的图标上，还可以预览对应的窗口。

（1）在桌面空白处单击鼠标右键，在展开的菜单中选择"个性化"命令，如图 2-11 所示。

（2）打开"个性化"窗口，在"Aero 主题"栏下，选择一种 Aero 主题，如选择"自然"，单击即可切换到该主题，如图 2-12 所示。

（3）单击"窗口颜色"图标，在打开的对话框中选择修改的 Aero 主题，如图 2-13 所示。单击"保存修改"按钮，再关闭对话框即可。

图 2-11　右键菜单

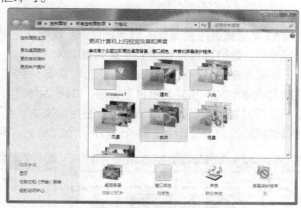

图 2-12　"个性化"窗口

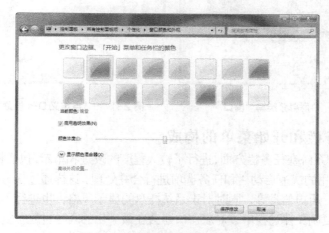

图 2-13　"窗口颜色和外观"窗口

2. 为桌面添加小工具

利用桌面小工具，可以设置个性化桌面，增加桌面的生动性，而且这些小工具也很有用处。

（1）在桌面空白处单击鼠标右键，在弹出的菜单中选择"小工具"命令，打开小工具窗口，如图2-14所示。

（2）在打开的窗口中选择喜欢和需要的小工具，然后双击小工具图标或将其拖到桌面上，完成后关闭小工具窗口即可，如拖动"日历"到桌面上，效果如图2-15所示。

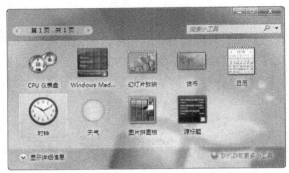

图2-14 小工具窗口

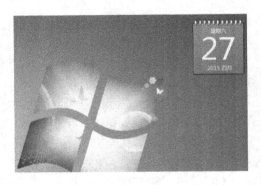

图2-15 添加的日历

3．设置桌面字体大小

使用22英寸或以上的尺寸的显示器时，系统默认的字体偏小，有的用户阅读屏幕文字时可能会感到吃力，这可以通过调整DPI来调整字体大小。

（1）在桌面空白处单击鼠标右键，选择"屏幕分辨率"命令，打开"屏幕分辨率"窗口，单击"放大或缩小文本和其他项目"链接，如图2-16所示。

（2）打开"显示"窗口，单击"设置自定义文本大小"链接，打开"自定义DPI设置"对话框，调整缩放的百分比即可，如图2-17所示。单击"确定"按钮，再关闭窗口即可。

图2-16 "屏幕分辨率"窗口

图2-17 "自定义DPI设置"对话框

2.2.3 任务栏和开始菜单的构成

Windows 7操作系统在任务栏方面，进行了较大程度的改进和革新，包括将从95、98到2000、XP、Vista都一直沿用的快速启动栏和任务选项进行合并处理，这样通过任务栏即可快速查看各个程序的运行状态、历史信息等，同时对于系统托盘的显示风格，也进行了一定程度的改良操作，特别是在执行复制文件过程中，对应窗口还会在最小化的同时也显示复制进度等功能。如图2-18所示。

图2-18 任务栏

1. 任务栏的组成和操作

（1）"开始"按钮：单击该按钮，会弹出"开始"菜单，单击其中的任意选项可启动对应的系统程序或应用程序。

（2）快速启动区：用于显示当前打开程序窗口的对应图标，使用该图标可以进行还原窗口到桌面、切换和关闭窗口等操作，拖动这些图标可以改变它们的排列顺序。这里对打开的窗口和程序进行了归类，相同的程序放在一起，将鼠标放在打开程序的图标上，可以查看窗口的缩略图，如图 2-19 所示。单击需要的缩略图，可打开相应的窗口，便于用户查看和选择。

图 2-19　快速启动区

（3）语言栏：输入文本内容时，在语言栏中进行选择和设置输入法等操作。

（4）系统提示区：用于显示"系统音量"、"网络"以及"操作中心"等一些正在运行的应用程序的图标，单击其中的按钮可以看到被隐藏的其他活动图标。

（5）"显示桌面"按钮：单击该按钮，可以在当前打开的窗口与桌面之间进行切换。

（6）Windows 7 的任务栏预览功能更加简单和直观，用户可通过任务栏，单击属性选项，对相关功能进行调整，如恢复到小尺寸的任务栏窗口，也包括对通知区域的图标信息进行调整、是否启用任务栏窗口预览（Aero peek）功能等。

2. "开始"菜单的组成和设置

（1）单击"开始"按钮，弹出"开始"菜单，再单击"所有程序"选项，可以看到更多程序和应用，它始终是一个界面，一层一层展开。在"搜索程序和文件"文本框中，输入查找的文件名称或程序名称，可快速打开程序或文件所在的文件夹，如图 2-20 所示。

（2）右击"开始"按钮，选择"属性"命令，可打开"任务栏和「开始」菜单属性"对话框，则可对显示模式等进行调整，如图 2-21 所示。

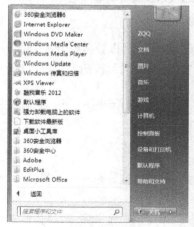

图 2-20　"搜索程序和文件"文本框

图 2-21　"任务栏和「开始」菜单属性"对话框

2.2.4 对"计算机"窗口的认识

在 Windows 7 中，双击桌面上的"计算机"图标，即可打开"计算机"窗口，如图 2-22 所示。它的功能类似于 Windows XP 的"我的电脑"窗口，但是比"我的电脑"功能要强大。它不但有基本的磁盘，而且在左侧窗口还可以进行"库"管理、查看局域"网络"。

（1）由窗口可以看到其功能名称发生了改变，而且增加了更多功能，单击"组织"按钮，即展开下拉菜单，可选择相应的操作，如图 2-23 所示。

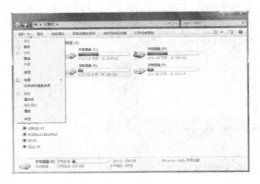

图 2-22　"计算机"窗口　　　　　　　　图 2-23　"组织"菜单

（2）打开需要存放文件夹的磁盘，并选中需要查看的文件，再单击"显示预览窗格"按钮 □，可以在"计算机"窗口预览文件内容，如图 2-24 所示。

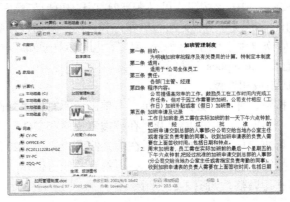

图 2-24　预览文档

（3）在"计算机"窗口上方，单击"打开控制面板"按钮，可以直接打开控制面板。

（4）打开需要创建文件夹的磁盘或文件夹，单击"新建文件夹"按钮，可以直接新建一个文件夹。

总之，"计算机"窗口有许多新功能，用户可以在窗口中试着使用它们，以快速地进行需要的操作。

2.2.5 设置屏幕保护程序

屏幕保护程序是在电脑开机状态下暂时不用的时候，防止电脑停留在一个界面不动，对电脑起到保护作用的程序。具体设置方法如下。

（1）在桌面空白处单击鼠标右键，在弹出的菜单中选择"个性化"命令，打开"个性化"窗口，单击右下角的"屏幕保护程序"图标。

（2）打开"屏幕保护程序设置"对话框，在"屏幕保护程序"栏下单击下拉按钮，在下拉列表中选择需要的屏保模式，如"气泡"。

（3）在"等待"编辑框中输入屏幕保护的时间，如图 2-25 所示。设置完成后，单击"确定"按钮即可。

图 2-25　"屏幕保护程序设置"对话框

2.3　Windows 7 的文件及文件夹管理

文件是以单个名称在计算机上存储的信息集合。电脑文件都是以二进制的形式保存在存储器中的。文件可以是文本文档、图片、程序等。文件和文件夹是电脑管理数据的重要方式，文件通常放在文件夹中，文件夹中除了文件外还有子文件夹，子文件夹中又可以包含文件。可以将 Windows 系统中的各种信息的存储空间看成一个大仓库，所有的仓库都会根据需要划分出不同的区域，每个区域分类存放不同的物品。

2.3.1　了解文件和文件夹管理窗口的新功能

在 Windows 7 的文件和文件夹管理窗口中，不但保留原有的功能，而且还增添了许多新功能，帮助用户进行需要的操作。下面主要介绍显示方式和搜索文件功能。

1．更改图标显示方式

在文件夹窗口中单击"更改您的视图"右侧的下拉按钮，在展开的下拉菜单中可以选择不同的视图方式，如图 2-26 所示，如选择"内容"的视图方式，单击即可应用，效果如图 2-27 所示。

图 2-26　选择文件查看方式

图 2-27　"内容"查看方式

2．在文件夹窗口直接搜索文件

如果一个文件夹中包含很多文件，要查找需要的文件比较麻烦，可以通过文件夹中的搜索功能直接查找到所需文件。

（1）在"搜索…"文本框中输入需要查找的文件的文件名，系统就会直接搜索，并进行显示，如图2-28所示。

（2）也可以在文本框中输入文件的扩展名"*."，即可直接搜索到此扩展名的所有文件，如图2-29所示。

图2-28　在"搜索…"文本框输入内容　　　图2-29　搜索的结果

2.3.2　文件和文件夹新建、删除等基本操作

文件和文件夹的新建、删除、选中等操作是经常会用到的基本操作，掌握其操作方法是非常必要的。

1．选择多个连续文件或文件夹

（1）单击要选择的第一个文件或文件夹后按住Shift键。

（2）单击要选择的最后一个文件或文件夹，则将以所选第一个文件和最后一个文件为对角线的矩形区域内的文件或文件夹全部选定，如图2-30所示。

图2-30　选择多个连续文件

2．一次性选择不连接文件或文件夹

（1）单击要选择的第一个文件或文件夹，然后按住Ctrl键。

（2）依次单击其他要选定的文件或文件夹，即可将这些不连续的文件同时选中，如图2-31所示。

图 2-31　选择不连续文件

3. 复制文件或文件夹

（1）选定要复制的文件或文件夹。

（2）单击"组织"按钮，在弹出的下拉菜单中选择"复制"命令，如图 2-32 所示。

（3）打开目标文件夹（复制后文件所在的文件夹），单击"组织"按钮，弹出下拉菜单，选择"粘贴"命令，即可粘贴成功，如图 2-33 所示。

图 2-32　"复制"操作

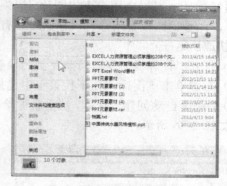

图 2-33　"粘贴"操作

（4）或者选定要复制的文件或文件夹，按住 Ctrl 键的同时，使用鼠标左键（按住鼠标左键不放）把所选内容拖动到目标文件夹（即复制后文件所在的文件夹）中，即可完成复制。

4. 彻底删除不需要的文件或文件夹

（1）选定要删除的文件或文件夹。

（2）按住 Shift 键的同时，单击"组织"按钮下拉菜单中的"删除"命令；或右键单击需要删除的文件或文件夹，在弹出的快捷菜单中选择"删除"命令；也可以按下"Shift+Delete"组合键。

（3）打开"删除文件"对话框，如图 2-34 所示，单击"是"按钮，即可永久删除该文件或文件夹。

图 2-34　"删除文件"对话框

2.3.3 认识 Windows 7 "库"

Windows 7 中的 "库" 确实是一个非常不错的功能，可以管理不同类型的文件，不过要使用该功能还需要具备一定的条件。这里所说的条件主要是针对 "库" 的位置来说的。下面分别介绍支持 "库" 和不支持 "库" 的各种情况。

1. 支持 "库" 的情况

（1）只要本地磁盘卷是 NTFS，不管是固定卷还是可移动卷，都支持 "库"。

（2）基于索引共享的，如部分服务器，或者基于家庭组的 Windows 7 计算机是支持 "库" 的。

（3）对于一些脱机文件夹，如文件夹重定向，如果设置是始终脱机可用的话那么也支持 "库"。

2. 不支持 "库" 的情况

（1）如果磁盘分区是 "FAT/FAT 62" 格式，那么不支持 "库"。

（2）可移动磁盘如 U 盘、DVD 光驱，不支持 "库"。

（3）不是脱机被使用，或者远端被索引的网络共享文档是不支持 "库" 的。

（4）网络存储器（NAS,network attached storage）也是不支持 "库" 的。

3. 如何管理 "库"

管理好 "库"，可以为用户查找图片、视频等文件带来方便。创建一个属于自己的 "库" 比较简单，而且也比较实用，可以存储一些有用的资料。

4. 快速创建一个 "库"

（1）打开 "计算机" 窗口，在左侧的导航区可以看到一个名为 "库" 的图标。

（2）右键单击该图标，在下拉菜单中选择 "新建"→"库" 命令，如图 2-35 所示。

（3）系统会自动创建一个库，然后就像给文件夹命名一样为这个库命名，如命名为 "我的库"，如图 2-36 所示。

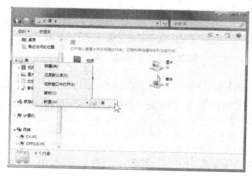

图 2-35 "新建库" 操作

图 2-36 新建的库名称

5. 将文件夹添加到 "库"

（1）右键单击导航区名为 "我的库" 的库，选择 "属性" 命令，弹出其属性对话框，如图 2-37 所示。

（2）单击 [包含文件夹 (I)...] 按钮，在打开的对话框中选定需要添加的文件夹，再单击下面的 [包括文件夹] 按钮即可，如图 2-38 所示。

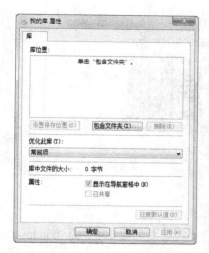

图 2-37 "我的库 属性"对话框

图 2-38 选定需要的文件夹

2.4 Windows 7 常用附件的使用

2.4.1 Tablet PC 输入面板

Windows 7 为用户提供了手写面板，在没有手写笔的情况下，使用鼠标或通过 Tablet PC 都可以快速进行书写，下面使用 Tablet PC 输入内容。

（1）打开需在输入内容的程序，如 Word 程序，将光标定位到需要插入内容的地方。

（2）单击"开始"→"所有程序"→"附件"→"Tablet PC"→"Tablet PC 输入面板"命令，打开输入面板。

（3）打开输入面板，当鼠标放在面板上时，可以看到鼠标变成了一个小黑点，拖动鼠标即可在面板中输入内容，输入完后自动生成内容，如图 2-39 所示。

（4）输入完成后，单击"插入"按钮，即可将书写的内容插入到光标所在的位置，如图 2-40 所示。

（5）如果在面板中书写错误，单击输入面板中的"删除"按钮，然后拖动鼠标在错字上画一条横线即可删除。

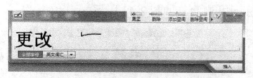

图 2-39 在 Tablet PC 面板中输入内容

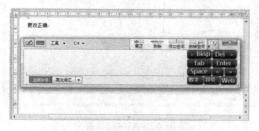

图 2-40 输入完成后

（6）要关闭 Tablet PC 面板，直接单击"关闭"按钮是无效的，正确的方法是，单击"工具"选项，在展开的下拉菜单中选择"退出"命令，即可退出，如图 2-41 所示。

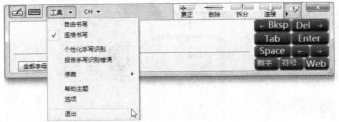

图 2-41 "退出"输入面板

2.4.2 画图程序的应用

画图程序不但可以绘制图形，而且可以对现有的图片进行剪裁、变色灯处理，是 Windows 的常见图片处理程序。

1. 绘制图形

（1）单击"开始"→"所有程序"→"附件"→"画图"命令，打开"画图"窗口。

（2）在空白窗口中拖动鼠标即可绘制图形，如图 2-42 所示。

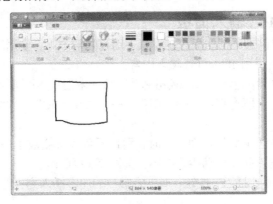

图 2-42 绘制图形

（3）如果绘制得不正确，单击"橡皮擦"按钮 ，鼠标即变成小正方形，按住鼠标左键，在需要擦除的地方拖动鼠标即可删除，如图 2-43 所示。

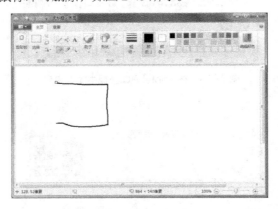

图 2-43 擦除错误部分

（4）绘制完成后，在"颜色"区域单击选定需要的颜色，然后单击"用颜色填充"按钮，在图形内单击一下，即可填充选择的颜色，如图 2-44 所示。

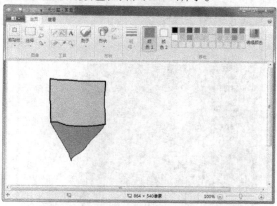

图 2-44　填充颜色

（5）绘制完成后，单击画图窗口左上方的 ▦▾ 按钮，在展开的下拉菜单中选择"保存"命令，进行保存即可。

2. 处理图片

（1）在画图程序中，单击 ▦▾ 按钮，在展开的菜单中选择"打开"命令，如图 2-45 所示。

图 2-45　打开文件

（2）打开"打开"对话框，选定需要处理的图片，然后单击"打开"按钮，如图 2-46 所示。

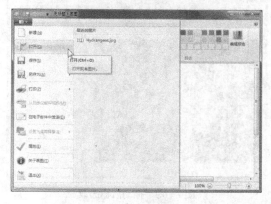

图 2-46　选择图片

（3）打开图片后，由于图片过大，无法查看到全部图片，可以在画图程序的"查看"选项卡中，单击"缩小"按钮，即可显示完整的图片，如图 2-47 所示。

图 2-47　缩小图片

（4）在"主页"选项卡中，单击"选择"按钮，在下拉菜单中选择选取的形状，如"矩形"，如图 2-48 所示。

图 2-48　选择形状

（5）拖动鼠标，在图片中选取需要的矩形块部分，如图 2-49 所示。

图 2-49　拖动鼠标选取

（6）单击"剪裁"按钮 ，即可只保留选取的部分，如图 2-50 所示。

图 2-50　选取后的效果

（7）将剪裁后的部分另存在合适的文件夹中即可。

2.4.3　记事本的操作

记事本是最基本的文本输入与处理程序，它只能对文字进行操作，而不能插入图片，但是使用起来却极为简单和方便。

（1）单击"开始"→"所有程序"→"附件"→"记事本"命令，打开"记事本"窗口。

（2）在"记事本"窗口中输入内容，并选定，然后单击"格式"→"字体"命令，如图 2-51 所示。

（3）打开"字体"对话框，在对话框中可以设置"字体"、"字形"和"大小"，如图 2-52 所示。单击"确定"按钮即可设置成功。

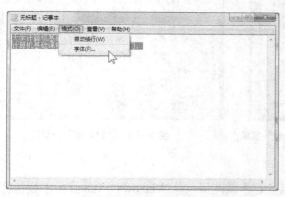

图 2-51　"格式"菜单

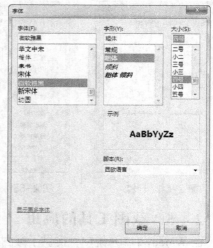

图 2-52　"字体"对话框

（4）单击"编辑"按钮，展开下拉菜单，可以对选定的文本进行复制、删除等操作；也可以选择"查找"命令，对文本进行查找等，如图 2-53 所示。

（5）编辑完成后，单击"文件"→"保存"按钮，将记事本保存在适当的位置。

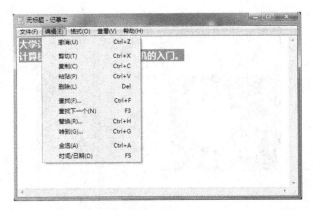

图 2-53　"编辑"菜单

2.4.4　计算器的使用

计算器是不同 Windows 版本中的必备工具，虽然功能单一，但的确是人们日常工作中不可缺少的辅助工具。

（1）单击"开始"→"所有程序"→"附件"→"计算器"命令，打开"计算器"程序。

（2）在计算器中，单击相应的按钮，即可输入计算的数字和方式，如图 2-54 所示输入的"85*63"算式。单击"＝"号按钮，即可计算出结果。

（3）单击"查看"→"科学型"命令，如图 2-55 所示，即可打开科学型计算器程序，可进行更为复杂的运算。

（4）如计算"tan30"的数值，先单击输入"30"，然后单击 tan 按钮，即可计算出相应的数值，如图 2-56 所示。

图 2-54　计算

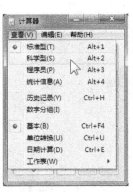

图 2-55　"查看"菜单

图 2-56　"科学型"计算器

2.4.5　截图工具的应用

在 Windows 7 系统中，提供了截图工具。这个截图工具从 Windows Vista 开始才被包含到所有版本的 Windows 中。其灵活性更高，并且自带简单的图片编辑功能，方便对截取的内容进行处理。

（1）单击"开始"→"所有程序"→"附件"→"截图工具"命令，启动截图工具后，整个屏幕会被半透明的白色覆盖，与此同时只有截图工具的窗口处于可操作状态。单击"新建"下拉按钮，在展开的列表中选择一种要截取的模式，如"矩形截图"，如图 2-57 所示。

（2）当鼠标变成十字形时，拖动鼠标在屏幕上将希望截取的部分全部框选起来。截取图片后，用户可以直接对截取的内容进行处理，如添加文字标注、用荧光笔突出显示其中的部分内容。这里单击 ✏ 下拉按钮，在展开的下拉列表中选择"蓝笔"选项，如图 2-58 所示。

（3）选择后即可在截取的图中绘制图形或文字，处理好后，可以单击 🖫 按钮，保存图片，或者单击 📧 按钮，发送截图。

图 2-57　选择截取类型

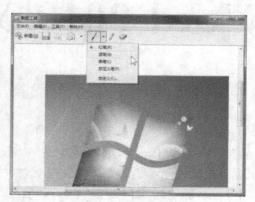

图 2-58　编辑图形

PART 3

单元 3
Word 2010 文字处理实例

Microsoft Office 2010 由美国微软公司开发，它延续了 Office 2007 的 Ribbon（功能区）界面，操作直观、人性化。与以往版本相比，Office 2010 在功能、兼容性、稳定性方面取得了明显的进步，已成为全球应用最为广泛的办公软件套装。本单元通过 4 个典型实例，详细介绍了 Office 2010 套件中的字处理软件（Word 2010 中文版）的使用方法，包括基本操作、版面设计、表格的制作和处理、图文混排、模板与样式的使用等内容。

3.1 实例1：护理专业人才培养调研分析

3.1.1 实例描述

赵笑是某学院护理专业的负责人，由于近几年来国内外护理专业就业前景良好，学院领导指示其呈交一份护理专业人才培养调研分析报告，要求其从培养目标、学生学习的主干课程、就业方向和就业前景几个方面进行调研。学校领导对报告提出如下要求。

（1）主标题醒目，有较大的行距。

（2）标题与正文之间有特定的字体与间距，让读者一目了然，清楚地理解报告的结构。

（3）报告开头能够呈现首字加大与下沉效果，增添排版的美观程度。

（4）对关键词添加不同形式的重点提示，让读者很快就能抓住报告的中心内容。

（5）为重点项目与编号自定义项目符号。

（6）将报告中涉及的专有名词设置成双行排列。

接到任务后，赵笑进行了详细的调研，并形成了报告初稿。接着，她在技术分析的基础上，使用 Word 2010 提供的相关功能，完成了报告的编辑与排版，效果如图 3-1 所示。最后，她将排版好的报告打印后呈报给了学校领导。

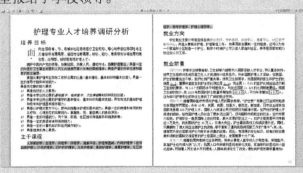

图 3-1 护理专业人才培养调研分析报告效果图

本实例实现技术解决方案如下。

（1）通过"开始"选项卡"字体"选项组中的按钮或对话框，可以对字体、字符间距进行设置与美化。

（2）通过"段落"选项组或对话框，可以设置段落的缩进量和间距、换行等。

（3）通过"首字下沉"对话框，可以为正文的第一个字添加下沉效果。

（4）通过"格式刷"按钮，可以便捷地复制文本的格式。

（5）通过"定义新编号格式"对话框，可以自定义列表内容。

（6）通过"打印"窗格，可以实现对文件的按需打印。

3.1.2 实例实施过程

1．处理报告的文字

（1）输入报告内容。将报告的内容输入到文档中。

① 单击"开始"按钮，然后依次选择"所有程序"→"Microsoft Office"→"Microsoft Word 2010"命令，启动 Word 2010。

② 打开素材文件"护理专业人才培养调研分析报告.txt"，按"Ctrl+A"组合键选定全部内容，然后按"Ctrl+C"组合键将其复制到剪贴板中。显示 Word 文档，按"Ctrl+V"组合键将内容粘贴进来。单击快速访问工具栏中的"保存"按钮，打开"另存为"对话框。

③ 在"保存位置"下拉列表框中选择保存路径，然后在"文件名"文本框中输入文字"护理专业人才培养调研分析报告"，如图 3-2 所示，接着单击"保存"按钮，将报告的初稿存盘。

（2）设置文字的一般格式。

报告文字输入完成后，可以通过工具栏按钮对文字的字体、字号和字形等进行设置。

① 按"Ctrl+Home"组合键将插入点移至文档开始处，在选中区单击鼠标左键选定报告的标题，切换到"开始"选项卡，单击"字体"选项组中"字体"下拉列表框右侧的箭头按钮，从列表中选择"黑体"选项；保持标题的被选状态，将"字号"下拉列表框设置为"一号"，接着单击"段落"选项组中的"居中"按钮设置水平对齐方式。

② 切换到"视图"选项卡，单击"显示比例"选项组中的"双页"按钮，以便于后续操作。按住 Ctrl 键并拖动鼠标依次选择"培养目标"、"主干课程"、"就业方向"、"就业前景"标题文本；然后打开"字体"下拉列表框，单击"最近使用的字体"栏中的"黑体"选项；接着将它们的字号设置为"小二"，并单击"文本左对齐"按钮，结果如图 3-3 所示。

③ 选择文本"护理专业"，然后单击浮动工具栏中的"加粗"按钮。

④ 选择文本"基础医学"、"临床医学"、"卫生保健"，然后单击浮动工具栏中的"倾斜"按钮。

图 3-2　"另存为"对话框

图 3-3　水平居中、左对齐的标题文字

⑤ 选择文本"1：2"、"1：4"，然后在"字体"选项组中单击"下画线"按钮右侧的箭头按钮，从下拉菜单中选择"双下画线"命令。

⑥ 选择文本"232.2万"、"11.5万"，然后单击"字符边框"按钮。

⑦ 选择第2段中的文本"热爱护理事业……的职业道德。"，然后单击"字符底纹"按钮。

⑧ 拖动垂直滚动条，显示标题"主干课程"下方的内容，选择文本"人体解剖学……护理心理学等。"，然后单击"突出显示"按钮右侧的箭头按钮，从下拉菜单中选择"青绿"命令。

⑨ 拖动垂直滚动条，显示标题"就业方向"下方的内容，选择文本"各级各类综合医院、专科医院、急救中心、康复中心、社区医疗服务中心，并且从事临床护理、护理管理工作"，然后单击"字体颜色"按钮右侧的箭头按钮，从下拉菜单中选择标准色中的"红色"命令。

经过上述设置后，对关键词添加了不同形式的重点提示，结果如图3-4所示。

图3-4　设置文字一般格式后的效果图

（3）设置字符的特殊格式。

当需要设置比较特殊的文字效果时，可以通过"字体"对话框来完成。

① 选定文本"面向全国各省……护理人才"，然后单击"字体"选项组中的"对话框启动器"按钮，打开"字体"对话框。

② 在"字体"选项卡中，将"着重号"下拉列表框设置为"．"（着重号），在"预览"区域中查看效果，如图3-5所示，满意后单击"确定"按钮。

③ 在报告标题文字"护理专业人才培养调研分析报告"上连续单击3次将其选中，然后打开"字体"对话框。切换到"高级"选项卡，将"缩放"下拉列表框设置为"110%"，接着单击"确定"按钮。

④ 选择标题文字"培养目标"，再次打开"字体"对话框。将"高级"选项卡中的"间距"下拉列表框设置为"加宽"，"磅值"微调框设置为"2磅"。

2．编排报告的段落

段落是划分篇章的重要特征，完成字符设置后，就可以对报告中的段落进行编排了。

（1）设置缩进和行距。

首先对各段设置首行缩进，然后通过标尺栏将多组项目手动往左缩进，并设置主标题段前与段后的间距。

① 将鼠标指针移至第一段文字的左侧，在选中区双击鼠标左键选择整段文字。右击选中的文本，从快捷菜单中选择"段落"命令，打开"段落"对话框。

② 在"缩进和间距"选项卡中，将"特殊格式"下拉列表框设置为"首行缩进"，此时度量值的默认值为"2字符"，如图3-6所示，单击"确定"按钮完成对第一段的缩进设置。

图 3-5　设置字符效果

图 3-6　设置首行缩进

③ 使用上述方法，为报告的其他段落添加首行缩进效果。

④ 选择主标题并打开"段落"对话框，在"缩进和间距"选项卡中，将"段前"和"段后"微调框都设置为"1行"，最后单击"确定"按钮。

（2）美化文本。

为了吸引读者的视线，可以为报告添加首字下沉效果。

① 将插入点置于"培养目标"下方的段落中，然后切换到"插入"选项卡，单击"文本"选项组中的"首字下沉"按钮，从下拉菜单中选择"首字下沉选项"命令，打开"首字下沉"对话框。

② 在"位置"栏中选择"下沉"选项，将"选项"栏中的"字体"下拉列表框设置为"黑体"、"下沉行数"微调框设置为"2"、"距正文"微调框设置为"0.3厘米"，最后单击"确定"按钮，如图3-7所示。

图 3-7　设置首字下沉

（3）使用格式刷复制格式。

① 选择已设置为浅蓝色的文字"国内方向"，然后双击"格式刷"按钮，按住鼠标拖动依次选择"国际方向"和"其他方向"等文字，使它们完成格式的复制。

② 单击"格式刷"按钮，关闭重复复制特性，结果如图3-8所示。

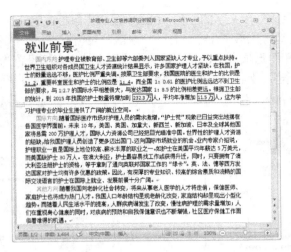

图 3-8　编排报告段落后的效果图

（4）设置列表内容。

对本调研报告而言，可以通过项目符号列表或编号列表彰显重点内容。

①　用鼠标依次选择"具备岗位群的能力要求"下方段落的 8 段文字，切换到"开始"选项卡，单击"段落"选项组中的"项目符号"按钮，为它们添加项目符号。

②　单击"编号"按钮右侧的箭头按钮，从下拉菜单中选择"定义新编号格式"选项，打开"定义新编号格式"对话框。

③　单击"字体"按钮，打开"字体"对话框。在"字体"选项卡中，选择"字形"选项组合框中的"加粗 倾斜"选项，如图 3-9 所示。单击"确定"按钮，返回"定义新编号格式"对话框，将"编号格式"下方的文本框内容由"1."修改为"1）."，如图 3-10 所示，最后单击"确定"按钮。

图 3-9　设置编号的字形效果

图 3-10　设置新编号格式

3．打印调研报告

"护理专业人才培养调研分析报告"完成后，按"Ctrl+S"组合键再次保存文档。

在打印报告之前，最好利用打印预览功能，对报告的内容与排版进行最后的检查。

（1）单击快速访问工具栏中的"打印预览和打印"按钮，切换到 Backstage 视图，并显示"打印"窗格。

（2）在"显示比例"区域中拖动滑块到"50%"，查看文档的全貌，如图 3-11 所示。

（3）在"打印"窗格的中间部分，选择好打印机并设置打印份数，然后单击"打印"按钮，报告开始打印。

图 3-11　"打印"窗格

3.1.3　相关知识学习

1．Office 2010 简介

微软公司开发的 Office 2010 套装由一系列软件共同组成，它们各司其职，满足人们实际工作中不同场合的需求。例如，Word 2010 可以进行各种文书处理工作，Excel 2010 用于制作表格以及分析数据，PowerPoint 2010 能够制作多媒体幻灯片。

（1）启动与关闭 Office 2010。

启动 Office 是指将 Office 系统的核心程序（如 Winword.exe、Excel.exe、PowerPoint.exe 等）调入内存，同时进入 Office 应用程序及文档窗口进行文档操作。退出 Office 是指结束 Office 应用程序的运行，同时关闭所有的 Office 文档。

① 启动 Office 2010 应用程序。

安装 Office 2010 后，可以有多种方法启动该程序。下面以启动 Word 2010 为例，分别予以介绍。

单击任务栏中的"开始"按钮，执行"所有程序"→"Microsoft Office"→"Microsoft Word 2010"命令。

在文件夹中双击扩展名为"doc"或"docx"的文件，启动 Word，并打开该文件。

如果桌面上有 Word 的快捷方式图标，双击该快捷方式。

在 Windows 7 系统"开始"菜单的搜索框中输入"word"，然后在显示的列表中单击"Microsoft Word 2010"选项。

② 关闭 Office 2010 应用程序。

选择下列方法之一，可以关闭 Office 2010 应用程序。

a. 单击标题栏中的"关闭"按钮。

b. 按"Alt+F4"组合键。

c. 按"Ctrl+W"组合键。

d. 切换到"文件"选项卡，选择"关闭"命令。

e. 双击窗口左上角的"控制菜单"按钮。

f. 切换到"文件"选项卡，选择"退出"命令。

如果要关闭的文档曾做过修改但未保存的话，会打开对话框询问是否再次存盘，单击其中的"是"按钮，就会保存修改并关闭文档。

（2）Office 2010 工作界面。

从 Office 2007 开始，传统的菜单和工具栏被功能区 Ribbon 所代替。刚从 Office 2003 版本迁移过来时，可能会对这种界面感觉不太习惯，但经过短暂的适应期之后，就会体验到新操作界面的便捷与人性化。Word 2010 的工作界面如图 3-12 所示。

图 3-12　Word 2010 工作界面

① 标题栏。

标题栏包括控制菜单按钮、快速访问工具栏、文档名称和窗口控制按钮等组成部分。单击"控制菜单"按钮，从弹出的菜单中选择所需的命令可以完成相应的操作。快速访问工具栏中放置了一些常用的命令，可以根据需要进行自定义设置。双击标题栏，窗口会在最大化和还原之间切换。

② 功能区。

功能区是位于编辑区上方的长方形区域，用于放置常用的功能按钮以及下拉菜单等调整工具。功能区包含多个选项卡，单击不同的选项卡即可显示相应的工具集合。

可以使用如下方法，切换功能区的打开和关闭状态。

a. 反复按"Ctrl+F1"组合键。

b. 单击功能区右上角的"功能区最小化"按钮，可以关闭功能区，单击"功能区展开"按钮，即可再次打开功能区。

c. 双击当前选项卡，可以关闭功能区，之后单击任意选项卡可以使其临时显示出来，结束使用该选项卡后它会自动隐藏，再次双击任意选项卡，功能区会重新完全显示出来。

③ 编辑区。

编辑区是 Office 窗口的主体部分，用于显示文档的内容供用户进行编辑，它占据了 Office 界面的绝大部分空间。

④ 对话框启动器。

虽然 Office 的大多数功能都可以在功能区上找到，但仍有一些设置项目需要用到对话框。单击功能区某些区域右下角的"对话框启动器"按钮，即可打开该功能区域对应的对话框或任务窗格。

⑤ 任务窗格。

任务窗格是用于提供常用命令的窗口，它可以拖曳到任何位置，甚至是 Office 窗口之外，用户可以一边使用这些命令，一边处理文档。

⑥ 状态栏。

状态栏位于主窗口的底部，其中显示了多项状态信息。例如，单击"字数"按钮，可以打开"字数统计"对话框，如图 3-13 所示，其中显示了文档的一些统计信息。在状态栏上右击，快捷菜单中会显示状态栏的配置选项。

（3）新建空白文件。

启动 Office 应用程序后，将自动打开一个新的空白文件。此后，用户可以添加想要保存的内容并设置内容格式，供自己或他人阅读。如果在操作已有文件后需要新建空白文件，请执行下列操作：按"Ctrl+N"组合键，将立即显示空白文件。切换到"文件"选项卡，打开 Backstage 视图，选择"新建"命令，右侧的视图中将列出一些新建文件选项，如图 3-14 所示。默认会选择"空白"文档类型图标，单击文档预览右下角的"创建"按钮即可。另外，通过使用 Backstage 视图中的模板，能够避免从头开始创建文件。

图 3-13 "字数统计"对话框

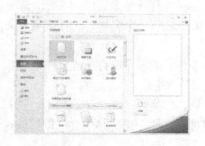

图 3-14 Backstage 视图

（4）保存和命名文件。

创建新文件时，应用程序会给它分配一个临时名称。例如，在 Excel 中创建了多个新文件，临时名称为"工作簿 1"、"工作簿 2"等。要替换临时文件名，并可靠地将文件中的内容保存到计算机硬盘上，就需要保存文件。

① 保存新文件。

首先，使用下列方法打开"另存为"对话框：

a. 单击快速访问工具栏中的"保存"按钮；

b. 按"Ctrl+S"组合键；

c. 切换到"文件"选项卡，选择"保存"命令；

d. 按"Shift+F12"组合键。

在对话框中设置保存路径和文件名称，然后单击"保存"按钮，新创建的 Word 文档将以 docx 为默认扩展名保存起来。

② 保存已存盘的文件。

如果对已存盘的文档进行了修改，需要对其再次保存，使修改后的内容被计算机保存并覆盖原有的内容。可以使用①中的前三种方法完成该操作，此时，不会再次弹出"另存为"对话框。

③ 将文件另行保存。

切换到"文件"选项卡，选择"另存为"命令（或按 F12 键），在打开的"另存为"对话框中选择不同于当前文档的保存位置、保存类型或文件名称，然后单击"保存"按钮。

（5）打开文件。

打开以前保存的文件会在程序中重新加载该文件，供用户查看、修改或打印。

① 打开单个文件。

在文件夹窗口中双击文件图标，或者将资源管理器中的 Word 文档拖曳到 Word 工作区，即可打开该文档。

在 Office 2010 中，首先使用下列方法打开"打开"对话框，如图 3-15 所示：

a. 按"Ctrl+O"组合键；

b. 切换到"文件"选项卡，选择"打开"命令；

c. 按"Ctrl+F12"组合键。

然后，在"查找范围"下拉列表框中指定文件所处的位置，在列表中单击文件名称，最后单击"打开"按钮（或直接在列表中双击要打开的文件名称）。

② 同时打开多个文件。

若要一次打开多个连续的文档，请在"打开"对话框中单击第一个文件名称，然后按住 Shift 键，并单击最后一个名称，此时这两个文件以及它们之间的所有文件被选中，最后单击"打开"按钮。

当要打开的多个文件不连续时，请按住 Ctrl 键，然后依次单击要打开的文件名称，接着单击"打开"按钮。

另外，切换到"文件"选项卡，选择"最近使用文件"命令，右侧的列表中会显示用户近期使用过的文件，选择其中之一即可快速将其打开。

③ 预览文件。

当忘记要打开文件的名称时，可以使用"预览"功能查看相关文件，方法为按"Ctrl+O"组合键打开"打开"对话框，然后单击"预览窗格"按钮，Office 2010 应用程序将自动把对话框分为左右两栏，在左栏中单击要预览的文件，右栏中就会显示该文件的内容。

（6）调整窗口的显示比例。

在 Office 2010 中，可以通过显示比例控件或者切换到"视图"选项卡，单击"显示比例"选项组中的按钮调整窗口的显示比例，如图 3-16 所示。其中，显示比例控件位于窗口下方状态栏的右侧，拖动其中的滑块可以任意调整显示比例。单击 ⊖ 或 ⊕ 按钮将以每次 10%缩小或放大显示比例。在按钮左侧是当前窗口的显示比例，单击 100% 按钮将弹出"显示比例"对话框，如图 3-17 所示，从中选择要设置的显示比例。

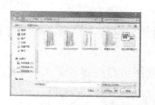

图 3-15　"打开"对话框

图 3-16　"显示比例"选项组

2. Word 2010 基础操作

（1）视图模式。

为扩展使用文档的方式，Word 提供了可供使用的多种工作环境，称为视图。单击状态栏右侧的"视图"按钮，或者切换到"视图"选项卡，单击"文档视图"选项组中的按钮，可以启用相应的视图，如图 3-18 所示。

图 3-17　"显示比例"对话框

图 3-18　"文档视图"选项组

① 页面视图。

页面视图是 Word 默认的视图模式，用于显示页面的布局与大小，方便用户编辑页眉/页脚、页边距、分栏等对象，即产生"所见即所得"的效果。

② 阅读版式视图。

阅读版式视图允许用户在同一个窗口中单页或者双页显示文档，以便于阅读内容较多的文档，或者详细检查文档的打印效果。此时，可以通过键盘的左、右键来切换页面。单击右上角的"视图选项"按钮，从下拉菜单中选择"增大文本字号"命令，可以临时放大文档的字体。

③ Web 版式视图。

Web 版式视图显示文档在 Web 浏览器中的外观。例如，文本和表格将自动换行以适应窗口的大小等。

④ 大纲视图。

在编辑和阅读内容较多、已经套用多级列表的文档时，通过大纲模式，可以清楚地显示文档的目录，方便用户快速跳转到所需的章节。注意，大纲视图中无法显示页边距、页眉和页脚、图片、背景等对象。

⑤ 草稿视图。

草稿视图中不显示页边距、分栏、页眉/页脚等元素，仅显示标题和正文，是最节省计算机系统硬件资源的视图方式。

（2）输入文本。

通用 Word 文档的制作流程包括新建文档、页面设置、输入文档内容、对文档内容进行格式化、利用图形对象美化文档、对文档进行自动化设置与处理、设置打印选项并将文档打印输出等步骤。要学会 Word 编辑文档的方法，第一步就是要掌握如何将内容录入到文档中。

① 定位插入点。

首先确定光标（闪烁的黑色竖线"|"，称为插入点）的位置，然后切换到适当的输入法，

接下来就可以在文档中输入英文、汉字和其他字符了。

选定英文单词或句子，然后反复按"Shift+F3"组合键，这些字符会在首字母大写、全部大写或全部小写3种格式之间转换。

用鼠标在编辑区单击，可以实现光标的定位。有时使用键盘按键控制光标的位置更加便捷，具体方法见表3-1。

表3-1　Word中键盘按键控制光标的方式

键盘按键	作用	键盘按键	作用
↑、↓、←、→	光标上、下、左、右移动	"Shift+F5"	返回到上次编辑的位置
Home	光标移至行首	End	光标移至行尾
Page Up	向上滚过一屏	Page Down	向下滚过一屏
"Ctrl+↑"	光标移至上一段落的段首	"Ctrl+↓"	光标移至下一段落的段首
"Ctrl+←"	光标向左移动一个汉字（词语）或英文单词	"Ctrl+→"	光标向右移动一个汉字（词语）或英文单词
"Ctrl+Page Up"	光标移至上页顶端	"Ctrl+Page Down"	光标移至下页顶端
"Ctrl+Home"	光标移至文档起始处	"Ctrl+End"	光标移至文档结尾处

对光标的定位也可以使用滚动条实现，垂直滚动条中的 ▲、▼、▲、▼ 按钮，分别表示上移、下移、上翻页和下翻页。单击垂直滚动条间的浅灰色区域可以向上或向下滚动一屏。

如果要定位到特定的页、行或其他位置，请切换到"开始"选项卡，在"编辑"选项组中单击"查找"按钮右侧的箭头按钮，从下拉菜单中选择"转到"命令，或按"Ctrl+G"组合键，打开"查找和替换"对话框，并显示"定位"选项卡，如图3-19所示。在"定位目标"列表框中选择要定位的位置类型，然后在右侧的文本框内输入具体的数值。单击"定位"按钮，插入点将定位到指定的位置。

② 输入符号和特殊符号。

一些常见中、英文符号所对应的键位如下："\"（反斜线）对应于中文顿号"、"，"^"（乘方符号）对应于省略号"……"，"_"（下画线）对应于破折号"——"，"< >"（英文书名号）对应于中文书名号"《 》"。

对于无法通过键盘上的按键直接录入的符号，可以从 Word 2010 提供的符号集中选择所需的符号。方法为将插入点移至目标位置，切换到"插入"选项卡，在"符号"选项组中单击"符号"按钮，从下拉菜单中选择在文档中已使用过的符号。如果未发现所需符号，请单击"其他符号"命令（或在插入点右击，从快捷菜单中选择"插入符号"命令），打开"符号"对话框，如图3-20所示。在"字体"下拉列表框中选择符号的字体，在"子集"下拉列表框中选择符号的种类。从下方的列表框中选择要插入的符号并单击"插入"按钮，最后单击"关闭"按钮。

图3-19　利用对话框实现光标定位

图3-20　"符号"对话框

用户也可以在"符号"对话框的"特殊符号"选项卡中选取要使用的符号，并使用上述方法插入文档中。

③ 输入数学公式。

利用 Word 提供的插入公式功能，可以在制作工作报告、论文时使用公式。方法为切换到"插入"选项卡，在"符号"选项组中单击"公式"按钮右侧的箭头按钮，从下拉菜单中选择所需公式，如图 3-21 所示。当没有合适公式时，请选择"插入新公式"命令，此时 Word 将自动切换到"公式工具|设计"选项卡，接着使用其中的相关命令编辑公式即可，如图 3-22 所示。

图 3-21　"公式"下拉菜单

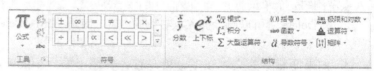

图 3-22　"公式工具|设计"选项卡

课堂练习：在 Word 文档中录入公式 $\sqrt{a-\sqrt{x}}+\sqrt{a+\sqrt{x}}<\sqrt{2}$。

（3）选取文本。

要对文本进行移动、复制或删除操作，首先要选取文本内容。使用鼠标或键盘均可实现对文本内容的选取，方法如下。

① 鼠标选取文本。

将鼠标指针移至要选取文本的首端，然后按住鼠标左键拖动到要选取文本的末端，即可选取一段连续的文本。如果要选取一行文本，请将鼠标指针移至选中区。所谓选中区是指正文文本左边的空白区，在该区域中，鼠标指针变成"↗"形状。用鼠标选取文本的常用方法见表 3-2。

表 3-2　鼠标选取文本的常用方法

选取对象	操作	选取对象	操作
任意字符	拖动要选取的字符	字或单词	双击该字或单词
一行文本	单击该行左侧的选中区	多行文本	在字符左侧的选中区中拖动
大块区域	单击文本块起始处，按 Shift 键再单击文本块的结束处	句子	按住 Ctrl 键，并单击句子中的任意位置
一个段落	双击段落左侧的选中区或在段落中三击	多个段落	在选中区拖动鼠标
整个文档	3 次单击选中区	矩形文本区域	按住 Alt 键，再用鼠标拖动

② 键盘选取文本。

使用功能键与其他键配合，可以方便、快捷地选取文本，具体方法见表 3-3。

表 3-3　键盘选取文本的常用方法

组合键	作用	组合键	作用
"Shift+ →"	向右选取一个字符	"Ctrl +Shift +↑"	插入点与段落开始之间的字符
"Shift+ ←"	向左选取一个字符	"Ctrl +Shift +↓"	插入点与段落结束之间的字符
"Shift+↑"	向上选取一行	"Ctrl +Shift +Home"	插入点与文档开始之间的字符
"Shift+↓"	向下选取一行	"Ctrl +Shift +End"	插入点与文档结束之间的字符
"Shift +Home"	插入点与行首之间的字符	"F8+(↑↓→ ←)"	选中到文档的指定位置
"Shift +End"	插入点与行尾之间的字符	"Ctrl+A"	整个文档

用鼠标在文档的任意位置单击，可以取消对文本的选取操作。

（4）删除文本。

删除文本内容是指将指定内容从文档中清除，操作方法如下。

① 按 Backspace 键可以删除插入点左侧的内容，使用"Ctrl+ Backspace"组合键可以删除插入点左侧的一个单词。

② 按 Delete 键可以删除插入点右侧的内容，使用"Ctrl+ Delete"组合键可以删除插入点右侧的一个单词。

③ 如果要删除的文本较多，可以首先使用上面介绍的方法将这些文本选中，然后按 Backspace 键或 Delete 键将它们一次全部删除。

（5）复制和移动文本。

① 一般方法。

要在其他的一个或多个位置重复使用其他位置的文本，需要选中并复制这些文本。移动操作是指将文本直接粘贴在另一个位置。选取文本，切换到"开始"选项卡，使用"剪贴板"选项组（见图 3-23）中的命令或快捷键可以完成复制或移动文本操作，具体方法见表 3-4。

表 3-4　复制与移动文本的方法

操作方式	复制	移动
选项卡按钮	①切换到"开始"选项卡，在"剪贴板"选项组中单击"复制"按钮； ②单击目标位置，然后单击"粘贴"按钮	将左侧步骤中的第①步改为单击"剪切"按钮
快捷键	①按"Ctrl+C"组合键； ②在目标位置按"Ctrl+V"组合键	将左侧步骤中的第①步改为按"Ctrl+X"组合键
鼠标	①如果要在短距离内复制文本，请按住 Ctrl 键，然后拖动选择的文本块； ②到达目标位置后，先释放鼠标左键，再放开 Ctrl 键	在左侧的步骤中不按 Ctrl 键
快捷菜单	①将鼠标指针移至选取内容上，按下右键同时拖动指针到目标位置； ②松开鼠标右键后，从快捷菜单中选择"复制到此位置"命令	在左侧步骤的第②步中选择"移动到此位置"命令

若相同的文本要粘贴多次，将插入点移至下一个目标位置，再次粘贴即可。

② 选择性粘贴。

复制或移动文本后，切换到"开始"选项卡，在"剪贴板"选项组中单击"粘贴"按钮下方的箭头按钮，从下拉菜单中选择适当的命令可以实现选择性粘贴，如图 3-24 所示。按 Esc 键，可以隐藏"粘贴选项"按钮。

图 3-23　"剪贴板"选项组

图 3-24　"粘贴选项"下拉菜单

例如，选定相关文本，在"剪贴板"选项组中单击"复制"或"移动"按钮，将插入点移到目标位置，从"粘贴选项"下拉菜单中选择"选择性粘贴"命令，打开"选择性粘贴"对话框，如图 3-25 所示。在"粘贴"单选按钮右侧的列表框中选择"图片（Windows 图元文件）"选项，可以将文本转换为图片格式。

③ 使用"Office 剪贴板"。

利用"Office 剪贴板"的储存功能，可以快速复制多处不相邻的内容。方法为切换到"开始"选项卡，在"剪贴板"选项组中单击"对话框启动器"按钮，打开"Office 剪贴板"任务窗格。然后按"Ctrl+C"组合键，将选中的内容放入剪贴板，如图 3-26 所示。

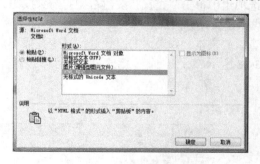

图 3-25　"选择性粘贴"对话框

图 3-26　"Office 剪贴板"任务窗格

当需要使用"Office 剪贴板"中某个项目的内容时，只需单击该项目即可实现粘贴操作。所有在"剪贴板"任务窗格列表中的内容均可反复使用。单击任务窗格中的"全部粘贴"按钮，可以将列表中的全部项目按先复制先粘贴的原则，首尾相连粘贴到光标处。

（6）撤销与恢复。

在编辑文档的过程中，难免出现错误操作。例如，将不应该删除的文本不小心删掉、文本复制位置错误等。此时，可以对操作予以撤销，将文档还原到执行该操作前的状态。用户可以使用快速访问工具栏中的按钮或快捷键方式撤销和恢复一次操作，具体方法见表 3-5。

表 3-5　撤销和恢复一次操作的方法

操作方式	撤销前一次操作	恢复撤销的操作
工具栏按钮	单击快速访问工具栏中的"撤销"按钮 ↩	单击快速访问工具栏中的"恢复"按钮 ↪
快捷键	按"Ctrl+Z"组合键	按"Ctrl+Y"组合键

单击"撤销"按钮右侧的箭头按钮，将弹出包含此前每一次操作的列表。其中，最新的操

作在最顶端。移动鼠标选定其中的多次连续操作，单击鼠标即可将它们一起撤销。

3. 查找与替换文本

Word 2010 提供了强大的查找和替换功能，它既可以处理普通文本、带有固定格式的文本，也可以处理字符格式、段落标记等特定对象；另外它还支持使用通配符进行查找。

（1）使用"导航"窗格搜索文本。

通过 Word 2010 新增的"导航"窗格，可以查看文档结构，也可以对文档中的某些文本内容进行搜索，搜索到所需的内容后，程序会自动将其突出显示，操作步骤如下。

① 将光标定位到文档的起始处，切换到"视图"选项卡，选中"显示"选项组内的"导航窗格"复选框（或按"Ctrl+F"组合键），打开"导航"窗格。

② 在窗格的文本框中输入要搜索的内容。

③ Word 将在"导航"窗格中列出文档中包含查找文字的段落，同时会自动将搜索到的内容突出显示，如图 3-27 所示。

注意，如果要在文档中的某个段落或区域中搜索时，打开"导航"窗格后，在文档中选中需要的区域，然后输入搜索内容即可。

（2）使用"查找和替换"对话框查找文本。

通过"查找和替换"对话框查找文本时，可以对文档内容一处一处地进行查找，灵活性比较大，操作步骤如下。

① 切换到"开始"选项卡，在"编辑"选项组中单击"查找"按钮右侧的箭头按钮，从下拉菜单中选择"高级查找"命令，打开"查找和替换"对话框。

② 在"查找内容"下拉列表框中输入要查找的文本，如果之前已经进行过查找操作，也可以从"查找内容"下拉列表框中选择，如图 3-28 所示。

图 3-27　"导航"窗格

图 3-28　"查找和替换"对话框

③ 单击"查找下一处"按钮开始查找，找到的文本反相显示；若查找的文本不存在，将弹出含有提示文字"Word 已完成对文档的搜索，未找到搜索项"的对话框。

④ 如果要继续查找，再次单击"查找下一处"按钮；若单击"取消"按钮，对话框关闭，同时，插入点停留在当前查找到的文本处。

在关闭"查找和替换"对话框后，使用"Shift+F4"组合键可以重复上一次查找。

除了查找普通文本外，单击对话框中的"更多"按钮，可以打开扩展后的对话框，其中多了"搜索选项"和"查找"两栏。"搜索选项"栏中有"搜索"列表框和多个复选框。其中，选中"使用通配符"复选框可以在查找内容中使用通配符，以实现模糊查找。常用的通配符包括"*"和"?"符号，"*"表示多个任意字符，"?"表示一个任意字符。

单击"查找"栏中的"格式"按钮，选择所需的菜单命令，可以打开相应的对话框，以设置查找文本的字体、段落、样式等格式。"特殊字符"按钮用于设置特殊的查找对象，如分页符、手动换行符等。"不限定格式"按钮用于取消"查找内容"下拉列表框框下方的所有指定格式。

（3）替换文本。

替换功能是指将文档中查找到的文本用指定的其他文本予以替代，或者将查找到的文本的格式进行修改，操作步骤如下。

① 按"Ctrl+H"组合键（或切换到"开始"选项卡，在"编辑"选项组中单击"替换"按钮），打开"查找和替换"对话框，并显示"替换"选项卡。

② 在"查找内容"下拉列表框中输入或选择被替换的内容，在"替换为"下拉列表框中输入或选择用来替换的新内容。"替换为"下拉列表框中未输入内容时，可以将被替换的内容删除。

③ 单击"全部替换"按钮，若查找的文本存在，则它们被实现了替换处理。如果要进行选择性替换，可以先单击"查找下一处"按钮找到被替换内容，若想替换则单击"替换"按钮；否则继续单击"查找下一处"按钮，如此反复即可。

④ 如果要根据某些条件进行替换，可单击"更多"按钮打开扩展的对话框，在其中设置查找或替换的相关选项，接着按照上述步骤进行操作。例如，使用"特殊字符"列表中的"段落标记"选项，将"查找内容"设置为"^p^p"，然后将"替换为"设置为"^p"，接着单击"替换"按钮，可以删除文档中多余的空行。

课堂练习：将素材文件"中国汽车市场调研报告.txt"重新复制到 Word 中，然后将其中的文本"中国汽车的需求主体主要有三个"的字体修改为黑体、字形加粗、颜色设置为红色。

4．设置文本格式

Word 有文本、段落、节与文档 4 个级别的格式。在文字输入阶段，系统按默认的格式显示字符。可以使用"字体"选项组、浮动工具栏和"字体"对话框，对选定的文本进行格式设置。

（1）设置字体、字号与字形。

Word 2010 中，汉字默认为宋体、五号，英文字符默认为 Times New Roman、五号。设置文本字体、字号与字形的方法如下。

① 使用功能区工具。

切换到"开始"选项卡，"字体"选项组中的工具包含最基本、最常用的设置文本格式功能，如图 3-29 所示。在"字体"、"字号"下拉列表框中选择或输入所需的格式，即可快速设置文本的字体与字号，选择过程中具有实时预览功能。注意，Word 提供了两种字号系统，中文字号的数字越大，文本越小；阿拉伯数字字号以磅为单位，数字越大文本越大。

字形是指文本的显示效果，如加粗、倾斜、下画线、删除线、上标和下标等。在"字体"选项组中单击用于设置字形的按钮，即可为选定的文本设置所需的字形。如果要取消已经存在的某种字形效果，在选定文本区域后，再次单击相应的工具按钮即可。

另外，用户也可以使用 Word 2010 提供的快捷键，对文本的格式进行设置，具体方法见表 3-6。

表 3-6　默认的文本格式设置快捷键

组合键	作用	组合键	作用
"Ctrl+B"	设置或撤销加粗	"Ctrl+I"	设置或撤销倾斜
"Ctrl+U"	设置或撤销下画线	"Ctrl+K"	设置或撤销超链接
"Ctrl+="	设置或撤销下标	"Ctrl+Shift+ +"	设置或撤销上标
"Ctrl+["	字号减少 1 磅	"Ctrl+]"	字号增大 1 磅
"Ctrl+Shift+ <"	字号减少到下一预设值	"Ctrl+Shift+ >"	字号增大到下一预设值

② 使用"字体"对话框。

　a. 首先打开"字体"对话框；

　b. 按"Ctrl+D"组合键；

　c. 选择"开始"选项卡，单击"字体"选项组中的"对话框启动器"按钮；

　d. 右击选定的文本，从快捷菜单选择"字体"命令。

　然后在"字体"选项卡的"中文字体"、"西文字体"下拉列表框中设置文本的字体，在"字号"、"字形"组合框中设置文本的字号与字形，在"效果"栏中为文字添加特殊效果。

③ 使用浮动工具栏。

　选中要设置格式的文本，然后将鼠标稍向上移动，将出现浮动工具栏，如图 3-30 所示。浮动工具栏很好地利用了人类工程学，具有"字体"选项组的一些文本格式工具。与功能区工具不同的是，浮动工具栏上的工具不提供实时预览功能。

图 3-29　"字体"选项组

图 3-30　浮动工具栏

（2）美化字体。

① 设置文本效果。

　单击"字体"选项组中的"文本效果"按钮及其右侧的箭头按钮，从下拉菜单中选择适当的命令可以设置文本效果，包括文本的轮廓、阴影、映像和发光效果，如图 3-31 所示。如果用户对预设的文本效果不满意，可以打开"设置文本效果格式"对话框，然后在其中进行自定义设置，如图 3-32 所示。

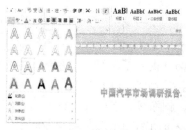

图 3-31　"文本效果"下拉菜单

图 3-32　"设置文本效果格式"对话框

② 设置字体颜色。

　单击"字体"选项组中的"字体颜色"按钮及其右侧的箭头按钮，从下拉菜单中选择适当的命令可以设置文本的字体颜色，如图 3-33 所示。如果对 Word 预设的字体颜色不满意，可单击下拉列表中的"其他颜色"按钮，打开"颜色"对话框，在其中自定义文本颜色，如图 3-34 所示。用户也可以通过"字体"对话框及浮动工具栏设置字体的颜色。

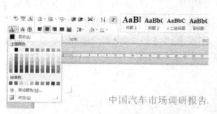

图 3-33 "字体颜色"下拉菜单

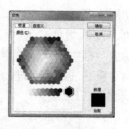

图 3-34 "颜色"对话框

③ 设置字符边框与底纹。

在"字体"选项组中反复单击"字符边框"按钮，可以设置或撤销文本的边框。反复单击"字符底纹"按钮，文本的背景在灰色和默认值之间切换。单击"字体"选项组中的"突出显示"按钮及其右侧的箭头按钮，从下拉菜单中选择适当的命令可以为文本设置其他的背景颜色，按钮图标中的颜色与当前文本的背景颜色一致；选择其中的"无颜色"命令，可以将选取文本的背景颜色恢复成默认值。

切换到"开始"选项卡，在"段落"选项组（见图 3-35）中单击"底纹"按钮及其右侧的箭头按钮，从下拉菜单中选择适当的命令可以设置字符的底纹效果，如图 3-36 所示。

图 3-35 "段落"选项组

图 3-36 "底纹"下拉菜单

单击"段落"选项组中的"边框"按钮右侧的箭头按钮，从下拉菜单中选择"边框和底纹"命令，打开"边框和底纹"对话框，如图 3-37 所示。在"边框"选项卡中可以自定义选定文本的边框样式，在"底纹"选项卡中可以进一步设置文本的底纹效果。

（3）设置字符缩放。

切换到"开始"选项卡，在"段落"选项组中单击"中文版式"按钮，从下拉菜单中选择"字符缩放"命令，然后子菜单中选择适当的比例，即可设置在保持文本高度不变的情况下，文本横向伸缩的百分比，如图 3-38 所示。

图 3-37 "边框和底纹"对话框

图 3-38 设置字符缩放的菜单命令

如果对系统提供的选项不满意，请单击"其他"选项，打开"字体"对话框，在"高级"选项卡中，将"缩放"下拉列表框设置为合适的选项。

（4）设置字符间距与位置。

① 设置字符间距。

字符间距是指文本中相邻两个字符间的距离，系统默认为"标准"类型。打开"字体"对话框，切换到"高级"选项卡，将"间距"下拉列表框设置为合适的选项，即可设置字符的间距。其中，选择"加宽"选项时，在"磅值"框中输入扩展字符间距的磅值；选择"紧缩"时，应在"磅值"框中输入压缩字符间距的磅值。字符间距加宽后，会导致偏移效果，此时，需要将最右侧字符的间距重新进行调整。

② 设置字符位置。

在"字体"对话框的"高级"选项卡中，将"位置"下拉列表框设置为合适的选项，可以设置选定文本相对于基线的位置。其中，选择"提升"选项时，应在"磅值"框中输入提升的磅值；选择"降低"后，应在"磅值"框中输入相对于基线降低的磅值。

（5）拼音指南。

当电脑中安装了微软拼音输入法后，可以在 Word 文档为陌生的文字加上拼音，以便于他人阅读，操作步骤如下。

① 选取要添加拼音的汉字，切换到"开始"选项卡，在"段落"选项组中单击"拼音指南"按钮，打开"拼音指南"对话框，此时 Word 会自动为文字加上拼音。

② 将"对齐方式"下拉列表框设置为"居中"选项，能够让拼音的排列更有次序。

③ 在"字号"下拉列表框中将字号的磅数调大，可以更清晰地显示拼音，如图 3-39 所示。

④ 单击"确定"按钮，返回 Word 工作界面，文字已经被加上了拼音。

选取已添加拼音的文字，再次打开"拼音指南"对话框，依次单击"清除读音"和"确定"按钮，可以将拼音删除。

（6）带圈字符。

在编辑 Word 文档时，常常需要输入带圈的数字序列，比如①②③等。这些序列小于或等于 10 的时候，可以利用"插入特殊符号"对话框实现，但如果大于 10 的话，需要利用 "带圈字符"功能进行输入，操作步骤如下。

① 在文档中选取大于 10 的数字（如数字 12），切换到"开始"选项卡，在"字体"选项组中单击"带圈字符"按钮，打开"带圈字符"对话框，如图 3-40 所示。

② 在"样式"栏中根据需要选择"缩小文字"或"增大圈号"选项，在"圈号"列表框中选择圈的形状，然后单击"确定"按钮，设置完成并返回 Word 工作界面。

（7）双行合一。

当需要在一行中显示两行文字，然后在相同的行中继续显示单行文字，实现单行、双行文字的混排效果时，可以利用"双行合一"功能实现，操作步骤如下。

① 选取准备在一行中双行显示的文字（注意：被选中的文字只能是同一段落中的部分或全部文字），切换到"开始"选项卡，在"段落"选项组中单击"中文版式"按钮，从下拉菜单中选择"双行合一"命令，打开"双行合一"对话框。

图 3-39 "拼音指南"对话框

图 3-40 "带圈字符"对话框

② 此时可以预览双行显示的效果。如果选中"带括号"复选框，则双行文字将在括号内显示，最后单击"确定"按钮，返回 Word 工作界面。

被设置为双行显示的文字字号将自动减小，以适应当前行的文字大小。用户可以设置双行显示文字的字号，使其更符合实际需要。

另外，切换到"审阅"选项卡，在"中文简繁转换"选项组中单击相应的按钮，可以实现汉字在简体和繁体之间的转换。

5．设置段落格式

在 Word 中，段落是文本、图形、对象及其他项目的集合。段落最后跟着一个回车符，称之为段落标记。段落格式设置是指设置整个段落的外观，包括对段落进行对齐方式、缩进、间距与行距、项目符号、边框和底纹、分栏等的设置。

如果只对某一段设置格式，只需将插入点置于段落中间，如果是对几个段落进行设置，则需要首先将它们选定。

（1）设置段落对齐方式。

Word 提供了 5 种水平对齐方式，默认为两端对齐，其含义及其设置组合键见表 3-7。

表 3-7　水平对齐方式含义及组合键

水平对齐方式	含义	组合键
左对齐	使文本向左对齐，Word 不调整行内文字的间距，右边界处的文字可能产生锯齿	"Ctrl+L"
两端对齐	使文本按左、右边距对齐，Word 会自动调整每一行内文字的间距，最后一行靠左边距对齐	"Ctrl+J"
居中对齐	段落中的每一行都居中显示	"Ctrl+E"
右对齐	使正文的每行文字沿右页边距对齐，包括最后一行	"Ctrl+R"
分散对齐	正文沿页面的左、右边距在一行中均匀分布，最后一行也分散充满整行	"Ctrl+Shift+J"

除了使用快捷键外，用户也可以使用如下方法设置段落的对齐方式。

① 使用功能区工具。

切换到"开始"选项卡，在 "段落"选项组中单击"文本左对齐"按钮、"居中"按钮、"文本右对齐"按钮、"两端对齐"按钮或"分散对齐"按钮。

② 使用"段落"对话框。

首先打开"段落"对话框；

a. 单击"段落"选项组中的"对话框启动器"按钮；

b. 在需要设置格式的段落内右击，从快捷菜单中选择"段落"命令。

接着，在"缩进和间距"选项卡的"常规"栏中，将"对齐式"下拉列表框设置为适当的选项。

（2）设置段落缩进。

文本与页面边界之间的距离称为段落缩进，设置方法如下。

① 使用功能区工具。

切换到"页面布局"选项卡，通过"段落"选项组的"左"和"右"微调框，可以设置段落左侧及右侧的缩进量。

在"开始"选项卡中，单击"段落"选项组内的"增加缩进量"按钮或"减少缩进量"按钮，能够设置段落左侧的缩进量。

② 使用"段落"对话框。

对话框中"缩进"栏的"左"、"右"微调框可以设置段落的相应边缘与页面边界的距离。在"特殊格式"下拉列表框中选择"首行缩进"或"悬挂缩进"选项，然后在后面的"度量值"微调框指定数值，可以设置在段落缩进的基础上，段落的首行或除首行外的其他行的缩进量。

从 Word 2007 开始，"段落"对话框增加了"对称缩进"复选框。启用该复选框后，"左侧"和"右侧"微调框会变成"内侧"和"外侧"微调框，以便设置更适合类似图书的打印样式。

③ 使用水平标尺。

单击垂直滚动条上方的"标尺"按钮，或者切换到"视图"选项卡，选中"显示"选项组中的"标尺"复选框，可以在文档的上方与左侧分别显示水平标尺和垂直标尺。

水平标尺上有"首行缩进"、"左缩进"和"右缩进"3 个缩进标记，其作用相当于"段落"对话框"缩进"栏中对应的选项，如图 3-41 所示。

图 3-41　段落缩进标记

如果在操作水平标尺缩进标记的同时按住 Alt 键，Word 会显示测量尺寸，以便更准确地定位。

（3）设置段落间距与行距。

当前段落与其前后段落之间的距离称为段落间距，段落内部各行之间的距离称为行距，设置方法如下。

① 使用功能区工具。

切换到"开始"选项卡，在"段落"选项组中单击"行和段落间距"按钮，从下拉菜单中选择适当的命令，可以设置当前段落的行距。另外，按"Ctrl+1"、"Ctrl+2"和"Ctrl+5"组合键可以快速地将当前段落的行距分别设置为单倍、双倍和 1.5 倍。

在"页面布局"选项卡中，通过"段落"选项组内的"段前"和"段后"微调框，可以设置当前段落与相邻段落之间的距离，每按一次增加或减少 0.5 行。

② 使用"段落"对话框。

在"缩进和间距"选项卡的"间距"栏中，通过"段前"、"段后"微调框可以设置选定段落的段前和段后间距；"行距"下拉列表框用于设置选定段落的行距，如果选中"固定值"、"多倍行距"或"最小值"选项，可在"设置值"微调框中输入具体的值。

注意：在"段落"选项组和"段落"对话框中，凡是含有数值及度量单位的微调框，其单位可以为"行"、"磅"及"厘米"三者之一。

"段落"对话框的"换行和分页"选项卡中，显示了其他段落级格式控制。例如，将段落设置为与下段同页、段中不分页、段前分页等。

另外，如果需要快速交换两个段落，可以将插入点置于要调整位置的段落中，然后按"Shift+Alt+↑"或"Shift+Alt+↓"组合键将其向上或向下移动，进而与另一个段落交换。

（4）设置项目符号和编号。

项目符号是指放在文本前以强调效果的点或其他符号；编号是指放在文本前具有一定顺序

的字符。在 Word 2010 中，可以使用系统提供的项目符号和编号，也可以自定义项目符号和编号。

① 创建项目符号。

如果要为段落创建项目符号，请选取相应的段落，切换到"开始"选项卡，在"段落"选项组中单击"项目符号"按钮及其右侧的箭头按钮，从下拉菜单中选择一种项目符号，如图 3-42 所示。

如果对程序提供的的项目符号不满意，可单击"定义新项目符号"选项，在打开的"定义新项目符号"对话框中设置项目符号的字符、图片、字体、对齐方式等，如图 3-43 所示。

图 3-42　"项目符号"下拉菜单　　　　　图 3-43　"定义新项目符号"对话框

② 创建编号。

为段落创建编号时，首先选取所需的段落，在"开始"选项卡的"段落"选项组中，单击"编号"按钮及其右侧的箭头按钮，从下拉菜单中选择一种编号，如图 3-44 所示。

用户也可以打开"定义新编号格式"对话框，对要添加的编号进行自定义处理。

右击选中的段落，从快捷菜单中选择"项目符号"或"编号"命令，通过子菜单命令也可以设置项目符号和编号。

对于创建了项目符号或编号的段落，再次单击"段落"选项组中的"项目符号"按钮或"编号"按钮，可以将原有的项目符号或编号撤销。

创建多级列表与添加项目符号或编号的列表相似，但多级列表中每段的项目符号或编号会根据缩进范围而变化，最多可以生成有 9 个层次的多级列表。在多级项目列表的输入过程中，可以单击"增加缩进量"或"减少缩进量"按钮，调整列表项到合适的级别。

（5）设置段落边框和底纹。

① 设置段落底纹。

设置段落底纹是指为整段文字设置背景颜色，方法为切换到"开始"选项卡，在"段落"选项组中单击"底纹"按钮及其右侧的箭头按钮，从中选择适当的颜色。用户也可以选择"其他颜色"命令，在打开的"颜色"对话框中自定义段落的底纹。

② 设置段落边框。

设置段落边框是指为整段文字设置边框。在"段落"选项组中，单击"边框"按钮及其右侧的箭头按钮，从下拉菜单中选择适当的命令，即可对段落的边框进行设置。用户也可以通过选择"边框和底纹"命令，在弹出的"边框和底纹"对话框中对段落边框和底纹进行详细设置。单击"边框"选项卡中的"选项"按钮，打开"边框和底纹选项"对话框，能够设置边框与文本之间的距离，如图 3-45 所示。

图 3-44 "编号"下拉菜单   图 3-45 "边框和底纹选项"对话框

另外，可以通过对话框中的"页面边框"选项卡对页面的边框进行设置。

课堂练习：在实例中制作的 Word 文档中，为正文第 1 段添加绿色、1 磅宽的三维边框；为页面添加心形边框；将正文第 3~5 段底纹设置为"灰色-10%"。

（6）设置首字下沉。

为了让文字更加美观与个性化，可以使用"首字下沉"功能让段落的首个文字放大或者更换字体。方法为将插入点移至要设置的段落中，切换到"插入"选项卡，在"文本"选项组（见图 3-46）中单击"首字下沉"按钮，从下拉菜单中选择"下沉"或"悬挂"命令。

如果要对首字下沉的文字进行字体等设置，请选择下拉菜单中的"首字下沉选项"命令，在打开的"首字下沉"对话框中进行自定义处理。

设置首字下沉效果后，Word 会将该字从行中剪切下来，为其添加一个图文框，既可以在该字的边框上双击，打开"图文框"对话框，对该字进行编辑，如图 3-47 所示；也可以通过拖动文本，对下沉效果进行调整，段落的效果也会随之改变。

图 3-46 "文本"选项组   图 3-47 "图文框"对话框

对段落进行分栏设置的方法与步骤将在实例 2 中介绍。

6．复制与清除格式

如果文档中有若干不连续的文本或段落要设置相同的格式，可以先对其中的一段文本设置好格式，然后使用"格式复制"功能将其格式复制到另一段文本上，从而提高编辑效率。

切换到"开始"选项卡，使用"剪贴板"选项组中的"格式刷"按钮 ，可以实现文本或段落格式的复制。

（1）复制文本格式。

复制一次文本格式的操作步骤如下。

① 选定已设置好字符格式的文本，切换到"开始"选项卡，在"剪贴板"选项组中单击"格

式刷"按钮。此时，该按钮下沉显示，且鼠标指针变为一个刷子形状。

② 将鼠标指针移至要复制格式的文本开始处，拖动鼠标直到要复制格式的文本结束处，然后释放鼠标按键。

另外，在上述第①步中双击"格式刷"按钮，然后重复第②步，可以反复对不同位置的目标文本进行格式复制。复制完成后，再次单击"格式刷"按钮即可。

（2）复制段落格式。

首先，选择已设置好格式的段落的结束标志，然后单击"格式刷"按钮，接着单击目标段落中的任意位置。这样，已设置的格式将复制到该段落中。

另外，在 Word 文档编辑过程中（Excel、PowerPoint 也适用），选定操作对象，然后按 F4 键可以重复上一动作，实现格式复制的效果。

（3）清除格式。

格式的清除是指将设置的格式恢复到默认状态，方法如下。

① 选定要清除格式的文本，切换到"开始"选项卡，在"字体"选项组中单击"清除格式"按钮；或者按"Ctrl+Shift+Z"组合键。如果只是取消段落格式，请将插入点置于段落中，然后按"Ctrl+Q"组合键。

② 选定使用了默认格式的文本，然后用格式刷将该格式复制到要清除格式的文本上。

7．打印预览与输出

对于已输入了各种对象并且设置好格式的文档，可以打印出来。在此之前，借助"打印预览"功能，能够在屏幕上显示出打印的效果。

（1）打印预览文档。

为了保证打印输出的品质及准确性，一般在正式打印前都需要先进入预览状态，以检查文档整体版式布局是否还存在问题，确认无误后才会进入下一步的打印设置及打印输出。打印预览文档的操作步骤如下。

① 单击快速访问工具栏中的"打印预览和打印"按钮，此时在文档窗口中将显示所有与打印有关的命令，在最右侧的窗格中能够预览打印效果。

② 拖动"显示比例"滚动条上的滑块能够调整文档的显示大小。单击"下一页"按钮和"上一页"按钮，能够进行预览的翻页操作。

③ 当发现文档中有需要修改的地方时，单击其他选项卡标签，以切换到当前视图中，继续对文档进行编辑处理。

（2）打印文档。

对打印的预览效果满意后，即可对文档进行打印，操作步骤如下。

① 切换到"文件"选项卡，选择"打印"命令，在中间窗格内的"份数"文本框中设置打印的份数，然后单击"打印"按钮，即可开始的打印。

② Word 默认打印文档中的所有页面。选择"打印所有页"命令，可以从子菜单中选择要打印的范围。另外，还可以在"页数"文本框中打印指定页码的内容。

③ 在"打印"命令的列表窗格中还提供了常用的打印设置按钮，如设置页面的打印顺序、页面的打印方向以及设置页边距等，只需单击相应的选项按钮，从子菜单中选择相关的参数即可。

④ 当需要在纸张的双面打印文档，但打印机仅支持单面打印时，请单击中间窗格内的"单面打印"按钮，从下拉菜单中选择"手动双面打印"命令。这样，当所有纸张的第一面都打印完后，系统将提示打印第二面，将打印过的纸张翻转到第二面再继续打印即可。

⑤ 如果想把好几页缩小打印到一张纸上，可以单击中间窗格内的"每版打印 1 页"按钮，从下拉菜单中选择每版打印的页数。

3.1.4 操作实训

1. 选择题

（1）如果用户想保存一个正在编辑的文档，但希望以不同文件名存储，可用（　　　）命令。

A.保存　　　B.另存为　　　　　C.比较　　　D.限制编辑

（2）下面有关 Word 2010 表格功能的说法不正确的是（　　　）。

A.可以通过表格工具将表格转换成文本　　　B.表格的单元格中可以插入表格

C.表格中可以插入图片　　　　　　　　　D.不能设置表格的边框线

（3）在 Word 中，如果在输入的文字或标点下面出现红色波浪线，表示（　　　），可用"审阅"功能区中的"拼写和语法"来检查。

A.拼写和语法错误　　　　　　　B.句法错误

C.系统错误　　　　　　　　　　D.其他错误

（4）在 Word 2010 中，可以通过（　　　）功能区中的"翻译"对文档内容翻译成其他语言。

A.开始　　　B.页面布局　　　C.引用　　　D.审阅

（5）给每位家长发送一份《期末成绩通知单》，用（　　　）命令最简便。

A.复制　　　B.信封　　　C.标签　　　D.邮件合并

2. 填空题

（1）在 Word 2010 中，想对文档进行字数统计，可以通过＿＿＿＿功能区来实现。

（2）在 Word 2010 中，给图片或图像插入题注是选择＿＿＿＿功能区中的命令。

（3）在"插入"功能区的"符号"组中，可以插入＿＿＿＿和"符号"、编号等。

（4）在 Word 2010 中的邮件合并，除需要主文档外，还需要已制作好的＿＿＿＿支持。

（5）在 Word 2010 中插入了表格后，会出现"＿＿＿＿"选项卡，对表格进行"设计"和"布局"的操作设置。

3. 操作题

请在打开的窗口中进行如下操作，操作完成后如下图所示，请保存文档并关闭 Word 应用程序。

（1）设置正文"日本…生活节奏。"字体为"楷体"，字号为"小四"。

（2）为正文设置分栏，栏数为"2"，栏宽相等，加分隔线。

（3）为正文设置首字下沉，下沉行数为"2"。如样张所示"对城里人而言，这样可调节生活节奏。"加波浪下画线。

（4）如样张所示插入竖排文本框，文字内容为"出租苹果树"，字体为"隶书"，字号为"五号"，环绕方式为"四周型"。

（5）如样张所示插入任意图片，环绕方式为"四周型"。

（6）如样张所示创建公式，并设置方框边框，填充颜色为"白色，背景 1，深色 25%"，对齐方式为"居中"。

（7）如样张所示插入表格并设置外边框为 0.7 磅"双线"，内边框线为 0.5 磅"单线"。表格内文字为宋体、五号。

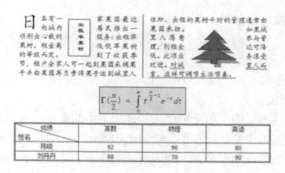

$$\Gamma\left(\frac{n}{2}\right) = \int_0^\infty t^{\frac{n}{2}-1}e^{-t}\,dt$$

成绩　　姓名	高数	物理	英语
待晓	92	90	80
刘丹丹	88	70	90

3.2 实例2：产品订货单

3.2.1 实例描述

北京龙辉科技有限公司，新增了产品业务。为此，需要制作一份产品订货单，作为客户购买产品与公司发货的凭据。经理指出订购单应具备以下特色。

（1）根据供应方信息、产品明细、需求方信息、付款方式、配送方式等几个部分划分订购单区域。

（2）整个表格的外边框、不同部分之间的边框以双实线来划分；对处于同一区域中的不同内容，可以用虚线等特殊线型来分隔。

（3）重点部分用粗体或者插入特殊符号来注明。

（4）为表明注意事项中提及内容的重要性，用项目符号对其进行组织。

（5）对于选择性的项目，或者填写数字之处，可以通过插入空心的方框做为书写框。

（6）对于重点部分或者不需要填写的单元格填充比较醒目的底色。

（7）注意事项中可以添加底纹效果。

（8）可以快速计算出每种商品的金额，以及订购的总金额。

市场部的小王主动请缨，按照经理提出的上述要求，经过技术分析，借助 Word 提供的表格制作功能，出色地完成了任务，成果如图 3-48 所示。

图 3-48 产品订货单效果图

本实例实现技术解决方案如下。

（1）通过"插入"选项卡的"表格"下拉菜单、"插入表格"对话框或者手工绘制，皆可创建表格。

（2）通过"设计"选项卡的"绘制边框"选项组中的相关命令，可以在单元格中绘制斜线、清除表格中的任意边框线。

（3）通过"布局"选项卡的"单元格大小"选项组中的命令，可以自动等分行高与列宽。

（4）通过"布局"选项卡的"行和列"选项组中的命令，可以新增或删除单元格。

（5）通过"布局"选项卡的"合并"选项组中的命令，可以快速编辑表格的结构。

（6）通过"布局"选项卡的"对齐方式"选项组中的命令，可以设置文字在单元格内的方向和对齐方式。

（7）通过"设计"选项卡的"表格样式"选项组中的命令或使用"边框和底纹"对话框，可以为单元格设置边框线的样式、填充颜色，添加底纹效果。

3.2.2　实例实施过程

1．创建订购单表格雏形

创建表格前，最好先在纸上绘制出表格的草图，规划好行数和列数，以及表格的大概结构，再在 Word 文档中创建。

（1）插入标准表格。

① 打开 Word 2010 应用程序，切换到"页面布局"选项卡，单击"页面设置"选项组中的"对话框启动器"按钮，打开"页面设置"对话框。在"页边距"选项卡的"页边距"栏中，将"左"、"右"微调框设置为"1.5 厘米"，最后单击"确定"按钮。

② 在文档的首行输入标题文字"北京龙辉科技有限公司产品订购单"，并按 Enter 键。切换到"插入"选项卡，单击"表格"选项组中的"表格"按钮，从下拉菜单中选择"插入表格"命令，打开"插入表格"对话框。在"表格尺寸"栏中，将"列数"、"行数"微调框中分别设置为"7"和"23"，再单击"确定"按钮。

③ 标题文字"北京龙辉科技有限公司产品订购单"的字体设置黑体、加粗，字号设置为一号，文字居中对齐。

④ 将鼠标指针移至表格右下角的表格大小控制点上，按住左键向下拖动鼠标，增大表格的高度，结果如图 3-49 所示。

（2）选择表格第 1 行的第 1、2 列的两个单元格，然后右击选定的单元格，从快捷菜单中选择"合并单元格"命令，将它们合并单元格。

根据上述方法，将第 1 行的第 3、4 列的两个单元格，第 6、7 列的两个单元格合并单元格；将第 2 行的第 5、6、7 列的三个单元格合并单元格；将第 3 行的第 2、3、4 列的三个单元格合并单元格；将第 5 行和第 15 行所有列合并单元格；将第 16 行的第 2、3、4 列和第 6、7 列的单元格合并单元格；将第 17 行的第 2、3、4 列和第 6、7 列的单元格合并单元格；将第 18 行的第 6、7 列的单元格合并单元格；将第 19 行，第 2 至 7 列的单元格合并单元格；将第 20 行，第 2 至 7 列的单元格合并单元格；将第 21 行，第 2 至 7 列的单元格合并单元格；将第 22、23 行，第 1 列单元格合并单元格；将 22、23 行，第 2 至 7 列的单元格合并单元格。如图 3-50 所示。

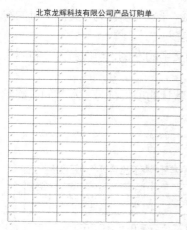

图 3-49　插入 23 行 7 列的表格

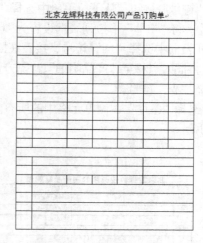

图 3-50　合并单元格效果图

（3）平均分布列宽。

①　将鼠标指针移至第 1 列单元格的右侧边框上，当指针变成"↔"形状时，按住左键向左拖动鼠标，手动调整第 1 列的宽度，因为在此之前有些单元格被合并单元格，所以需要将第 1 列的上下宽度进行调整使得列对齐。

②　根据上述方法将鼠标指针移至第 2 列单元格的右侧边框和第 4 列单元格的右侧边框上，将列宽手动调整相应的宽度，使得上下边框线对齐。选择表格的第 3~4 行，第 5、6、7 列切换到"布局"选项卡，单击"单元格大小"选项组中的"分布列"按钮，Word 会根据当前选择的总宽度，平均分配各列的宽度，结果如图 3-51 所示。

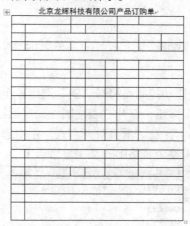

图 3-51　手动绘制表格边框宽度结果

2．输入与编辑订购单内容

完成表格的结构编辑后，便可以在其中输入内容，然后对文字进行相关的设置，从而得到最佳的效果。

（1）输入表格内容。

①　在单元格中输入文本内容，对于重点内容或者要特别注意的事项，可以为其添加粗体字形，输入完毕后的结果如图 3-52 所示。

②　将插入点置于表格第 1 行第 2 列的空格中。切换到"插入"选项卡，单击"符号"选项

组中的"符号"按钮,从下拉菜单中选择"其他符号"命令。打开"符号"对话框。在"符号"选项卡中,将"字体"下拉列表框设置为"(普通文本)",将"子集"设置为"类似字母的符号",然后在列表框中选择"№"符号,接着在插入的符号后面输入":"。

③ 将插入点移至"产品明细"、"需方信息"区域强调文字的左侧,再次打开"符号"对话框,选择"★"符号。

④ 选择"备注"右侧单元格中的所有内容,为其添加默认的项目符号。本节的最终结果如图 3-53 所示。

| 图 3-52　输入表格内容后的结果 | 图 3-53　输入表格内容与符号后的结果 |

(2)设置单元格对齐方式。

① 单击表格左上角的表格移动控制点符号"⊞"选定整个表格,切换到"布局"选项卡,单击"表"选项组中的"属性"按钮,打开"表格属性"对话框。

② 切换到"单元格"选项卡,在"垂直对齐方式"栏中选择"居中"选项,如图 3-54 所示,接着单击"确定"按钮,将整个表格中的文字垂直居中。

图 3-54　"表格属性"对话框

③ 选择"订单编号"等区域多个单元格，切换到"布局"选项卡，单击"对齐方式"选项组中的"水平居中"按钮，如图3-55所示。

北京龙辉科技有限公司产品订购单

订单编号		No：		订货日期		
供应方		电话		货款结算（单位：人民币元）		
地址				货款总计	运费	总价
邮箱		传真		0.00	100.00	0.00

图3-55　选择"订单编号"等多个单元格

④ 选择文本"□银行汇款"、"□邮政汇款"、"□货到付款（只限北京地区）"，切换到"开始"选项卡，单击"段落"选项组中的"左边对齐"按钮。"配送方式"右侧内容使用上述同样的方法。

（3）设置文字方向与分散对齐。

① 选择文本"注意事项"，切换到"布局"选项卡，单击"对齐方式"选项组中的"文字方向"按钮，使文字垂直显示。此时，可以使用"对齐方式"选项组中的按钮设置文本的垂直对齐方式等，如图3-56所示。

② 保持文字"注意事项"的选中状态，然后单击"对齐方式"选项组中的"中部居中"按钮。切换到"开始"选项卡，单击"段落"选项组中的"分散对齐"按钮，打开"调整宽度"对话框，在"新文字宽度"微调框中输入合适的字符数值，如图3-57所示，并单击"确定"按钮。

图3-56　设置垂直对齐方式的选项组

图3-57　调整字符宽度

3．设置与美化订购单表格

完成表格的内容编辑后，可以对表格的边框和填充颜色进行设置。

（1）设置表格边框线。

① 在表格中右击鼠标，从快捷菜单中选择"边框和底纹"命令，打开"边框和底纹"对话框，在"设置"栏中选择"虚线"选项，在"线型"列表框中选择"双划线"选项，如图3-58所示，单击"确定"按钮，整个表格的外侧边框线设置完成。

图3-58　设置表格的外侧边框效果

② 选择"供应方"栏目的全部单元格，切换到"设计"选项卡，单击"绘图边框"选项组中的"线型"下拉列表框，选择其中的"双划线"选项。接着，单击"表格样式"选项组中的"边框"按钮右侧的箭头按钮，从下拉菜单中选择"下框线"命令，将此栏目的下边框设置成双划线，以便与其他栏目分隔开。

③ 使用步骤②的方法，为其他栏目设置"双划线"线型的下边框效果，最终结果如图 3-59 所示。

（2）填充表格底色。

① 按住 Ctrl 键，依次选择供应方的部分单元格，然后在其中右击鼠标，从快捷菜单中选择"边框和底纹"命令，打开"边框和底纹"对话框。切换到"底纹"选项卡，从"填充"下拉菜单中选择"白色，背景 1，深色 25%"色块，最后单击"确定"按钮，为选择的单元格填充底色。

② 按住 Ctrl 键，然后拖动鼠标选择如图 3-60 所示的多个单元格，切换到"设计"选项卡，在"表格样式"选项组中单击"底纹"按钮右侧的箭头按钮，从下拉菜单中选择"橙色，强调文字颜色 6，淡色 40%"命令，为选定的单元格填充底色。

订单编号	No：		订货日期			
供应方			电话		货款结算（单位:人民币）	
地址					货款总计	运费	总价
邮箱			传真		0.00	100.00	0.00

图 3-59 设置表格边框后的结果（局部）

图 3-60 通过工具栏填充底纹颜色

③ 选择"注意事项"右侧单元格的所有内容，然后打开"边框和底纹"对话框。切换到"底纹"选项卡，在"样式"下拉列表框中选择"5%"选项，然后单击"确定"按钮，完成对表格底色的填充，最终结果如图 3-61 所示。

图 3-61 填充表格底色后的结果

至此，一份空白的图书订购单表格绘制与美化工作结束。

4．计算订购单表格中数据

产品销售业务推出后，某科技公司向贵公司即订购了电子产品等若干项目。现将这些信息录入订购单中，利用 Word 提供的简易公式进行计算，得到单件商品的金额以及所有订购产品的总金额。

（1）在"产品明细"栏目的"产品名称"、"单位"、"单价/元"和"数量"4 列中依次输入表 3-8 中的图书订购信息。

表 3-8　图书订购的基本信息

序号	产品名称	单价/元	数量
1	数码相机	2 500	5
2	手机	3 500	10
3	气体测试仪	5 000	3
4	甲醛分析仪	3 000	2

（2）计算产品的订购金额。

① 将插入点定位于"货款合计"下方的单元格中，切换到"布局"选项卡，单击"数据"选项组中的"公式"按钮，打开"公式"对话框。

② 删除"公式"文本框中的"SUM(LEFT)"等字符，然后在光标处输入"PRODUCT(LEFT)"，表示自动将左边的数值进行乘积操作，接着将"数字格式"下拉列表框设置为"￥#,##0.00（￥#,##0.00）"，如图 3-62 所示，最后单击"确定"按钮。

③ 用上述方法为其他订购产品分别求出订购金额，结果如图 3-63 所示。

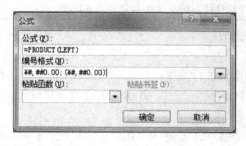

图 3-62　输入乘法公式　　　　　　　　　　图 3-63　计算每种书的金额

④ 插入点移至"货款总计"所在单元格，然后打开"公式"对话框。

⑤ 用"公式"文本框中的默认公式"=SUM(below)"将"数字格式"下拉列表框设置为"￥#,##0.00（￥#,##0.00）"，然后单击"确定"按钮，计算出该订购单的总金额。其中 SUM( )，在这个括号里，可以直接输入表示方位的词，如上(above)、下(below)、左(left)、左(right)。

3.2.3　相关知识学习

1．编辑表格

新表格创建后，可以切换到"设计"选项卡，使用"绘图边框"选项组提供的功能编辑表格。

（1）选定表格内容。

表格的编辑操作依然遵循"先选中，后操作"的原则，选取表格对象的方法见表 3-9。

表 3-9　选取表格对象的方法

选取对象		方　　法
单元格	一个单元格	将鼠标指针移至要选定单元格的左侧，当指针变成 "➚" 形状时，单击鼠标左键；或者将插入点置于单元格中，切换到 "布局" 选项卡，在 "表" 选项组中单击 "选择" 按钮，从下拉菜单中选择 "选择单元格" 命令；或者右击单元格，从快捷菜单中执行 "选择" → "单元格" 命令。后两种方法对选取单行、单列及整个表格也适用
	连续的单元格	选定连续区域左上角第一个单元格后，按住鼠标左键向右拖动，可以选定处于同一行的多个单元格；向下拖动，可以选定处于同一列的多个单元格；向右下角拖动，可以选定矩形单元格区域
	不连续的单元格	首先选中要选定的第一个矩形区域，然后按住 Ctrl 键，依次选定其他区域，最后松开 Ctrl 键
行	一行	将鼠标指针移至要选定行的左侧，当指针变成 "⌁" 形状时，单击鼠标左键
	连续的多行	将鼠标指针移至要选定首行的左侧，然后按住鼠标左键向下拖动，直至选中要选定的最后一行，最后松开按键
	不连续的行	选中要选定的首行，然后按住 Ctrl 键，依次选中其他待选定的行
列	一列	将鼠标指针移至要选定列的上方，当指针变成 "⬇" 形状时，单击左键
	连续的多列	将鼠标指针移至要选定首列的上方，然后按住鼠标左键向右拖动，直至选中要选定的最后一列，最后松开按键
	不连续的列	选中要选定的首列，然后按住 Ctrl 键，依次选中其他待选定的列

单击文档的其他位置，即可取消对表格内容的选取。

（2）复制或移动行或列。

如果要复制或移动表格的一整行，请参照如下步骤进行操作。

① 选定包括行结束符在内的一整行，然后按 "Ctrl+C" 或 "Ctrl+X" 组合键，将该行内容存放到剪贴板中。

② 将插入点置于要插入行的第一个单元格中，然后按 "Ctrl+V" 组合键，复制或移动的行被插入到当前行的上方，并且不替换其中的内容。

复制或移动一整列的方法与复制或移动一整行类似，请读者自行练习。

（3）插入与删除单元格、行和列。

由于很多时候在创建表格初期并不能准确估计表格的行列数量，因此在编辑表格数据的过程中会出现表格的单元格、行列数量不够用或有剩余的现象，通过添加或删除单元格、行和列即可很好地解决问题。

① 插入与删除单元格。

用户可以根据需要，在表格中插入与删除单元格。插入单元格时，请在要插入新单元格位置的左边或上边选定一个或几个单元格，其数目与要插入的单元格数目相同。切换到 "布局" 选项卡，在 "行和列" 选项组中单击 "对话框启动器" 按钮，打开 "插入单元格" 对话框，如图 3-64 所示，选中 "活动单元格右移" 或 "活动单元格下移" 单选按钮后，单击 "确定" 按钮。

删除单元格时，请右击选定的单元格，从快捷菜单中选择 "删除单元格" 命令（或者切换到 "布局" 选项卡，在 "行和列" 选项组中单击 "删除" 按钮），打开 "删除单元格" 对话框，如图 3-65 所示。根据需要，选中"活动单元格左移"或"活动单元格上移"单选按钮后，最后单击"确定"按钮。

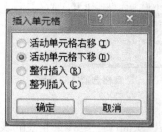

图 3-64　"插入单元格"对话框

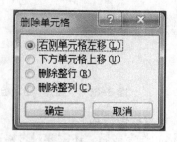

图 3-65　"删除单元格"对话框

② 插入行和列。

在表格中插入行和列的方法有以下几种。

a. 右击单元格，从快捷菜单中选择"插入"命令的子命令。

b. 单击某个单元格，切换到"布局"选项卡，在"行和列"选项组中单击"在上方插入"或"在下方插入"按钮，可在当前单元格的上方或下方插入一行。插入列时，只需单击"在左侧插入"或"在右侧插入"按钮即可。

c. 切换到"布局"选项卡，单击"行和列"选项组中的"对话框启动器"按钮，在"插入单元格"对话框中选择"整行插入"或"整列插入"单选按钮。

d. 将插入点移至表格右下角的单元格中，然后按 Tab 键。

e. 将插入点置于表格最后一行右侧的行结束处，然后按 Enter 键。

③ 删除行和列。

删除行和列的方法有以下几种。

a. 右击选定的行或列，从快捷菜单中选择"删除行"或"删除列"命令。

b. 单击要删除行或列包含的一个单元格，切换到"布局"选项卡，在"行和列"选项组中单击"删除"按钮，从下拉菜单中选择"删除行"或"删除列"命令。

（4）合并与拆分单元格和表格。

借助于合并和拆分功能，可以使表格变得不规则，以满足用户对复杂表格的设计需求。

① 合并单元格。

在 Word 2010 中，合并单元格是指将矩形区域的多个单元格合并成一个较大的单元格，方法为，选定要合并的单元格，然后使用下列方法进行操作。

a. 切换到"布局"选项卡，在"合并"选项组中单击"合并单元格"按钮，如图 3-66 所示。

b. 右击选定的单元格，从快捷菜单中选择"合并单元格"命令。

② 拆分单元格。

在 Word 2010 中，拆分单元格是指将一个单元格拆分为几个较小的单元格，方法为，选定要拆分的单元格，切换到"布局"选项卡，在"合并"选项组单击"拆分单元格"按钮，打开"拆分单元格"对话框，在其中输入要拆分的行数和列数，然后单击"确定"按钮。

③ 拆分与合并表格。

Word 允许用户把一个表格拆分成两个或多个表格，然后在表格之间插入文本，方法为，将插入点移至拆分后要成为新表格第 1 行的任意单元格，切换到"布局"选项卡，在"合并"选项组中单击"拆分表格"按钮。

删除两个表格之间的换行符，即可将二者合并在一起。

图 3-66　"合并"选项组

图 3-67　"表格选项"对话框

2．设置表格格式

表格制作完成后，还需要对表格进行各种格式的修饰，从而产生更具专业性的表格。表格的修饰与文字修饰基本相同，只是操作对象的选择方法不同而已。

（1）设置单元格内文本的对齐方式。

在表格中不但可以水平对齐文字，而且还可以设置垂直方向的对齐效果。选定单元格或整个表格后，可以使用如下方法修改文本的对齐方式。

① 切换到"布局"选项卡，在"对齐方式"选项组中单击"对齐"按钮。

② 右击选定的表格对象，从快捷菜单中执行"单元格对齐方式"命令的子命令。

（2）设置文字方向。

将插入点置于单元格中，或者选定要设置的多个单元格，切换到"布局"选项卡，在的"对齐方式"选项组中单击"文字方向"按钮。

（3）设置单元格边距和间距。

在 Word 2010 中，单元格边距是指单元格中的内容与边框之间的距离；单元格间距是指单元格和单元格之间的距离。自定义单元格的边距和间距时，可选定整个表格，切换到"布局"选项卡，在"对齐方式"选项组中单击"单元格边距"按钮，在打开的"表格选项"对话框中对相关选项进行设置，如图 3-67 所示。

（4）设置行高和列宽。

默认情况下，Word 会根据表格中输入内容的多少自动调整每行的高度和每列的宽度，用户也可以根据需要进行调整。调整行高和列宽的方法类似，下面以调整列宽为例说明操作方法。

① 通过鼠标拖动。

将鼠标指针移至两列中间的垂直线上，当指针变成"↔"形状时，按住左键在水平方向上拖动，当出现的垂直虚线到达新的位置后释放鼠标按键，列宽随之发生了改变。

② 手动指定行高和列宽值。

选择要调整的行或列，切换到"布局"选项卡，在"单元格大小"选项组中设置"高度"和"宽度"微调框的值，如图 3-68 所示。

③ 通过 Word 自动调整功能。

切换到"布局"选项卡，在"单元格大小"选项组中单击"自动调整"按钮，从下拉菜单中选择合适的命令。

另外，将多行的行高或多列的列宽设置为相同时，请选定要调整的多行或多列，切换到"布局"选项卡，在"单元格大小"选项组中单击"分布行"或"分布列"按钮。

选取表格对象后，切换到"布局"选项卡，在"表"中单击"属性"命令，可以在打开的"表格属性"对话框中设置选定对象的相关属性。

（5）设置表格的边框和底纹。

除了使用前面介绍的表格样式外，用户还可以对表格的边框和底纹进行设置。

设置表格边框的操作步骤如下。

① 选定整个表格，切换到"设计"选项卡，在"表格样式"选项组中单击"边框"按钮右侧的箭头按钮，从下拉菜单中选择适当的命令。

② 要自定义边框，请选择"边框和底纹"命令，打开"边框和底纹"对话框。

③ 在"边框"选项卡中，对"设置"、"样式"、"颜色"和"宽度"等选项进行适当的设置后，单击"确定"按钮。

为了区分表格的标题与表格正文，使其外观醒目，可以给表格标题添加底纹，即选定要添加底纹的单元格，切换到"设计"选项卡，在"表格样式"选项组中单击"底纹"按钮右侧的箭头按钮，从下拉菜单中选择所需的颜色。

（6）跨页表格自动重复标题行。

有时候表格中的统计项目很多，表格过长可能会分在两页甚至多页中显示，然而从第 2 页开始表格就没有标题行了，可能导致查看表格中的数据时产生混淆，解决方法为单击表格标题行的任意单元格，切换到"布局"选项卡中，在"数据"选项组（见图 3-69）中单击"重复标题行"按钮，其他页中续表的首行就会重复表格标题行的内容。再次单击该按钮，可以取消重复标题行。

图 3-68　"单元格大小"选项组

图 3-69　"数据"选项组

（7）防止表格跨页断行。

当表格大于一页时，默认状态下 Word 允许表格中的文字跨页拆分，这可能导致表格中同一行的内容会被拆分到上下两个页面中。防止表格跨页断行的操作步骤如下。

① 右击表格的任意单元格，从快捷菜单中选择"表格属性"命令，打开"表格属性"对话框。

② 切换到"行"选项卡，在"选项"栏中撤选"允许跨页断行"复选框。

③ 单击"确定"按钮，完成设置。

3．表格与文本互换

对于有规律的文本内容，Word 可以将其转换为表格形式。同样，Word 也可以将表格转换成排列整齐的文档。

（1）将文本转换成表格。

① 选定要转换的文本，切换到"插入"选项卡，在"表格"选项组中单击"表格"按钮，从下拉菜单中选择"将文本转换为表格"命令，打开"将文字转换成表格"对话框，如图 3-70 所示。

② 在"表格尺寸"栏中，设置"列数"微调框中的数值；在"'自动调整'操作"栏中，选中"根据内容调整表格"单选按钮；单击"自动套用格式"按钮，在"表格自动套用格式"对话框中选择一种表格样式；在"文字分隔位置"栏中选择文字间的分隔形式。

③ 单击"确定"按钮，即可看到转换后的表格，接下来根据编辑、美化表格即可。

（2）将表格转换成文本。

① 选定要转换的表格，切换到"布局"选项卡，在"数据"选项组中单击"转换为文本"按钮，打开"表格转换成文本"对话框，如图3-71所示。

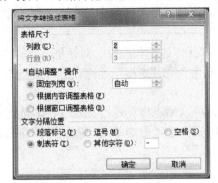

图3-70　"将文字转换成表格"对话框　　　　图3-71　"表格转换成文本"对话框

② 在"文字分隔符"栏中选择需要的分隔符号，建议使用"制表位"选项。

③ 单击"确定"按钮，转换完成。

4．处理表格中的数据

Word 2010 的表格中自带了对公式的简单应用，若要对数据进行复杂处理，需要使用后续单元介绍的 Excel 电子表格。下面以图3-72所示的学生成绩表为例介绍 Word 中公式的使用方法。

	A	*B*	*C*	*D*	*E*	*F*	*G*
1	学号	姓名	英语	数学	计算机	总分	平均分
2	0001	张三	80	85	90		
3	0002	李四	90	79	70		

图3-72　学生成绩表

说明：图中倾斜且加粗的字符只是用来说明表格的样式，并不出现在表格中，其中 A、B 等英文字母表示表格的列标，最左侧 1、2 等数字表示表格的行号，例如，"张三"所处的单元格编号为"B2"。

（1）求和。

① 将光标置于单元格"F2"中，切换到"布局"选项卡，在"数据"选项组中单击"公式"按钮，打开"公式"对话框。

② 在"公式"文本框中自动填入了默认公式"=SUM(LEFT)"，表示对该行左侧 3 门课程求和，可以在"数字格式"下拉列表框中选择需要的格式。

③ 单击"确定"按钮，求出姓名为"张三"的课程总分。

④ 在单元格"F3"中使用相同的公式，计算其他学生的总分。

说明：公式中的字符需要在英文半角状态下输入，并且字母不分大小写；公式前面的"="不能遗漏。

（2）求平均值。

① 将光标置于单元格"G2"中，然后打开"公式"对话框。

② 将"公式"文本框中除"="外的所有字符删除，并将光标置于"="后，接着将"粘贴函数"下拉列表框设置为"AVERAGE"，然后在光标处输入"C2:E2"，并将"数字格式"下拉列表框设置为"0.00"，最后单击"确定"按钮，计算出张三的平均分。

③ 使用 AVERAGE 函数，分别引用处于同一行中各门课程成绩对应的单元格，计算出李

四的平均分，放置在单元格"G3"中。

事实上，Word 是以域的形式将计算结果插入到选中单元格的。如果所引用的单元格数据发生了更改，可以将光标置于计算结果的单元格中，然后按 F9 键对结果进行更新。

（3）排序。

Word 提供对表格中的数据排序的功能，用户可以依据拼音、笔画、日期或数字等对表格内容以升序或降序进行排序，操作步骤如下。

① 将插入点置于表格中，切换到"布局"选项卡，在"数据"选项组中单击"排序"按钮，打开"排序"对话框。

② 在"主要关键字"栏中选择排序首先依据的列，如总分。在右边的"类型"下拉列表框中选择数据的类型。选中"升序"或"降序"单选按钮，以表示按照该列的升序或降序排列，如图 3-73 所示。

③ 分别在"次要关键字"和"第三关键字"栏中选择排序的次要和第三依据的列名，如数学和英语。右边的下拉列表框及单选按钮的含义同上，按照需要分别作出选择。

④ 在"列表"栏中，选中"有标题行"单选按钮，可以防止对表格中的标题行进行排序。如果没有标题行，则选中"无标题行"单选按钮。

⑤ 单击"确定"按钮，进行排序。

如果要对表格的部分单元格排序，首先选定这些单元格，然后使用上述步骤操作即可。

课堂练习：表 3-10 中统计了某网络公司各子公司季度广告收入，要求计算"季度总计"行的值；以"全年合计"列为排序依据排列表格数据（除"季度总计"行外）。

表 3-10　网络公司广告收入　　　　　　　　　　　　　单位：元

子公司	第一季度	第二季度	第三季度	第四季度	全年合计
A 公司	12 000	6 000	8 000	15 000	41 000
B 公司	20 000	7 000	8 500	13 000	48 500
C 公司	10 000	8 000	7 600	12 000	37 600
D 公司	14 000	7 500	7 700	13 500	42 700
季度总计					

（4）对表格中的一列进行排序。

如果要对表格中单独一列排序，而不改变其他列的排列顺序，可参考如下步骤进行操作。

① 选中要单独排序的列，然后打开"排序"对话框。

② 单击"选项"按钮，在打开的"排序选项"对话框内选中"仅对列排序"复选框，如图 3-74 所示。单击"确定"按钮，返回"排序"对话框。

③ 单击"确定"按钮，完成排序。

图 3-73　"排序"对话框

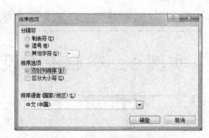

图 3-74　"排序选项"对话框

3.2.4　操作实训

1. 选择题

（1）当对某段进行"首字下沉"操作后，再选中该段进行分栏操作，这时"格式/分栏"命令无效，原因是（　　　　）。

A. 首字下沉、分栏不能同时进行，也就是进行了设置了首字下沉，就不能分栏

B. 分栏只能对文字操作，不能用于图形，而首字下沉后的字具有图形的效果，只要不选中下沉的字，就可以进行分栏

C. 计算机有病毒，先清除病毒，再分栏

D. Word 软件有问题，重新安装 Word

（2）Word "文件"菜单底端列出的几个文件名是（　　　　）。

A. 用于文件的切换　　　　　　　　B. Word 处理的文件名

C. 这些文件已被打开　　　　　　　D. 正在打印这些文件

（3）在文本编辑状态，执行"编辑/复制"命令后，（　　　　）。

A. 选定的内容复制的插入点处　　　B. 将剪贴板的内容复制到插入点处.

C. 被选定的内容复制到剪贴板　　　D. 被选定内容的格式复制到剪贴板

（4）以下关于"拆分表格"命令的叙述正确的是（　　　　）。

A. 可以把表格按表格具有的列数，逐一拆分成几列

B. 可以把表格按操作者的需要，拆分成两个以上的表格

C. 只能把表格按插入点为界，拆分成左右两个表格

D. 只能把表格按插入点为界，拆分成上下两个表格

（5）在 Word 中，以下对表格操作的叙述，错误的是（　　　　）。

A. 在表格的单元格中，除了可以输入文字、数字，还可以插入图片

B. 表格的每一行中各单元格的宽度可以不同

C. 表格的每一行中各单元格的高度可以不同

D. 表格的表头单元格可以绘制斜线

2. 填空题

（1）在 Word 2010 中，想对文档进行字数统计，可以通过＿＿＿＿功能区来实现。

（2）在 Word 2010 中，给图片或图像插入题注是选择＿＿＿＿功能区中的命令。

（3）在"插入"功能区的"符号"组中，可以插入＿＿＿＿和"符号"、编号等。

（4）在 Word 2010 的"开始"功能区的"样式"组中，可以将设置好的文本格式进行"将所选内容保存为＿＿＿＿"的操作。

（5）在 Word 2010 中，进行各种文本、图形、公式、批注等搜索可以通过＿＿＿＿来实现。

3. 操作题

针对近期热点问题或自己感兴趣的内容，制作一期图文并茂的公告。

3.3　实例 3：毕业论文设计

3.3.1　实例描述

小高是某大学的一名大四学生。临近毕业，他按照指导老师发放的毕业设计任务书的要求，前期完成了项目开发和论文内容的书写。下一步，他将使用 Word 2010 对论文进行编辑和排版，

其依据是教务处公布的"论文编写格式要求"。

（1）论文必须包括封面、中文摘要、目录、正文、致谢、参考文献等部分，如果有源代码或线路图等，也可以在参考文献后追加附录。各部分的标题均采用论文正文中一级标题的样式。

（2）论文各组成部分的正文：中文字体宋体，西文字体 Times New Roman，字号均为小四号，首行缩进两个字符；除已说明的行距外，其他正文均采用 1.25 倍行距。其中如有公式，行间距会不一致，在设置段落格式时，取消对"如果定义了文档网格，对齐网格"选项的选择。

（3）封面：教务处给出了模板，从其网站上下载，并根据需要做必要的修改，封面中不书写页码。

（4）目录：自动生成；字号为小四号，对齐方式为右对齐。

（5）摘要：在摘要正文后，间隔一行，输入文字"关键词："，字体为宋体、四号、加粗，首行缩进两个字符，其后的关键词格式同正文。

（6）论文正文中的各级标题要求如下。

① 一级标题：字体黑体，字号三号，加粗，对齐方式居中，段前、段后均为 0 行，1.5 倍行距。

② 二级标题：字体楷体，字号四号，加粗，对齐方式靠左，段前、段后均为 0 行，1.25 倍行距。

③ 三级标题：字体楷体，字号小四，加粗，对齐方式靠左，段前、段后均为 0 行，1.25 倍行距。

（7）论文中的图片：插入到 1 行 1 列的表格中，对齐方式居中；每张图片有图序和图名，并在图片正下方居中书写。图序采用如"图 1-1"的格式，并在其后空两格书写图名；图名的中文字体宋体，西文字体 Times New Roman，字号为五号。

（8）论文中的表格：对齐方式居中；单元格中的内容，对齐方式居中，中文字体宋体，西文字体 Times New Roman，字号均为五号，标题行文字加粗；表格允许下页接写，表题可省略，表头应重复写，并在左上方写"续表××"；每张表格有表序和表题，并在表格正上方居中。表序采用如"表 1.1"的格式，并在其后空两格书写表题；表名的中文字体宋体，西文字体 Times New Roman，字号为五号。

（9）参考文献：正文按指定的格式要求书写，1.5 倍行间距。

（10）页面设置：采用 A4 大小的纸张打印，上、下页边距均为 2.54 厘米，左、右页边距分别为 3.17 厘米和 2.54 厘米；装订线 0.5 厘米；页眉、页脚距边界 1 厘米。

（11）页眉：中文宋体，西文 Times New Roman，字号为五号；采用单倍行距，居中对齐。除论文正文部分外，其余部分的页眉中书写当前部分的标题；论文正文奇数页的页眉中书写章题目，偶数页书写"××职业技术学院毕业设计论文"。

（12）页脚：中文宋体，西文 Times New Roman，字号为小五号；采用单倍行距，居中对齐；页脚中显示当前页的页码。其中，中文摘要与目录的页码使用希腊文，且分别单独编号；从论文正文开始，使用阿拉伯数字，且连续编号。

（13）论文左侧装订，封面、摘要单面打印，目录、正文、致谢、参考文献等双面打印。

经过技术分析，小高按照上述要求完成了排版，结果如图 3-75 所示。

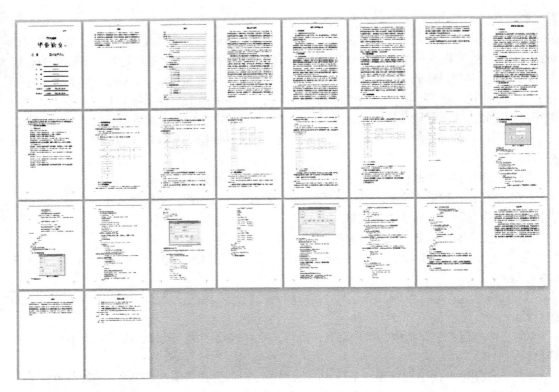

图 3-75　论文编辑与排版后的效果图

本实例实现技术解决方案如下。

（1）通过"日期和时间"对话框，可以插入指定格式的日期。

（2）通过"页面设置"对话框，可以设置页边距、版式、装订线、页眉和页脚的位置。

（3）通过"样式"任务窗格，可以快速创建与应用样式。

（4）通过"题注"和"交叉引用"对话框，可以为表格添加上标签，实现交叉引用。

（5）通过"目录"和"目录选项"对话框，可以为文档定制目录。

（6）通过"页眉和页脚工具|设计"选项卡中的相关按钮，可以达到论文不同章、奇偶页中页眉和页脚的制作要求。

3.3.2　实例实施过程

1．使用目标样式

为了更便捷地执行教务处的排版规则，可以将论文中涉及的样式全部创建出来，然后将其分别应用到论文中。

（1）创建新样式。

① 打开文档"论文.docx"，按"Ctrl+End"组合键，将插入点置于论文结尾。切换到"开始"选项卡，单击"样式"选项组中的"对话框启动器"按钮，打开"样式"任务窗格。

② 单击窗格左下角的"新建样式"按钮，打开"根据格式设置创建新样式"对话框。在"名称"文本框中输入样式名称"论文正文"，将"后续段落样式"下拉列表框设置为"论文正文"选项，撤选"自动更新"复选框。

③ 依次单击对话框左下角的"格式"按钮中的"字体"和"段落"命令，在打开的对话框

中，按"要求"分别设置论文正文的字体和段落样式。注意，要在"段落"对话框的"缩进和间距"选项卡中，撤选"如果定义了文档网格，则对齐网格"复选框，结果如图 3-76 所示。

④ 使用上述方法，新建"论文一级标题"、"论文二级标题"、"论文三级标题"、"关键词"、"图表标题"、"结束语"、"致谢"、"参考文献"等样式。其中，创建论文各级标题样式时，在"根据格式设置创建新样式"对话框中，将"样式基准"下拉列表框设置 Word 默认的同级标题样式；对于其他新建的样式，将"样式基准"下拉列表框设置为"正文"。另外，在所有新建样式对话框中，将"后续段落样式"下拉列表框设置为"论文正文"选项。

（2）应用样式。

① 将插入点置于文本"摘要"所在的行中，然后在"样式"窗格中单击列表框的"论文一级标题" 样式；使用同样的方法将文字"第×章 ……"、"致谢"、"参考文献"也设置成"论文一级标题"样式。

② 将"1.1……"等设置成"论文二级标题"样式。

③ 将"1.2.1……"等设置成"论文三级标题"样式。

④ 切换到"文件"选项卡，选择"选项"命令，打开"Word 选项"对话框。切换到"高级"选项卡，选中"保持格式跟踪"复选框，然后单击"确定"按钮，返回文档中。

⑤ 将插入点置于摘要的正文中，然后右击鼠标，从快捷菜单中选择"样式"→"选择格式相似的文本"命令，接着单击"样式"窗格中的"论文正文"样式，将该样式快速地应用到摘要、论文正文、致谢中。

⑥ 将摘要中"关键词："一行的文本格式按要求进行相应的设置。

⑦ 将"参考文献"样式应用到参考文献部分。

图 3-76 新建"论文正文"样式

2．设置论文页面

为了方便管理，首先对论文进行页面设置，并编辑论文封面的内容，然后将论文正文与封面页面合并，以便于直观地查看页面中的内容和排版是否适宜，避免事后修改。

（1）论文正文页面设置。

① 切换到"页面布局"选项卡，单击"页面设置"选项组中的"对话框启动器"按钮，打开"页面设置"对话框。

② 在"页边距"选项卡中，将"右边距"微调框设置为"2.54 厘米"，将"装订线"微调框设置为"0.5 厘米"。

③ 在"版式"选项卡中，选中"页眉和页脚"栏中的"奇偶页不同"复选框，并将"页眉"、

"页脚"微调框中的数值都设置为"1 厘米"。

④ 在"文档网格"选项卡中，选中"网格"栏的"无网格"单选按钮。

⑤ 单击"确定"按钮，完成对论文正文页面的设置。

（2）编辑论文内容。

① 打开 Word 文档"论文封面模板.docx"，将文本"二号黑体居中"修改为论文的标题"图书管理系统"，输入学生个人有关信息、指导教师及顾问教师信息。

② 选中"【中文日期】"等字符，切换到"插入"选项卡，单击"文本"选项组中的"日期和时间"按钮，打开"日期和时间"对话框。在"可用格式"列表框中选择如"二〇一四年一月"的格式，如图 3-77 所示，然后单击"确定"按钮。

③ 依次按"Ctrl+A"和"Ctrl+C"组合键，将论文封面复制到剪贴板中。

④ 显示文档"论文.docx"，将插入点置于文档开始处。切换到"页面布局"选项卡，单击"页面设置"选项组中的"分隔符"按钮，从下拉菜单中选择"奇数页"命令。接着，依次按"Ctrl+Home"和"Ctrl+V"组合键将封面复制到第一节中，结果如图 3-78 所示。

图 3-77 "日期和时间"对话框

图 3-78 封面与正文合并后的效果（局部）

⑤ 按 F12 键，打开"另存为"对话框，将文档保存在适当的位置，并命名为"论文送审稿"，单击"保存"按钮，封面与正文合并完成。

3．编辑论文中的表格

首先将表格从文档"论文中的表格.docx"复制到论文中，然后按"要求"对其中的内容进行格式设置，接着使用"插入题注"功能，为表格添加标签，以便使各对象变得有序，进而实现交叉引用。

（1）设置表格格式。

① 按"Ctrl+F"组合键打开"导航"窗格。在"查找内容"下拉列表框中输入文字"如表 3.1 所示"，确定表格的插入位置。

② 打开文档"论文中的表格.docx"，选中"book 数据库包含的数据表及其功能"表，然后按"Ctrl+C"组合键，将其复制到剪贴板中。

③ 显示文档"论文送审稿.docx"，将插入点置于查找到的段落最后，然后按"Ctrl+V"组合键，将表格粘贴到论文中。接着在插入点处按 Delete 键，将空行删除。

④ 选中整个表格，按"Ctrl+E"组合键，使表格居中对齐。在选定的表格中右击，从快捷菜单中选择"单元格对齐方式"→"水平居中"命令，以设置单元格中字符的格式。

⑤ 使用同样的方法，将表格"admin 表"复制到文字"如表 3.2 所示"的后面，并设置有关的格式。

（2）插入题注。

① 选中整个表格"表 3.1"，切换到"引用"选项卡，单击"题注"选项组中的"插入题注"

按钮，打开"题注"对话框。

② 单击"新建标签"按钮，打开"新建标签"对话框。在"标签"文本框中输入"表3."，如图3-79所示，单击"确定"按钮，返回"题注"对话框。

③ 将"位置"下拉列表框设置为"在所选位置上方"选项，如图3-80所示，然后单击"确定"按钮，在表格上方插入题注"表3.1"。

④ 在题注"表3.1"后按两次空格键，然后输入表名"book数据库包含的数据表及其功能"。接着，单击"样式"窗格中的"图表标题"样式，以设置满足"要求"指定的表格标题的格式。

图3-79 为表格创建标签

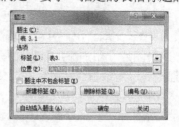

图3-80 为表格创建题注

⑤ 选中整个表格"表3.2"，然后打开"题注"对话框，"题注"文本框中已自动生成文本"表3.2"，直接单击"确定"按钮，表格上方出现题注"表3.2"。

⑥ 在题注"表3.2"后按两次空格键，然后输入表名"admin表"。接着，单击"样式"窗格中的"图表标题"样式。

（3）创建表格的交叉引用。

① 将文本"如表3.1所示"中的"表3.1"删除，并将插入点置于汉字"如"后，切换到"引用"选项卡，单击"题注"选项组中的"交叉引用"按钮，打开"交叉引用"对话框。

② 分别将"引用类型"和"引用内容"下拉列表框设置为"表3."和"只有标签和编号"，然后在"引用哪一个题注"列表框中选择"表3.1 test数据库包含的数据表及其功能"选项，如图3-81所示，接着单击"插入"按钮以创建交叉引用。

③ 将文本"如表3.2所示"中的"表3.2"删除，并将插入点置于汉字"如"后，回到"题注"对话框中，选择列表框的"表3.2 admin表"选项，然后单击"插入"按钮，为表3.2插入交叉引用。最后，单击"关闭"按钮，结果如图3-82所示。

图3-81 为表格创建交叉引用

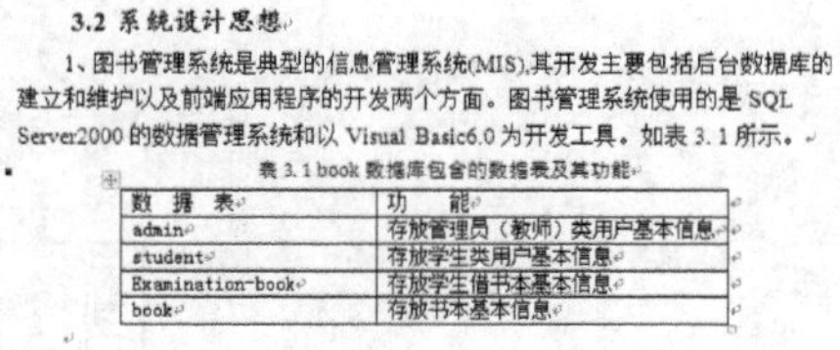

图3-82 表格排版后的结果

4．论文中的图文混排

首先将相关图片插入到论文中，然后使用"插入题注"功能为图片添加上标签，并实现交叉引用，最后设置表格中对象的格式。

（1）为图片创建题注和交叉引用。

① 将插入点定位于文本"用户登录逻辑流程图，如图所示。"后面，插入一个1行1列的

表格，并将产生的空行删除。

② 切换到"插入"选项卡，在"插图"选项组中单击"图片"按钮，在打开的"插入图片"对话框中找到图片"用户登录逻辑流程图"，并单击"插入"按钮，将其插入表格中。

③ 使用同样的方法，将图片"用户添加逻辑流程图"和"书籍查询逻辑流程图"分别插入到文本"用户添加逻辑流程图如图所示："和"书籍查询逻辑流程图，如图所示。"的段落之后。

④ 单击图片"用户登录逻辑流程图"，打开"题注"对话框。单击"新建标签"按钮，打开"新建标签"对话框。在"标签"文本框中输入文本"图 3-"，然后单击"确定"按钮，返回"题注"对话框后，单击"确定"按钮，图片下方出现题注"图 2-1"。接着在题注文字后按两次空格键，并输入文本"用户登录逻辑流程图"。

⑤ 单击图片"用户添加逻辑流程图"，打开"题注"对话框。单击"新建标签"按钮，打开"新建标签"对话框。在"标签"文本框中输入文本"图 3-"，然后单击"确定"按钮，返回"题注"对话框后，单击"确定"按钮，图片下方出现题注"图 3-1"。接着在后面输入图片名称。

⑥ 单击图片"书籍查询逻辑流程图"，打开"题注"对话框后，直接单击"确定"按钮创建题注。

⑦ 将插入点定位于文本"用户登录逻辑流程图，如图所示。"中的字符"如"之后，按 Delete 键将字符"图"删除。打开"交叉引用"对话框，将"引用类型"和"引用内容"下拉列表框分别设置为"图 3-"和"只有标签和编号"，接着在"引用哪一个题注"列表框中选择"图 3-1 用户登录逻辑流程图"选项，再单击"插入"按钮以插入交叉引用。

⑧ 使用同样的方法，为另外多张图片添加交叉引用。

（2）设置表格中对象的格式。

① 选中含有"图 3-1"的表格，单击"样式"窗格中的"图表标题"样式，使图片和题注居中对齐。

② 保持表格的选中状态，切换到"设计"选项卡，在"表格"选项组中单击"边框"按钮右侧的箭头按钮，从下拉列表中选择"无框线"选项，去掉表格的边框。

③ 参考步骤①、②中的方法，设置含有"图 3-1"和"图 3-2"的表格，结果如图 3-83 所示。

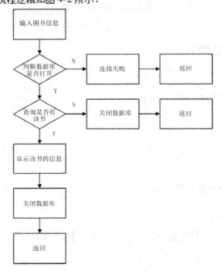

图 3-83　图文混排后的效果

5．创建论文目录

首先将论文分节，然后使用 Word 提供的生成目录的功能，在摘要后插入目录。

（1）对论文正文分节。

① 将插入点置于字符"第一章 序言"的前面，切换到"页面布局"选项卡，单击"页面设置"选项组中的"分隔符"按钮，从下拉菜单中选择"奇数页"命令。

② 在文本"第二章"、"第三章"、"第四章"、"结束语"、"致谢"、"参考文献"的前面插入"下一页"分节符。

（2）插入目录。

① 再次将插入点置于文字"第一章 绪论"的前面，插入"奇数页"分节符，在第 3 页插入一空白页。

② 将插入点置于第 3 页的首行，然后输入文本"目　录"，接着按 Enter 键，并切换到"引用"选项卡。单击"目录"选项组中的"目录"按钮，从下拉菜单中选择"插入目录"命令，打开"目录"对话框。

③ 由于要使用自定义的三级标题样式，故单击"选项"按钮，打开"目录选项"对话框。将"目录级别"下方文本框中的数字，除"论文一级标题"、"论文二级标题"和"论文三级标题"保留外，其余全部删除，如图 3-84 所示。单击"确定"，返回"目录"对话框。

图 3-84　设置目录选项

① "目录"选项卡中的设置已满足要求，如图 3-85 所示，直接单击"确定"按钮，即可插入目录。

② 将目录下方的文字全部选中，然后设置字体大小为小四号，结果如图 3-86 所示。

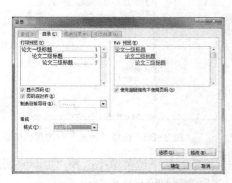

图 3-85　使用对话框创建论文目录

图 3-86　创建目录后的结果

6．设置论文的页眉和页脚

（1）创建论文的页眉。

① 将插入点置于"封面"页面中，切换到"插入"选项卡，单击"页眉和页脚"选项组中的"页眉"按钮，封面的页眉区中出现"输入文字"字样。由于封面中不书写页眉，可以依次按"Ctrl+A"组合键和 Delete 键将文字连同段落标记一起删除。切换到"设计"选项卡，单击"导航"选项组中的"下一节"按钮，将插入点置于摘要页的页眉区中。

② 单击"导航"选项组中的"链接到前一条页眉"按钮，断开与封面页的联系，然后在页眉区"输入文字"字样处输入"摘要"。选中页眉文本，将其字号设置为"五号"。接着单击"导航"选项组中的"下一节"按钮，将插入点置于目录页的页眉区中。

③ 单击"链接到前一条页眉"按钮，切断与摘要节的联系，并输入文本"目 录"。单击"导航"选项组中的"下一节"按钮，将插入点置于正文的页眉区中。

④ 使"链接到前一条页眉"按钮处于未选中状态，然后输入第一章的标题"绪论"，如图3-87 所示。单击"下一节"按钮，将插入点置于正文偶数页的页眉区中。

⑤ 使"链接到前一条页眉"按钮处于未选中状态，然后输入文本"神州大学毕业设计论文"，并将其字号设置为"五号"。

⑥ 依次设置第二章、第三章、第四章、第五章的页眉。其中，设置奇数页的页眉时，首先使"链接到前一条页眉"按钮处于未选中状态，然后输入相应章的标题；对偶数页的页眉不做任何设置，保持第一章偶数页的页眉即可。

⑦ 将"结束语"、"致谢"和"参考文献"两节的页眉分别设置为其标题文本，且不区分奇偶页。

⑧ 单击"设计"选项卡中的"关闭页眉和页脚"按钮，完成对页眉的设置。

（2）创建论文的页脚。

① 在页眉文本"摘要"上双击，进入其编辑状态。切换到"设计"选项卡，单击"导航"选项组中的"转至页脚"按钮，将插入点移至页脚区。

② 使"链接到前一条页眉"按钮处于未选中状态，然后按"Ctrl+E"组合键，使其居中对齐。单击"页眉和页脚"选项组中的"页码"按钮，从下拉菜单中选择"设置页码格式"命令，打开"页码格式"对话框。

③ 将"数字格式"下拉列表框设置为"I，II，III，…"选项，选中"起始页码"单选按钮，并将后面的微调框设置为"I"，如图3-88 所示。单击"确定"按钮，返回页脚区。

图 3-87 创建正文第一章的页眉　　　　　　图 3-88 设置"摘要"节的页码格式

④ 再次单击"页眉和页脚"选项组中的"页码"按钮，从下拉菜单中选择"页面底端"→"普通数字 2"命令，罗马数字页码出现在"摘要"节中的页脚区。

⑤ 单击"导航"选项组中的"下一节"按钮，将插入点置于"目录"节的页脚区。确保"链

接到前一条页眉"按钮处于未选中状态，使用与创建"摘要"节中相同的方法，将罗马数字页码插入其中。

⑥ 再次单击"下一节"按钮，将插入点置于"正文"节的页脚区。打开"页码格式"对话框，选中"起始页码"单选按钮，并将后面的微调框设置为"1"，然后单击"确定"按钮，返回文档中，阿拉伯数字页码出现在其中。

⑦ 单击"下一节"按钮，将插入点置于"正文"偶数页的页脚区，保持"链接到前一条页眉"按钮的选中状态，然后按"Ctrl+E"组合键，并单击"页眉和页脚"选项组中的"页码"按钮，从下拉菜单中选择"页面底端"→"普通数字 2"命令，将页码插入其中。多次单击"下一节"按钮，后续页面的页码已自动设置完成。

⑧ 单击"设计"选项卡中的"关闭页眉和页脚"按钮，完成对页脚的设置。

经过上述步骤，所有编辑与排版任务基本完成。在论文目录的内容中右击，从快捷菜单中选择"更新域"目录，打开"更新目录"对话框。由于生成目录后，只是设置了页眉和页脚，故直接单击"确定"按钮即可。更新后的目录内容如图 3-89 所示。再次按"Ctrl+S"组合键将文档存盘，接着小高通过 QQ 将论文传给了指导老师。

图 3-89　更新后的目录内容

3.3.3　相关知识学习

1．使用大纲视图

编辑 Word 文档过程中，可以为文档中的段落指定大纲级别，即等级结构为 1~9 级的段落格式。指定了大纲级别后，即可在大纲视图或"导航"窗格中处理文档。设置大纲级别的操作步骤如下。

（1）切换到"视图"选项卡，在"文档视图"选项组中单击"大纲视图"按钮，打开文档的大纲视图方式，在"大纲级别"栏中可以看到当选文本的大纲级别。

（2）单击每一个标题的任意位置，在"大纲工具"选项组中，从"大纲级别"下拉列表框中选择所需的选项，可以将该标题设置为相应的大纲级别。

（3）大纲级别设置完成后，从"显示级别"下拉列表框中选择合适的选项，即可显示文档的大纲视图效果，如图 3-90 所示。

（4）在大纲视图方式下，将光标定位于某段落中，单击"大纲工具"选项组中的"上移"或"下移"按钮，可以将该段落内容向相应的方向进行移动。

单击"关闭"选项组中的"关闭大纲视图"按钮，可以从大纲视图退出，返回页面视图方式。

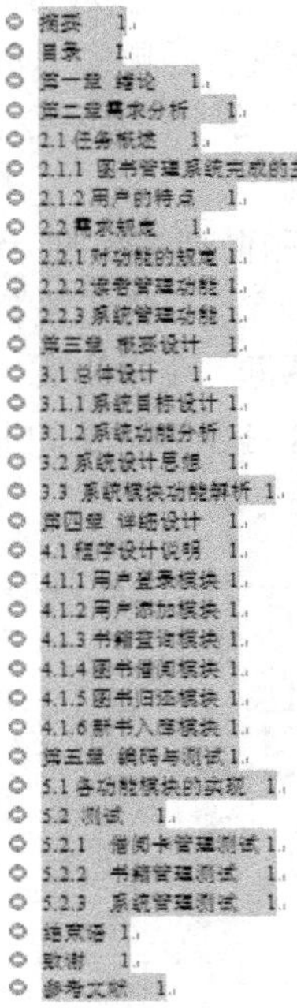

图 3-90　将大纲级别设置为"2 级"的结果

2．使用"导航"窗格

用 Word 编辑文档时，有时会遇到长达几十页甚至上百页的超长文档。在以往的 Word 版本中，浏览这种文档很麻烦，用关键字或用键盘上的翻页键查找，既不方便，也不精确。Word 2010 新增的"导航"窗格"可以解决上述问题，为用户提供精确导航。

切换到"视图"选项卡，在"显示"选项组内选中"导航视图"复选框，即可在 Word 2010 编辑区的左侧打开"导航"窗格。除了案例 2 中介绍的关键字导航，Word 2010 还提供了标题导航、页面导航和特定对象导航。

（1）文档标题导航。

当对超长文档事先设置了标题样式后，即可使用文档标题导航方式。打开"导航"窗格后，单击其中的"浏览你的文档中的标题"按钮，切换到文档标题导航方式，Word 2010 会对文档进行智能分析，并将文档标题在"导航"窗格中列出，如图 3-91 所示。单击其中的标题，即可自动定位到相关段落。

（2）文档页面导航。

用 Word 编辑文档会自动分页，文档页面导航就是根据 Word 文档的默认分页进行导航的。单击"导航"窗格中的"浏览你的文档中的页面"按钮，将切换到文档页面导航，Word 2010 会在"导航"窗格中以缩略图形式列出文档分页。只要单击分页缩略图，即可定位到相应页面查阅。

（3）特定对象导航。

单击搜索框右侧的"选项"按钮，从下拉菜单中选择所需的命令，可以快速查找文档中的图形、表格、公式等特定对象，如图 3-92 所示。

图 3-91　使用"导航"窗格

图 3-92　特定对象导航

3．添加题注和交叉引用

在撰写论文或报告时，图表和公式通常按照在章节中出现的顺序分章编号，如图 1-1、表 2-1 和公式 3-1 等；当正文中需要引用这些图表或公式时通常使用见表 2-1、如图 1-1 所示，参考公式 3-1 等。在论文的编辑过程中，图表和公式往往存在增加和减少的操作，题注和交叉引用可以让编辑者省去对编号维护的工作量。

（1）为图片和表格创建题注。

使用 Word 提供的题注功能，可以对图片和表格自动进行编号，从而节约手动输入编号的时间。下面以设置图片的题注为例，说明操作步骤。

① 切换到"引用"选项卡，在"题注"选项组中单击"插入题注"按钮，打开"题注"对话框，如图 3-93 所示。

② 在"标签"下拉列表框中选择所需的标签，如"图表"、"表格"或"公式"。如果所提供的标签不能满足要求，请单击"新建标签"按钮，打开"新建标签"对话框。在"标签"文本框中输入自定义的标签名，然后单击"确定"按钮，返回"题注"对话框，此时，新建的标签出现在"标签"列表中。单击"关闭"按钮，返回文档编辑窗口。

③ 在文档中插入一张图片，然后右击该图片，从快捷菜单中选择"插入题注"命令，在打开的对话框中单击"确定"按钮，即可在图片的下方自动插入标签和图号。如果要添加文字说明，只需在该题注的尾部输入文字内容。

选中题注，然后按 Delete 键即可将该题注清除。清除题注后，Word 自动更新其余题注的编号。

（2）创建交叉引用。

交叉引用可以将文档插图、表格等内容与相关正文的说明文字建立对应关系，从而为编辑操作提供自动更新手段。如果要创建交叉引用，可以参照如下步骤进行操作。

① 在文档中输入交叉引用开头的介绍文字，如"请参阅"，并将插入点置于该位置。

② 切换到"引用"选项卡，在"题注"选项组中单击"交叉引用"按钮，打开"交叉引用"对话框，如图 3-94 所示。

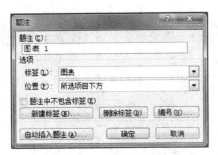

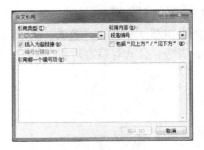

图 3-93 "题注"对话框　　　　　　　　图 3-94 "交叉引用"对话框

③ 在"引用类型"下拉列表框中选择所要引用的内容，如选择"标题"；在"引用哪一个标题"列表框中选择所要引用的项目。

④ 如果选中"插入为超链接"复选框，则引用的内容会以超链接的方式插入到文档中，单击它即可跳到引用的内容处。

⑤ 单击"插入"按钮，即可在当前位置添加相应图片的引用说明。

⑥ 如果还要插入其他的交叉引用，可单击文档并输入所需的附加文字，然后重复步骤③~⑤。交叉引用设置完毕后，请单击对话框的"关闭"按钮。

插入的交叉引用与普通文本没有什么区别，单击插入的文本范围时，其内容将会显示灰色的底纹。

此时，如果修改被引用位置上的内容，返回引用点时按 F9 组合键，即可更新引用点的内容。

4．制作目录和索引

目录是一篇长文档或一本书的大纲提要，用户可以通过目录了解文档的整体结构，以便把握全局内容框架。在 Word 中可以直接将文档中套用样式的内容创建为目录，也可以根据需要添加特定内容到目录中。很多科研书籍都会在末尾处包含索引，其内容是书籍中某些关键字词所在的页码。

（1）使用自动目录样式。

如果文档中的各级标题应用了 Word 2010 定义的各级标题样式，这时创建目录将十分方便，操作步骤如下。

① 检查文档中的标题，确保它们已经以标题样式被格式化。

② 将插入点移到需要目录的位置，切换到"引用"选项卡，在"目录"选项组中单击"目录"按钮，出现如图 3-95 所示的"目录"下拉菜单。

③ 单击一种自动目录样式，即可快速生成该文档的目录。

（2）自定义目录。

如果要利用自定义样式生成目录，请参照下述步骤进行操作。

① 将光标移到目标位置，切换到"引用"选项卡，在"目录"选项组中单击"目录"按钮，从下拉菜单中选择"插入目录"命令，打开"目录"对话框。

图 3-95 "目录"下拉菜单

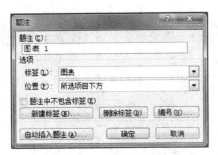

② 在"格式"下拉列表框中选择目录的风格，选择的结果可以通过"预览"框查看。如果选择"来自模板"，表示使用内置的目录样式格式化目录。如果选中"显示页码"复选框，表示在目录中每个标题后面将显示页码；如果选中"页码右对齐"复选框，表示让页码右对齐。在"制表符前导符"下拉列表框中指定文字与页码之间的分隔符。在"显示级别"下拉列表框中指定目录中显示的标题层次。

③ 如果要从文档的不同样式创建目录，例如，根据自定义的"一级标题"样式创建目录，可单击"选项"按钮，打开"目录选项"对话框。在"有效样式"列表框中找到标题使用的样式，通过"目录级别"文本框指定标题的级别，然后单击"确定"按钮。

④ 当要修改生成目录的外观格式时，可单击"目录"对话框中的"修改"按钮，在打开的"样式"对话框中选择目录级别，然后单击"修改"按钮，即可打开"修改样式"对话框修改该目录级别的格式。

⑤ 单击"确定"按钮，即可在文档中插入目录。

（3）更新目录。

当文档内容发生变化时，需要对其目录进行更新，操作步骤如下。

① 切换到"引用"选项卡，在"目录"选项组中单击"更新目录"按钮（或者右击目录文本，从快捷菜单中选择"更新目录"命令），打开"更新目录"对话框，如图 3-96 所示。

② 如果只是页码发生改变，可选择"只更新页码"单选按钮；如果有标题内容的修改或增减，可选择"更新整个目录"单选按钮。

③ 单击"确定"按钮，目录更新完毕。

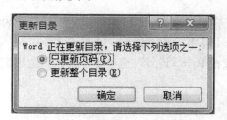

图 3-96　"更新目录"对话框

选中整个目录，然后按"Ctrl+Shift+F9"组合键，中断目录与正文的链接，目录被转换为普通文本。这时，可以像编辑普通文本那样直接编辑目录。

（4）制作索引。

由于索引的对象为"关键词"，因此在创建索引前必须对索引关键词进行标记，操作步骤如下。

① 在文档中选择要作为索引项的关键词，切换到"引用"选项卡，在"索引"选项组中单击"标记索引项"按钮，打开"标记索引项"对话框，如图 3-97 所示。

② 此时，在"主索引项"文本框内显示被选中的关键词，单击"标记"按钮，完成第一个索引项的标记。

③ 在对话框外单击鼠标，从页面中查找并选定第二个需要标记的关键词，然后回到"标记索引项"对话框，单击"标记"按钮。

④ 单击"关闭"按钮，将对话框关闭。

⑤ 定位到文档结尾处，单击"索引"选项组中的"插入索引"按钮，打开"索引"对话框，如图 3-98 所示。在"类型"栏中选择索引的类型，通常选择"缩进式"类型。在"栏数"文本

框中指定栏数以编排索引。用户还可以设置排序依据、页码右对齐等选项。

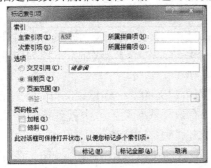

图 3-97 "标记索引项"对话框

图 3-98 "索引"对话框

⑥ 单击"确定"按钮，即可在光标位置创建索引列表。

5．设置页眉与页脚

位于打印纸张顶部、底部的说明信息分别称为页眉和页脚，其内容可以是页码、日期、作者姓名、单位名称、徽标及章节名称等。

（1）创建页眉和页脚。

使用 Word 编辑文档时，可以在进行版式设计时直接为全部的页面添加页眉和页脚。Word 2010 提供了许多漂亮的页眉、页脚格式，操作步骤如下。

① 切换到"插入"选项卡，在"页眉和页脚"选项组中单击"页眉"按钮，出现如图 3-99 所示的下拉菜单。

② 从下拉菜单中选择所需的格式后，即可在页眉区添加相应的格式，同时功能区中显示"页眉和页脚工具|设计"选项卡（以下简称"设计"选项卡）。

③ 输入页眉的内容，或者单击"设计"选项卡"插入"选项组内的按钮来插入一些特殊的信息，如图 3-100 所示。

图 3-99 "页眉"下拉菜单

图 3-100 "插入"选项组

④ 单击"导航"选项组中的"转至页脚"按钮，切换到页脚区，如图 3-101 所示。页脚的设置方法与页眉相同。

⑤ 单击"设计"选项卡上的"关闭页眉和页脚"按钮，返回到正文编辑状态。

（2）为奇偶页创建不同的页眉和页脚。

如果文档要双面打印，通常需要为奇偶页设置不同的页眉和页脚，操作步骤如下。

① 双击文档首页的页眉或页脚区，进入页眉和页脚编辑状态。

② 切换到"设计"选项卡，在"选项"选项组内选中"奇偶页不同"复选框，如图 3-102 所示。此时，页眉区的顶部显示"奇数页页眉"字样，用户可以根据需要创建奇数页的页眉。

图 3-101　"导航"选项组

图 3-102　"选项"选项组

③ 在"导航"选项组中单击"下一节"按钮，在页眉的顶部显示"偶数页页眉"字样，根据需要创建偶数页的页眉。

④ 如果想创建偶数页的页脚，则单击"导航"选项组中的"转至页脚"按钮，切换到页脚区进行设计。

⑤ 设置完毕后，单击选项卡中的"关闭页眉和页脚"按钮。

（3）修改与删除页眉和页脚。

在正文编辑状态下，页眉和页脚区呈灰色状态，表示在正文文档区中不能编辑页眉和页脚的内容。对页眉和页脚内容进行编辑的操作步骤如下。

① 双击页眉区或页脚区，进入对应的编辑状态，接着修改其中的内容，或者进行排版。

② 如果要调整页眉顶端或页脚底端的距离，请在"位置"选项组中的"页眉顶端距离"和"页脚底端距离"微调框内输入数值，如图 3-103 所示。

③ 单击"设计"选项卡中的"关闭页眉和页脚"按钮，返回正文编辑状态。

当用户不想显示页眉下方的默认横线时，可进行删除。首先，切换到"开始"选项卡，单击"样式"选项组的"对话框启动器"按钮，打开"样式"任务窗格。在列表框中右击"页眉"选项，从快捷菜单中选择"修改"命令，在打开的"修改样式"对话框中单击"格式"按钮，从弹出的列表中选择"边框"命令，打开"边框和底纹"对话框。在"边框"选项卡的"设置"栏中，选择"无"选项，然后单击"确定"按钮，返回"修改样式"对话框。单击"确定"按钮，完成对"页眉"样式的修改。

当文档中不再需要页眉时，可以将其删除，方法为双击要删除的页眉区，然后按"Ctrl+A"组合键以选取页眉文本和段落标记，接着按 Delete 键。

（4）设置页码。

一篇文章由多页组成时，为了便于按顺序排列与查看，可以为文档添加页码，操作步骤如下。

① 切换到"插入"选项卡，在"页眉和页脚"选项组中单击"页码"按钮，从下拉菜单中选择页码出现的位置，再从其子菜单中选择一种页码格式，如图 3-104 所示。

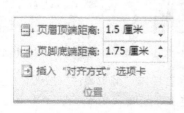

图 3-103　"位置"选项组

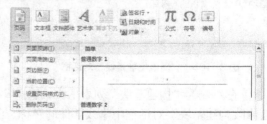

图 3-104　"页码"下拉菜单

② 如果要设置页码的格式，请从下拉菜单中选择"页码格式"命令，打开"页码格式"对

话框。

③ 在"编号格式"列表框中选择一种页码格式，如"1，2，3，…"、"i，ii，iii，…"等。

④ 如果不想从 1 开始编制页码，请设置"起始页码"微调框中的数字。

⑤ 单击"确定"按钮，关闭对话框。此时，可以看到修改后的页码。

6．使用文档部件

对于在文档中重复使用的文本、段落或图片等，可以将它们保存为文档部件，然后在需要调用的位置快速插入。

（1）构建与调用文档部件。

经验丰富的 Office 用户常将多次使用的自我介绍、欢迎辞等 Word 文档片段制作为文档部件，便于日后再次使用这些内容，从而大大节省了查找原文出处、复制及粘贴的时间，操作步骤如下。

① 在 Word 文档中选取图文内容，切换到"插入"选项卡，在"文本"选项组中单击"文档部件"按钮，从下拉菜单中选择"将所选内容保存到文档部件库"命令，打开"新建构建基块"对话框。

② 在"名称"文本框中输入此文档部件的名称。为方便识别，可以在"说明"文本框中输入描述文字，如图 3-105 所示。

③ 单击"确定"按钮，一个文档部件构建完成。

在编辑文档的过程中，使用已有文档部件的方法为将光标移至目标位置，在"插入"选项卡的"文本"选项组中，单击"文档部件"按钮，从下拉菜单中选择所需文档部件的缩略图即可。

（2）整理已有的文档部件。

经过一段时间的使用，Word 文档部件库中可能会积累大量的文档部件，对它们进行归类整理的操作步骤如下。

① 切换到"插入"选项卡，在"文本"选项组中单击"文档部件"按钮，从下拉菜单中选择"构建基块管理器"命令，打开"构建基块管理器"对话框，如图 3-106 所示。

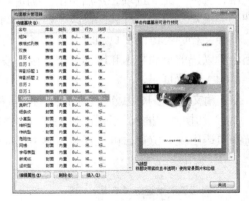

图 3-105　"新建构建基块"对话框　　　　图 3-106　"构建基块管理器"对话框

② 在左侧的"构建基块"列表框中，选择要设置的部件并单击"编辑属性"按钮，在打开的"修改构建基块"对话框中修改部件的名称、归属的库类型等选项。

③ 单击"确定"按钮后，在弹出的对话框中单击"是"按钮返回"构建基块管理器"对话框，构建基块修改操作完毕。

④ 在"构建基块"列表框中选定不再需要的文档部件后，单击"删除"按钮，可以将其移除。

3.3.4 操作实训

1. 选择题

（1）在 Word 中，对标尺、缩进等格式设置除了使用厘米为度量单位外，还增加了字符为单位度量，这通过（   ）显示的对话框中的有关复选框来进行度量单位的选取。

A. "工具/选项"命令的常规"标签"

B. "工具/选项"命令的常规"编辑"

C. "格式/段落"命令

D. "工具/自定义"命令的"选项"标签

（2）Word 中，增加了"个性化菜单"技术，以下叙述不正确的是（   ）。

A. 菜单项最后有""，表示个性化菜单设置起作用

B. 使得菜单具有动态显示的效果

C. 菜单根据个人需要，随意显示不同的菜单项

D. 要取消个性化菜单设置，可用"工具/自定义"命令的"选项"标签进行有关的设置

（3）Word 中，可以通过"打开"或"另存为"对话框对选定的文件进行管理，但不能对选择的文件进行(   )操作。

A. 复制   B. 重命名   C. 删除   D. 修改属性

（4）某段设置的行距为 12 磅的"固定值"，在该段落中插入一幅高度大于行距的图片，结果为(   )。

A. 系统显示为错误信息，图片不能插入

B. 图片能插入，系统自动调整行距，以适应突破高度的要求

C. 图片能插入，突破自动浮于文字上方

D. 图片能插入，但无法全部显示插入的图片

（5）在页眉或页码插入的日期域代码在文档打印时（   ）。

A. 随实际系统日期改变   B. 固定不变

C. 变或不变根据用户设置   D. 无法预见

2. 填空题

（1）在 Word 2010 中插入表格后，会出现_____选项卡，对表格进行"设计"和"布局"的操作设置。

（2）在 Word 2010 中，文本框的排版方式有_____和_____两种。

（3）Word 2010 中，绘制图形的视图方式为_____。

（4）设置图片大小时，选择_____复选框可以保证图片按原来的宽高比例进行缩放。

（5）Word 2010 提供了 4 种不同类型的分节符，分别是_____、_____、_____和_____。

3. 操作题

请在打开的 Word 的文档中进行下列操作。完成操作后，请保存文档，并关闭 Word。

（1）在正文第 1 段"眼下的校园生活……做了如上描述。"前添加标题文字为"谁动了大学生的钱袋子"，字体为"隶书"，字号为"二号"，颜色为主题颜色"深蓝，文字 2"，字形为"粗体"，对齐方式为"居中"。为标题添加尾注"大学生状况社会调查"，设置为小五号字。

（2）页面设置，纸张大小为"16 开(18.4cm×26cm)"，上、下、左、右页边距均为"1.5 厘

米"，每页 34 行，每行 42 个字符，各段首行缩进 2 个字符。

（3）设置正文"1."温饱"消费只占三成——吃饭穿衣每月花费不大"、"2.手机、电脑、MP3 电子产品消费——大学生不亚于白领"……"6.考证、出国——大学生消费新增长点"等 6 个小标题字体为"黑体"，字形为"加粗"，段前、段后间距均为"7.75 磅"。

（4）设置正文第 3 段"大学生是如何……新增长点。"边框为"阴影"，颜色为主题颜色"蓝色，强调文字颜色 1"，宽度为"1.5 磅"，行距为"18 磅行距"，底纹填充色为主题颜色"白色，背景 1，深色 15%"，作用于段落。

（5）设置页眉文字为"谁动了大学生的钱袋子"，对齐方式为"居中"。

（6）设置正文最后一段"此次调查也发现……支出会超标。"分栏，栏数为"2 栏"，偏左，栏间添加"分隔线"。

（7）参考样张所示，在第 5 段"本次调查以……其中一名被访者回答说。"中部插入考生文件中的图片"picture.jpg"，环绕方式为"四周型"，图片高度为"83.3 磅"宽度为"170.4 磅"。

（8）插入样式所示的三线表格。

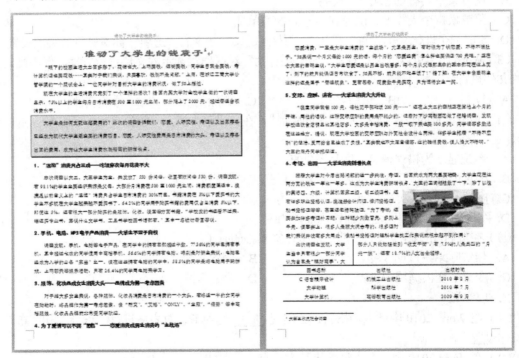

3.4　实例 4：豆浆机产品说明书

3.4.1　实例描述

上海蓝天机械制造有限公司刚刚研发了一台型号为 T-30 的新式商用豆浆机。为了让用户在购买该产品时了解该产品的结构、原理、使用方法与注意事项，公司指派秘书部的小黄在参考文字和图片素材的基础上，为该型号的产品编制一份产品说明书。说明书必须具备以下特色与要求。

（1）封面设计简洁且突出重点，包含公司名称、产品型号、文档名称与产品图片等元素。

（2）根据公司产品开发的需要，定制出适合为以后研发产品使用的说明书模板。

（3）在说明书中插入图片，并且有美观的图文混排效果。

（4）不同的主题或者重点应排版在不同的页面上。

（5）对于产品结构的介绍，以标注的形式展示。

（6）将繁多的内容分栏排版。

（7）重点术语或者词组插入注释。

小黄在仔细学习了《工业产品使用说明书总则》中关于工业产品说明书的内容及编写方法的基础上，经过技术分析，充分利用 Word 2010 提供的相关技术，经过精心设计与制作，圆满完成了该任务，成果如图 3-107 所示。

图 3-107　豆浆机说明书成果图

本实例实现技术解决方案如下。

（1）创建模板文件前，要设置好页面大小、样式等基础格式，然后将文档以 dotx 格式进行保存。套用模板时，只需打开模板文件，然后将其保存成 docx 格式的文件。

（2）通过"分隔符"下拉菜单，可以将文档进行分页或分节处理。

（3）插入图片后，通过调整其大小和位置，可将其作为封面或者背景。在"图片工具|格式"选项卡中可以设置图片与文字的环绕方式、图片的样式等。

（4）通过"分栏"对话框，可以将制定内容分成相同或者不同大小的双栏或多栏。

（5）通过"插入表格"对话框和"表格工具|设计"选项卡，可以快速创建具有特定样式效果的表格。

（6）通过插入自选图形，可以为文档的指定部分添加标注图形。

（7）通过插入脚注和尾注，可以为文档添加必要的注释。

3.4.2 实例实施过程

1．制作说明书模板

首先，使用 Word 定制一份模板，设置相关的页面尺寸与样式等基本信息。当需要为新产品编写说明书时，直接使用该模板即可。

（1）设置模板页面。

① 打开 Word 2010 应用程序，切换到"页面布局"选项卡，单击"页面设置"选项组中的"对话框启动器"按钮，打开"页面设置"对话框。

② 切换到"纸张"选项卡中，将"纸张大小"下拉列表框设置为"自定义大小"，将"宽度"、"高度"微调框分别设置为"10.5 厘米"和"14.8 厘米"。

③ 在"页边距"选项卡的"页边距"栏中，将"上"、"下"微调框设置为"1.27 厘米"；将"左"、"右"微调框设置为"1 厘米"，如图 3-108 所示，最后单击"确定"按钮。

（2）设置模板样式。

① 切换到"开始"选项卡，单击"样式"选项组中的"对话框启动器"按钮，打开"样式"任务窗格，然后右击列表中的"标题 1"选项，从快捷菜单中选择"修改"命令，打开"修改样式"对话框。在"格式"栏中，将"字号"下拉列表框设置为"四号"，如图 3-109 所示。

图 3-108　"页边距"选项卡

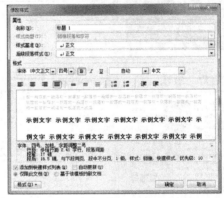

图 3-109　"修改样式"对话框

② 单击对话框中的"格式"按钮，从弹出的菜单中选择"段落"命令，打开"段落"对话框。在"缩进"栏中，将"特殊格式"下拉列表框设置为"悬挂缩进"，并将"度量值"微调框修改为"0.74 厘米"；在"间距"栏中，将"段前"、"段后"微调框设置为"0 行"，在"行距"下拉列表框中选择"最小值"，并将"设置值"微调框设置为"12 磅"。设置完成后，单击"确定"按钮，返回"修改样式"对话框后单击"确定"按钮，完成对"标题 1"样式的修改。

③ 参考上述步骤，将"标题 2"样式的格式设置如下：字号设置为"五号"，文字倾斜、不加粗；段落的对齐方式设置为"两端对齐"，段前、段后间距设置为"3 磅"，行距设置为"单倍行距"。

④ 将"正文"样式的格式做如下设置：字号设置为"小五号"；段落的对齐方式设置为"两端对齐"；为段落设置"首行缩进"，度量值为"0.63 厘米"。

（3）按"Ctrl+S"组合键，打开"另存为"对话框。在"保存类型"下拉列表框中选择"Word 模板"选项，在"文件名"文本框中输入文字"说明书模板"，最后单击"确定"按钮，将文档保存成模板文件。

2．编辑说明书内容

在撰写文件或将作为出版物的稿件时，通常会将指定内容编排在同一页上，以保证页面排版的美观。在编制说明书前，需要预算各页面容纳的内容，以便作出最佳的分页处理。

（1）载入模板并套用格式。

① 在保存说明书模板的文件夹中双击文件"说明书模板.dotx"，Word 2010 以该模板创建了名称为"文档 1"的空白文档。打开"样式"任务窗格，单击其中的"正文"样式，然后在编辑区输入说明书的所有标题，如图 3-110 所示。

② 按住 Ctrl 键不放，选择除"清洗"、"浸泡"、"磨浆"和"煮浆"外的文字，然后单击"样式"任务窗格中的"标题 1"样式。

③ 选择"清洗"、"浸泡"、"磨浆"和"煮浆"文字，为其套用"标题 2"样式。

④ 按下"Ctrl+A"组合键选取全部文档内容，切换到"开始"选项卡，单击"段落"选项组中的"多级列表"按钮，从下拉菜单中选择如图 3-111 所示的命令。

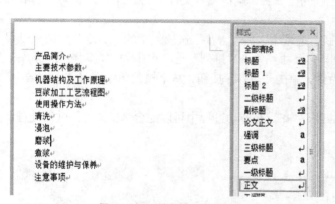

图 3-110　输入说明书标题

图 3-111　选择多级列表样式

（2）将内容分页。

① 将插入点定位于标题文字"产品简介"之前，切换到"页面布局"选项卡，单击"页面设置"选项组中的"分隔符"按钮，从下拉菜单中选择"下一页"命令，如图 3-112 所示。此时，文档被分为两节：第一节为空白页，将用于插入封面；第二节用于编辑说明书的内容。

② 切换到"开始"选项卡，单击"段落"选项组中的"显示/隐藏编辑标记"按钮，使其处于按下状态。将插入点定位于文字"分节符（下一页）"所在行的最左侧，接着单击"样式"任务窗格中"正文"选项，清除空白页中的"标题 1"样式。

③ 将插入点移至标题文字"主要技术参数"之后，切换到"页面布局"选项卡，单击"页面设置"选项组中的"分隔符"按钮，从下拉菜单中选择"下一页"命令。此时，在新页的页首会插入一空行，按 Delete 键将其删除。

④ 使用上述方法，将"3.机器结构及工作原理"、"4.豆浆加工工艺流程图"、"5.使用操作方式"、"设备的维护与保养"、"注意事项"等内容分隔成独立的页面，结果如图 3-113 所示。

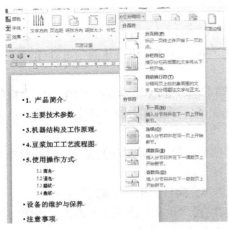

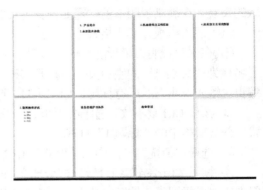

| 图 3-112　插入"下一页"分隔符 | 图 3-113　将内容分页后的结果 |

（3）制作说明书封面。

① 将插入点移至首页，切换到"插入"选项卡，单击"插图"选项组中的"图片"按钮，在打开的"插入图片"对话框中指定正确的位置后，选择图片文件"封面.jpg"，如图 3-114 所示，最后单击"插入"按钮。

② 选择插入的图片，切换到"格式"选项卡，将"大小"选项组中的"高度"微调框设置为"14.8 厘米"，使图片与页面具有相同的尺寸。单击"排列"选项组中的"自动换行"按钮，从下拉菜单中选择"浮于文字上方"命令，单击"对齐"按钮，从下拉菜单中选择"左右居中"命令。

③ 拖动图片，使其边缘与页面的四周对齐，在拖动过程中可以配合 Alt 键进行微调处理。调整后的封面效果如图 3-115 所示。

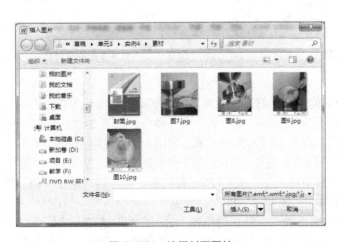

| 图 3-114　选择封面图片 | 图 3-115　制作的说明书封面效果 |

（4）将文字素材复制到文档相应的位置，结果如图 3-116 所示。

图 3-116　文字素材添加到文档后的效果

（5）设置分栏排版。

对文档部分内容进行分栏排版，不但易于阅读，还能有效利用纸张的空白区域。可以考虑将"清洗"、"浸泡"、"磨浆"和"煮浆"4个主题的内容设置成双栏版式，并在栏间添加分隔线。

① 将插入点移至第6页的标题"5.使用操作方式"的内容之后，切换到"页面布局"选项卡，单击"页面设置"选项组中的"分隔符"按钮，从下拉菜单中选择"连续"分节符类型，使该标题的内容不受分栏影响。

② 将光标处的空行删除，接着选择要分栏的内容，单击"页面设置"选项组中的"分栏"按钮，从下拉菜单中选择"更多分栏"命令，打开"分栏"对话框。在"预设"栏中选择"两栏"样式，接着选中"分隔线"复选框，如图3-117所示，最后单击"确定"按钮。

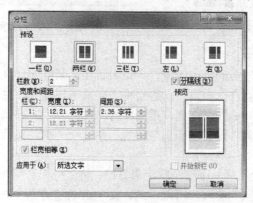

图 3-117　"分栏"对话框

（6）选取"注意事项"后的所有文本，切换到"开始"选项卡，在"段落"选项组中单击"编号"按钮右侧的箭头按钮，从下拉菜单中选择第2行第1列的命令，使文档便于阅读。

3．管理图文混排

相对于单纯的文字而言，图片直观性强，而且更容易说明问题，因此使用图片是文档编排的常用手法之一。

（1）设置文字环绕。

① 在文档的第 4 页中，将光标移至文字"如图（1）"之前以指定图片的插入点，然后通过"插入图片"对话框将素材文件"图 1.jpg"插入文档中。

② 选择插入的图片，将鼠标指针移至图片右下角的节点上，按住左键并向左上角拖动以缩小图片。接着通过"自动换行"下拉菜单命令，将图片设置为"紧密型环绕"。

③ 选择环绕方式后，图片的大小和位置可能还不太理想，须再次调整图片的大小，并将其移至段落文字的右方，如图 3-118 所示。

④ 将素材图片"图 2.jpg"和"图 3.jpg"插入到第 5 页的内容如图所示的相应位置中，将其环绕方式设置为"四周型环绕"，适当调整图片的位置和大小。切换到"格式"选项卡，单击"排列"选项组中的"位置"按钮，从下拉菜单中选择"其他布局选项"命令，打开"布局"对话框。切换到"文字环绕"选项卡，将"距正文"栏中 "上"、"下"、"左"、"右"这 4 个微调框都设置为"0 厘米"，如图 3-119 所示，然后单击"确定"按钮。

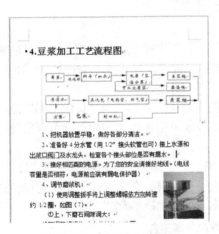

图 3-118　设置紧密型环绕

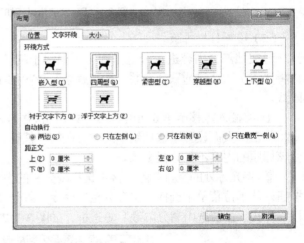

图 3-119　设置图片与文字的距离

（2）编辑图片环绕顶点。

如果图片的边缘留有较多的空白区域，无论设置多么紧密的环绕程度，都会显得疏松。此时，可以对图片的环绕顶点进行编辑，以达到将文字紧密环绕图片主体部分的目的。

① 将素材图片"图 3.jpg"插入到"重新穿好"的内容中，并调整到适当的位置和大小。切换到"格式"选项卡，将其设置为四周型环绕，然后在"自动换行"下拉菜单中选择"编辑环绕顶点"命令。

② 此时，图形四周会出现一个红色的矩形方框，将鼠标指针移至右上角节点上，按住左键并向左下角拖动以调整节点的位置。可以看到，文字自动随着虚线框的缩小而收紧。接着，在线框左边上按住左键并向右拖动鼠标，新增一个节点并调整位置，如图 3-120 所示。

③ 使用上述方法新增并移动其他节点，然后拖动图片调整其位置。

图 3-120 编辑图片环绕顶点

4. 制作说明书图表

一般的产品说明书都以表格的形式介绍产品的配置与规格。另外，可以用标注对产品的使用方法或结构进行说明。

（1）快速制作表格并输入内容。

① 将插入点置于文字"主要技术参数"之下，切换到"插入"选项卡，单击"表格"选项组中的"表格"按钮，从下拉菜单中选择"插入表格"命令，打开"插入表格"对话框，将"列数"、"行数"微调框分别设置为"2"和"6"，如图 3-121 所示。单击"确定"按钮，完成表格的初步制作。

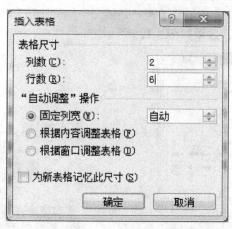

图 3-121 "插入表格"对话框

② 确保光标位于表格的单元格中，切换到"设计"选项卡，在"表格样式选项"选项组中，撤选"标题"和"第一列"复选框；在"表格样式"选项组的列表框中选择"浅色底纹"选项，如图 3-122 所示。

③ 在表格中输入各项规格的内容，结果如图 3-123 所示。

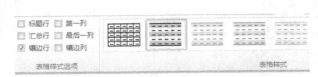

図 3-122　设置表格样式和格式

2.主要技术参数

电源	电压 220V/50Hz
加热功率	6kw
磨浆电机功率	750 w
煮浆锅容量	40L
进水接头	1/2"（4分外丝）
外型尺寸	长 1080*宽 530*高 1350

図 3-123　输入与编辑表格内容

（2）插入图形标注。

① 将素材图片"T-30.jpg"插入到"4.机器结构及工作原理"的内容之后，并调整图片大小。

② 切换到"插入"选项卡，单击"插图"选项组中的"形状"按钮，从下拉菜单中选择"线型标注 2"样式。

③ 在刚插入的图片附近按住左键并拖动鼠标，然后将标注点拖到图片的时间旋钮处，接着调整标注框的大小，并输入文字"出水管"，使其居中对齐。在拖动过程中可以配合 Alt 键以设定图框的大小。

④ 单击标注框的边框，切换到"格式"选项卡，在"形状样式"选项组中，单击"主题填充"列表框的下拉箭头按钮，从弹出的列表中选择"细微效果-蓝色，强调颜色 1"选项。单击"对话框启动器"按钮，打开"设置形状格式"对话框。

⑤ 切换到"线型"选项卡，将"箭头设置"栏中的"后端类型"下拉列表框设置为"圆形箭头"，如图 3-124 所示，单击"关闭"按钮，"时间旋钮"标注框设置完成。

⑥ 按住 Ctrl 键不放，拖动制作好的标注图形进行快速复制操作，接着拖动黄色标注点以调整标注线的指向和位置，最后将标注框中的文字修改为"水箱"。使用相同的方法制作出其余的 3 个标注图形，并将其中的文字分别修改为"开关"、"挡位按钮"和"豆浆出口"，接着根据图框中的文字调整标注的大小，效果如图 3-125 所示。

図 3-124　设置标注图形的格式

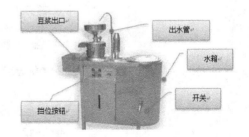

図 3-125　标注图形制作完成后的效果

5．添加注释

在说明书中通常会出现一些专业术语，可以通过添加注释的方式对它们进行说明。可以考虑为电源添加脚注，为正文中第一次出现的豆浆机添加尾注。

（1）在文档第 4 页中选择图片下方的文本"电源"，切换到"引用"选项卡，单击"脚注"选项组中的"插入脚注"按钮，在光标处输入脚注文本"电源是家庭用电为 220V。"。

（2）在文档的第2页选择"豆浆机"，然后单击"脚注"选项组中的"插入尾注"按钮，在光标处输入尾注内容。

至此，豆浆机的说明书制作完成。

3.4.3 相关知识学习

1．页面设置

Word 2010 提供了丰富的页面设置选项，允许用户根据自己的需要更改页面的大小、设置纸张的方向、调整页边距大小，以满足各种打印输出需求。

（1）设置页面大小。

Word 2010 以办公最常用的 A4 纸为默认页面。如果用户需要将文档打印到 A3、16K 等其他不同大小的纸张上，最好在编辑文档前，修改页面的大小。

切换到"页面布局"选项卡，在"页面设置"选项组（见图 3-126）中单击"纸张大小"按钮，从下拉菜单中选择需要的纸张大小规范，即可设置页面大小，如图 3-127 所示。

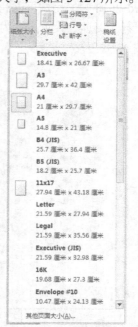

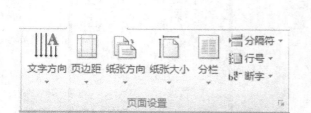

图 3-126　"页面设置"选项组　　　　图 3-127　"纸张大小"下拉菜单

如果要自定义特殊的纸张大小，可选择下拉菜单中的"其他页面大小"命令，打开"页面设置"对话框，在"纸张"选项卡的"纸张大小"栏中进行相应的设置。

（2）调整页边距。

默认情况下，Word 文档页面左右两边到正文的距离为 3.17 厘米，上下两边到正文的距离为 2.54 厘米。当这个页边距不符合打印需求时，用户可以自行进行调整，操作步骤如下。

① 切换到"页面布局"选项卡，在"页面设置"选项组中单击"页边距"按钮，从下拉菜单中选择一种边距大小，如图 3-128 所示。

② 如果要自定义边距，请选择"自定义边距"命令，打开"页面设置"对话框。切换到"页边距"选项卡，在"上"、"下"、"左"、"右"微调框中，设置页边距的数值。

③ 如打印后要装订，请在"装订线"微调框输入装订线的宽度，在"装订位置"下拉列表

框中选择"左"或"上"。当文档准备双面打印装订时，还需要在"页码范围"栏中，将"多页"下拉列表框设置为"对称页边距"选项。

④ 选择"纵向"或"横向"选项，决定文档页面的方向。在"应用于"下拉列表框中选择要应用新页边距设置的文档范围。

⑤ 单击"确定"按钮，设置完成。

在"页面设置"对话框中，"版式"选项卡用于设置页眉和页脚在文档中的编排，具体使用方法见案例4。"文档网格"选项卡主要用于设置文字的排列方向，文档分栏数，每页中的字符行数，每行中的字符个数等。

（3）修改页面背景。

在使用 Word 2010 编辑文档时，用户可以根据需要对页面进行必要的装饰，如添加水印效果、调整页面颜色、设置稿纸等。

① 稿纸化。

在 Word 2010 中，用户可以利用稿纸化功能，将文档内容填入方格型或行线型的网格，让文档内容更易于阅读，设置方法为切换到"页面布局"选项卡，在"稿纸"选项组中单击"稿纸设置"按钮，打开"稿纸设置"对话框，如图 3-129 所示，然后在各栏目中进行设置。

图 3-128　"页边距"下拉菜单

图 3-129　"稿纸设置"对话框

② 水印效果。

为了声明版权、强化宣传或美化文档，用户可以在文档中添加水印，方法为切换到"页面布局"选项卡，在"页面背景"选项组中单击"水印"按钮，从下拉菜单中选择简单水印样式，如图 3-130 所示。

如需要呈现其他文字或图片水印，可选择"自定义水印"命令，在打开的"水印"对话框内选中"图片水印"单选按钮，如图 3-131 所示。单击"选择图片"按钮，在打开的"插入图片"对话框中选择要作为水印的图片，单击"插入"按钮，返回"水印"对话框后单击"确定"按钮。若要添加文字水印，请选择"文字水印"单选按钮，然后设置文字内容、格式和版式等。

图 3-130 　"水印"下拉菜单

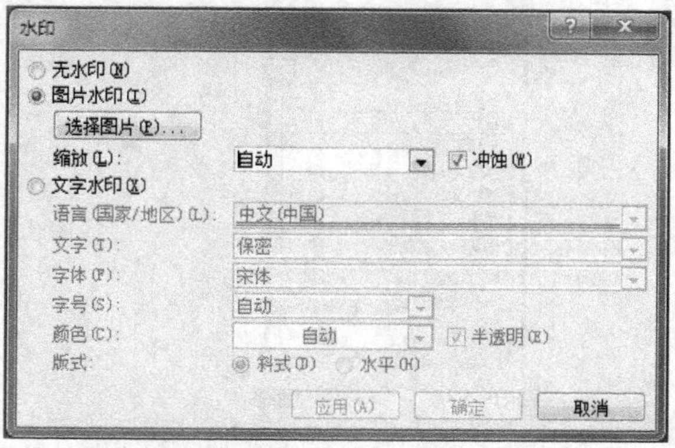

图 3-131 　"水印"对话框

③ 调整页面颜色。

当用户对白纸黑字的经典配色产生视觉疲劳时，可以根据需要调整页面颜色。例如，将长篇幅文档的页面颜色调整为橄榄绿，阅读时就感觉舒服多了。调整页面颜色的方法为切换到"页面布局"选项卡，在"页面背景"选项组中单击"页面颜色"按钮，从下拉菜单中选择一种主题颜色，如图 3-132 所示。如果 Word 提供的现有颜色都不符合自己的需求，可以选择"其他颜色"命令。打开"颜色"对话框，在"自定义"选项卡中手工设置 RGB 值。

当编辑非商业文档时，可以选择"填充效果"命令，打开"填充效果"对话框，如图 3-133 所示，在"渐变"、"纹理"、"图案"或"图片"选项卡中设置填充的页面背景。

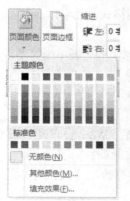

图 3-132 　"页面颜色"下拉菜单

图 3-133 　"填充效果"对话框

2．使用样式与模板

样式和模板是 Word 中最重要的排版工具。应用样式可以直接将文字和段落设置成事先定义好的格式，应用模板可以轻松制作出精美的信函、商务文书等文件。

（1）创建新样式。

样式是一套预先调整好的文本格式，可以应用于一段文本，也可以应用于几个字，所有格式都是一次完成的。系统自带的样式为内置样式，用户无法将它们删除，但可以对其进行修改。用户可以根据需要创建新样式，操作步骤如下。

① 切换到"开始"选项卡，单击"样式"选项组中的"对话框启动器"按钮，打开"样式"窗格，如图 3-134 所示。单击"新建样式"按钮，打开"根据格式设置创建新样式"对话框，如图 3-135 所示。

图 3-134　"样式"窗格　　　　　图 3-135　"根据格式设置创建新样式"对话框

② 在"名称"文本框中输入新建样式的名称。注意，尽量取有意义的名称，同时不能与系统默认的的样式同名。

③ 在"样式类型"下拉列表框中选择样式类型，包括字符、段落、链接段落和字符、表格和列表 5 个选项。根据创建样式时设置的类型不同，其应用范围也不同。例如，字符类型用于设置选中的文字格式，而段落类型可用于设置整个段落的格式。

④ 在"样式基准"下拉列表框中列出了当前文档中的所有样式。如果要创建的样式与其中某个样式比较接近，可选择该样式，新样式会沿用选择样式的格式，只要稍作修改，就可以创建新的样式。

⑤ 在"后续样式"下拉列表框中显示了当前文档中的所有样式，其作用是在编辑文档的过程中按 Enter 键后，转到下移段落时自动套用样式。

⑥ 在"格式"选项组中，可以设置字体、段落的常用格式，如字体、字号、字形、字体颜色、段落对齐方式以及行间距等。

⑦ 根据实际情况，用户还可以单击"格式"按钮，从弹出的列表中选择要设置的格式类型，然后在打开的对话框中进行详细的设置。

⑧ 单击"确定"按钮，新样式创建完成。

（2）修改与删除样式。

对内置样式和自定义样式都可以进行修改。修改样式后，Word 会自动更新整个文档中应用该样式的文本样式。修改样式时，首先通过以下方法打开"修改样式"对话框。

① 在"样式"选项组中，右击快速样式库列表框内要修改的样式，从快捷菜单中选择"修改"命令，如图 3-136 所示。

② 打开"样式"窗格，单击样式名右侧箭头按钮，从列表中选择"修改样式"命令；或者右击样式名，从快捷菜单中选择"修改样式"命令。

③ 在"修改样式"对话框中，用户可以根据需要重新设置样式，方法与操作"根据格式设置创建新样式"对话框基本类似。

④ 打开"样式"窗格，单击样式名右侧箭头按钮，或右击样式名，从快捷菜单中选择如"删除'二级标题'"命令（根据具体样式名不同各异），即可删除不再使用的样式。

（3）使用与管理模板。

在 Word 2010 中，模板是一种框架，它包含了一系列的文字和样式等项目，文档都是在模板的基础上建立的。下面介绍与模板相关的操作，包括新建模板、在新建文档中使用模板、将修改后的样式保存到模板以及管理模板中的样式。

① 新建模板。

切换到"文件"选项卡，选择"新建"命令，在中间窗格的"可用模板"中选择"我的模板"选项，打开"新建"对话框。在"新建"选项组内选中"模板"单选按钮，如图 3-137 所示。然后，单击"确定"按钮，新建一个名称为"模板 1"的空白文档窗口。在文档中可以修改各种格式、样式和文本，然后选择"文件"选项卡，单击"保存"命令将模板保存起来，其扩展名为 dotx。

图 3-136　修改快速样式库的快捷菜单

图 3-137　用于新建模板的对话框

② 使用已有模板。

新建模板后，新建 Word 文档可以利用该模板为基础，创建具有相同样式的文档，并为新文档中的内容设置格式，方法为启动 Word 2010 后，切换到"文件"选项卡，选择"新建"命令，在"可用模板"列表中选择"我的模板"选项，在打开的"新建"对话框中选择所需模板，然后单击"确定"按钮。

除了在新建文档时使用模板外，也可以从已存在的文档中套用模板。切换到"文件"选项卡，选择"选项"命令，打开"Word 选项"对话框。单击左侧的"加载项"按钮，然后在右侧的"管理"下拉列表框中选择"模板"选项，如图 3-138 所示。单击"转到"按钮，打开"模板和加载项"对话框，如图 3-139 所示，在"模板"选项卡中单击"选用"按钮，在弹出的"选用模板"对话框中选择所需的模板，如图 3-140 所示，然后单击"打开"按钮。选中"自动更新文档样式"复选框，可以自动更新文档中应用的样式。

图 3-138　"Word 选项"对话框

图 3-139　"模板和加载项"对话框

图 3-140 "选用模板"对话框

③ 管理模板中的样式。

如果多个文档套用了一个样式，就会涉及对模板中样式的管理问题。用户在套用模板的文档中修改了样式或新建样式后，其他套用相同模板的文档也会对修改的样式做出反应或添加新建的样式。

在套用模板的文档中打开"样式"窗格，右击要修改的样式并选择"修改"命令，打开"修改样式"对话框。根据需要对样式进行修改，在单击"确定"按钮之前，只要选中"基于该模板的新文档"单选按钮。接着，在对该文档进行保存时，将弹出对话框提示是否保存对文档模板的修改，单击"是"按钮即可将样式的修改结果保存到该文档所套用的模板中。

3．分栏与分节

分栏经常用于报纸、杂志和词典，它有助于版面的美观、便于阅读，同时对版面起到节约纸张的作用。在 Word 中设置分页与分节，可以使相应的内容安排在指定的位置。

（1）分栏排版。

① 设置分栏。

对整个文档或其中一部分内容设置分栏排版的方法为选定要设置分栏的文本，切换到"页面布局"选项卡，在"页面设置"选项组中单击"分栏"按钮，从下拉菜单中选择分栏效果，如图 3-141 所示。

图 3-141 "分栏"下拉菜单

如果预设的几种分栏格式不符合要求，可选择"更多分栏"命令，打开"分栏"对话框。在"预设"栏中单击要使用的分栏格式，在"应用于"下拉列表框中指定分栏格式应用的范围。

如果要在栏间设置分隔线，可选中"分隔线"复选框。

② 修改与取消分栏。

若要修改已存在的分栏，可将插入点移到要修改的分栏位置，然后在打开的"分栏"对话框中进行相应的处理，最后单击"确定"按钮。

将插入点置于已设置分栏排版的文本中，在"页面设置"选项组中单击"分栏"按钮，从下拉菜单中选择"一栏"命令，即可取消对文档的分栏效果。

③ 插入分栏符。

如果希望某段文字处于一栏的开始处，可以采用在文档中插入分栏符的方法，使当前插入点以后的文字移至下一栏，方法为将插入点置于需要另起一栏的文本位置，在"页面设置"选项组中单击"分隔符"按钮，从下拉菜单中选择"分栏符"命令。

④ 创建等长栏。

采用分栏排版后，页面上的每栏文字都续接到下一页，但在多栏文本结束时，可能会出现最后一栏排不满的情况，此时可将插入点移至分栏文本的结尾处，在"页面设置"选项组中单击"分隔符"按钮，从下拉菜单中选择"连续"命令，创建等长栏以解决这个问题。

（2）分页与分节。

① 设置分页。

Word 具有自动分页的功能，当输入的文本或插入的图形满一页时，Word 将自动转到下一页，并且在文档中插入一个软分页符。用户也可以根据需要，在文档中手工分页，所插入的分页符称为手动分页符或硬分页符。分页符位于一页的结束，另一页的开始位置。

打开原始文件，将光标定位到要作为下一页的段落的开头，切换到"页面布局"选项卡，在"页面设置"选项组中单击"分隔符"按钮，从下拉菜单中选择"分页符"命令，即可将光标所在位置后的内容下移一个页面。

提示，在文档编辑过程中，切换到"开始"选项卡，在"段落"选项组中单击"显示/隐藏编辑标记"按钮，即可查看文档中的分页符、段落标记。

② 设置分节。

所谓的"节"，是指 Word 用来划分段落的一种方式。对于新建立的文档，整个文档就是一节，只能用一种版面格式编排。为了对文档的多个部分使用不同的格式，就要把文档分成若干节，即插入分节符。每一节可以单独设置页眉、页脚、页码的格式，从而使文档的编辑更加灵活。

切换到"页面布局"选项卡，在"页面设置"选项组中单击"分隔符"按钮，从下拉菜单中选择一种分节符命令，即可插入相应的分节符。

4 种不同类型的分节符可以分别实现如下功能。

a. 下一页：Word 文档会强制分页，在下一页开始新节。可以在不同的页面上分别应用不同的页码格式、页眉和页脚文字，以及改变页面的纸张方向等。

b. 连续：新的一节从下一行开始。

c. 偶数页：新的一节从偶数页开始，若分节符在偶数页上，则下一个奇数页将是空页。

d. 奇数页：新的一节从奇数页开始，若分节符在奇数页上，则下一个偶数页将是空页。

e. 如果要取消分节，请切换到"草稿"视图，将光标置于分节符上，然后按 Delete 键。

4. 应用图片

一篇图文并茂的文档比纯文字更美观、更具说服力。Word 允许将来自文件的图片或其内部的剪贴画插入文档中，并对其进行编辑。

（1）插入图片。

Word 2010 提供了包括 Web 元素、背景、标志、地点和符号的剪辑库，可以直接插入文档中。如果对图片有更高的要求，可以选择插入计算机中保存的图片文件。

在文档中插入剪贴画的的操作步骤如下。

① 将插入点置于目标位置，切换到"插入"选项卡，在"插图"选项组（图 3-142）中单击"剪贴画"按钮，打开"剪贴画"任务窗格。

② 在"搜索文字"文本框中输入剪贴画的关键字，如"人物"等，在"搜索范围"和"结果类型"下拉列表框中进行必要的设置。

③ 单击"搜索"按钮，搜索的结果将显示在任务窗格的"结果"区中，如图 3-143 所示。单击所需的剪贴画，即可将其插入文档中。

切换到"插入"选项卡，在"插图"选项组中单击"图片"按钮，在打开的"插入图片"对话框中选择所需要的图片文件，然后单击"插入"按钮，即可将图片文件插入文档中。

图 3-142　"插图"选项组

图 3-143　"剪贴画"任务窗格

Office 2010 提供了屏幕截图功能，用户编写文档时，可以直接截取程序窗口或屏幕某个区域的图像，这些图像将自动插入当前光标所在的位置，方法为在"插图"选项组中单击"屏幕截取"按钮，弹出"屏幕截图"下拉菜单。在其中单击屏幕窗口，可以实现全屏截取图像；如果要自定义截取图像，请选择"屏幕剪辑"命令，在半透明的白色效果画面中拖动鼠标，选取要截取的画面区域，然后释放鼠标按键。

（2）编辑图片。

① 调整图片的大小和角度。

图片插入文档后，用户可以通过 Word 提供的缩放功能控制其大小，还可以旋转图片，方法为单击要缩放的图片，其周围出现 8 个句柄。如果要横向或纵向缩放图片，可将鼠标指针指向图片四边的某个句柄上；如果要沿对角线缩放图片，可将指针指向图片四角的某个句柄上。按住鼠标左键，沿缩放方向拖动鼠标。用鼠标拖动图片上方的绿色旋转按钮，可以任意旋转图片。

如果用户要精确设置图片或图形的大小和角度，可单击图片，切换到"图片工具|格式"选项卡（以下简称"格式"选项卡），在"大小"选项组中对"形状高度"和"形状宽度"微调框进行设置，如图 3-144 所示。用户也可以单击"对话框启动器"按钮，打开"布局"对话框，在"大小"选项卡中进行相关的设置。

另外，单击图片，切换到"格式"选项卡，在"排列"选项组中单击"旋转"按钮，从下拉菜单中选择命令，可以对图片旋转相应的角度，如图 3-145 所示。

图 3-144 精确设置图片大小的数值

图 3-145 "旋转"下拉菜单

② 裁剪图片。

相对于以前的版本，Word 2010 的图片裁剪功能更加强大，不仅能够实现常规的图像裁剪，还可以将图像裁剪为不同的形状。

单击文档中要裁剪的图片，切换到"格式"选项卡，在"大小"选项组中单击"裁剪"按钮，此时图片的四周出现黑色的控点。将鼠标指向图片上方的控点，指针变成黑色的倒立 T 形状，向下拖动鼠标，即可将鼠标经过的部分裁剪掉。采用同样的方法，对图片的其他边进行裁剪。单击文档的任意位置，即可完成图片的裁剪操作。

如果要使图片在文档中显示为其他形状，而不是默认的矩形，请单击要裁剪的图片，切换到"格式"选项卡，在"大小"选项组中单击"裁剪"按钮的箭头按钮，从下拉菜单中选择"裁剪为形状"命令，在子菜单中选择所需的形状图标，如图 3-146 所示。

图 3-146 将图片裁剪为不同的形状

③ 删除图片背景。

删除图片背景是 Word 2010 新增的图片处理功能，它能够将图片主体部分周围的背景删除，方法为单击图片，切换"格式"选项卡，在"调整"选项组中单击"删除背景"按钮。此时，进入"图片工具|背景消除"选项卡，图片的周围出现一些蓝色的控点，拖动控点可以调整删除的背景范围。利用选项卡中的"标记要保留的区域"按钮以及"标记要删除的区域"按钮，然后拖动鼠标对图片中的一些特殊的区域进行标记，从而进一步修正消除背景的准确性。设置好删除背景的区域后，单击选项卡中的"保留更改"按钮。

（3）美化图片。

① 设置图片的文字环绕效果。

环绕方式是指文档中的图片与周围文字的位置关系。Word 2010 提供了嵌入型、四周型环绕、紧密型环绕等 7 种环绕方式。单击图片，切换到"格式"选项卡，在"排列"选项组中单击"自行换行"按钮，从下拉菜单中选择所需的命令，即可设置图片的文字环绕效果。

② 设置图片样式。

Word 2010 提供了许多图片样式，可以快速应用到图片上。单击图片，切换到"格式"选项卡，在"图片样式"选项组中单击列表框中所需的样式，可以在文档中立即预览该样式的效果。单击列表框右侧的"其他"按钮，可以从弹出的列表中选择别的样式。例如，单击"旋转，白色"选项后的效果如图 3-147 所示。

用户也可以在"图片样式"选项组中单击"图片边框"按钮，从下拉菜单中选择所需的命令，对图片的边框进行设置，如图 3-148 所示。

单击"图片效果"按钮，从下拉菜单中选择所需的命令，可以将图片设置为相应的效果，如图 3-149 所示。

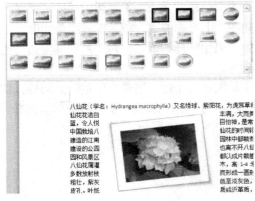

图 3-147　设置图片样式

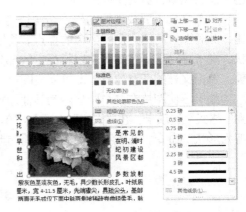

图 3-148　设置图片边框

③ 调整图片亮度和对比度。

亮度和对比度可以调整图片的光线及图片中每种颜色的强度。在 Word 2010 中为图片设置亮度和对比度的方法为单击图片，切换到"格式"选项卡，在"调整"选项组中单击"更改"按钮，从下拉菜单中选择"亮度和饱和度"区域内的一种预定义命令，如图 3-150 所示。当对这些选项不满意时，请选择"图片更正选项"命令，打开"设置图片格式"对话框，在"图片更正"选项卡中进行适当的设置，如图 3-151 所示。

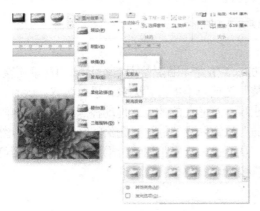

图 3-149　设置图片效果

图 3-150　调整图片亮度和饱和度

图 3-151　"设置图片格式"对话框

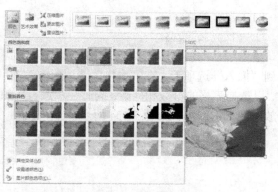

图 3-152　调整图片色温

④ 调整图片色调。

在 Word 2010 中，可以通过调整图片的色温达到调整色调的目的，方法为单击图片，切换到"格式"选项卡，单击"调整"选项组中的"颜色"按钮，从下拉菜单中选择"色调"区内的一种色调，如图 3-152 所示。

⑤ 调整图片颜色和饱和度。

饱和度是指图片中色彩的浓郁程度，饱和度越高，色彩越鲜艳。对图片的颜色和饱和度调整的方法为单击图片，切换到"格式"选项卡，在"调整"选项组中单击"颜色"按钮，从下拉菜单中选择"颜色和饱和度"区内中的一种饱和度。

另外，单击"颜色"按钮，从下拉菜单中选择"重新着色"区域内的一种着色样式，可以为图片重新着色，包括灰度、冲蚀、黑白等效果。

⑥ 设置图片的艺术效果。

Word 2010 中的艺术效果是指图片的不同风格，其中预设了标记、铅笔灰度、铅笔素描等效果，设置方法为单击图片，切换到"格式"选项卡，在"调整"选项组中单击"艺术效果"按钮，从下拉菜单中选择一种艺术效果，如图 3-153 所示。如果需要，可以选择"艺术效果选项"命令，打开"设置图片格式"对话框，在"艺术效果"选项卡中适当调整参数。

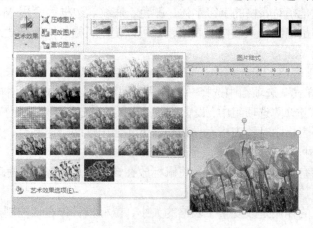

图 3-153　设置图片的艺术效果

5．创建表格

Word 提供了强大的表格处理功能，包括创建表格、编辑表格、设置表格的格式以及对表格中的数据进行排序和计算等。

（1）建立表格。

① 自动创建表格。

借助于自动创建表格功能，用户可以插入简单的表格，方法为将插入点置于目标位置，切换到"插入"选项卡，在"表格"选项组中单击"表格"按钮，用鼠标在出现的示意表格中拖动，以选择表格的行数和列数，同时在示意表格的上方显示相应的行列数。选定所需行列数后，释放鼠标按键即可，如图 3-154 所示。

图 3-154 自动创建表格

② 手动创建表格。

在"表格"选项组中单击"表格"按钮，从下拉菜单中选择"插入表格"命令，打开"插入表格"对话框。接着在其中进行设置，单击"确定"按钮，即可在插入点手工创建表格，还可以调整表格的列宽。

（2）表格的快速样式。

表格的快速样式是指对表格的字符字体、颜色、底纹、边框等套用 Word 预设的格式。无论是新建的空表，还是已经输入数据的表格，都可以使用表格的快速样式来设置表格的格式，操作步骤如下。

① 将插入点置于表格的单元格中，切换到"表格工具|设计"选项卡（以下简称"设计"选项卡），在"表格样式"选项组中选择一种样式，即可在文档中预览此样式的排版效果。

② 在"表格样式选项"选项组中，设置或撤选相关的复选框，以决定特殊样式应用的区域。

将鼠标指针移到表格中时，表格左上角和右下角会出现两个控制点，分别是表格移动控制点"田"和表格大小控制点"凵"。

表格移动控制点有两个作用，其一是将鼠标放在该控制点后拖动鼠标时，可以移动表格；其二是单击后将选中整个表格。

表格大小控制点的作用是改变整个表格的大小，鼠标指针停在该控制点后，拖动鼠标将按比例放大或缩小表格。

（3）插入点在表格中的移动。

通常情况下，单击表格中的单元格即可确定插入点。键盘按键也能够方便、快捷地移动插入点，具体方法见表 3-11。

表 3-11　键盘按键移动表格插入点的方法

按键	作用	按键	作用
Tab	一行中的下一个单元格	"Shift + Tab"	一行中的上一个单元格
"Alt+Home"	一行中的第一个单元格	"Alt+End"	一行中的最后一个单元格
"Alt+Page Up"	一列中的第一个单元格	"Alt+Page Down"	一列中的最后一个单元格
↑	上一行	↓	下一行

（4）删除表格。

当表格不再需要时，请单击表格的任意单元格，切换到"表格工具|布局"选项卡（以下简称"布局"选项卡），在"行和列"选项组中单击"删除"按钮，从下拉菜单中选择"删除表格"命令将其删除，如图 3-155 所示。

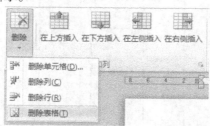

图 3-155　表格处理的"删除"下拉菜单

另外，将鼠标指针放在表格移动控制点"⊞"上，当指针变为带双向十字箭头形状时，单击左键选定整个表格。然后右击任意单元格，从快捷菜单中选择"删除表格"命令，也可以将表格整体删除。

有关表格的其他操作见案例 3。

6. 使用手绘和 SmartArt 图形

在 Word 2010 中，可以插入矩形、圆形、线条、流程图符号、文本框等手绘形状，也可以插入 SmartArt 图形和艺术字，并且能对其进行编辑和设置效果。

（1）插入手绘和 SmartArt 图形。

① 插入图形。

切换到"插入"选项卡，在"插图"选项组中单击"形状"按钮，将弹出如图 3-156 所示的形状菜单，其中包括线条、基本形状、箭头汇总、流程图、标注、星与旗帜几大类。从菜单中选择要绘制的图形，在需要绘制图形的开始位置按住鼠标左键并拖动到结束位置。释放鼠标左键，即可绘制出基本图形。

当要插入多个图形时，为避免随着文档中其他文本的增删而导致插入的形状位置发生错误，手动绘图最好在画布中进行。在"形状"下拉菜单中选择"新建绘图画布"命令，即可在文档中插入空白画布，接着向其中插入图形，设置叠放次序，并对其进行组合操作。

② 插入文本框。

文本框可以使选定的文本或图形移到页面的任意位置，从而

图 3-156　"形状"下拉菜单

进一步增强图文混排的功能。使用文本框还可以对文档的局部内容进行竖排、添加底纹等特殊形式的排版。

在文档中可以插入横排文本框和竖排文本框，也可以根据需要插入内置的文本框样式。切换到"插入"选项卡，在"文本"选项组中单击"文本框"按钮，从下拉菜单中选择一种文本框样式，即可快速绘制带格式的文本框，如图 3-157 所示。

图 3-157 "文本框"下拉菜单

如果要手工绘制文本框，请从"文本框"下拉菜单中选择"绘制文本框"命令，按住鼠标左键拖动，当文本框的大小合适后，释放鼠标按键。此时，用户可以在文本框内输入文本或插入图片。

③ 插入 SmartArt 图形。

SmartArt 图形是信息和观点的视觉表现形式，主要用于演示流程、层次结构、循环和关系。在文档中插入 SmartArt 图形的方法为切换到"插入"选项卡，在"插图"选项组中单击"SmartArt"按钮，在弹出的"选择 SmartArt 图形"对话框中选择所需的图形，如图 3-158 所示。接着向 SmartArt 图形中输入文字或插入图片。

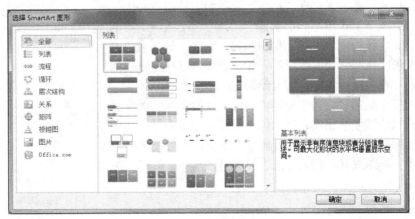

图 3-158 "选择 SmartArt 图形"对话框

④ 插入艺术字。

Word 2010 提供了大量的艺术字样式，在编辑 Word 文档时，可以套用与文档风格最接近的艺术字，以获得更佳的视觉效果。在文档中插入艺术字的方法为切换到"插入"选项卡，在"文本"选项组中单击"艺术字"按钮，从下拉菜单中选择一种艺术字样式。此时，在光标所处位置的文本输入框中输入内容，如图 3-159 所示。

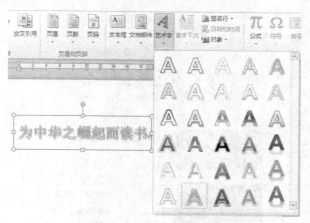

图 3-159　"艺术字"下拉菜单

（2）编辑图形对象。

对于插入文档中的图形、文本框、SmartArt 和艺术字对象，可以进行编辑和美化处理，使其更符合自己的需要。Word 2010 中对这些对象的处理方法类似，下面以处理图形对象为例进行介绍。

① 选定图形对象。

在对某个图形对象进行编辑之前，首先要选定该图形对象，方法如下。

a. 如果要选定一个图形，可用鼠标单击该对象。此时，该图形周围出现句柄。

b. 选定多个对象时，可按住 Shift 键，然后分别单击要选定的图形。

c. 若被选图形比较集中，可以将鼠标指针移到要选定图形对象的左上角，按住鼠标左键向右下角拖动。拖动时会出现一个虚线方框，当把所有要选定的图形对象全部框住后，释放鼠标按键。

② 在自选图形中添加文字。

右击封闭的自选图形，从快捷菜单中选择"添加文字"命令，即可在插入点处输入文字。添加的文字可以进行格式设置，这些文字将随图形一起移动。

③ 调整图形对象的大小。

选定图形对象之后，在其拐角和沿着矩形边界会出现尺寸句柄，拖动该句柄即可调整对象的大小。如果要保持原图形的比例，拖动角上的句柄时按住 Shift 键；如果要以图形对象中心为基点进行缩放，拖动句柄时按住 Ctrl 键。

④ 复制或移动图形对象。

在 Word 2010 中，绘制的图形对象出现在图形层，用户可以在文档中任意拖动图形对象。选定图形对象后，可以将鼠标左键移到图形对象的边框上（不要放在句柄上），鼠标指针变成四向箭头形状。按住鼠标左键推动，拖动时会出现一个虚线框表明该图形对象将要放置的位置，达到目标位置后释放鼠标按键即可。在拖动过程中按住 Ctrl 键，则将选定的图形复制到新位置。

⑤ 对齐图形对象。

如果使用鼠标移动图形对象，很难使多个图形对象排列得很整齐。Word 提供了快速对齐图形对象的工具，即选定要对齐的多个图形对象，切换到"绘图工具|格式"选项卡（以下简称"格式"选项卡），在"排列"选项组中单击"对齐"按钮，从下拉菜单中选择所需的对齐方式，如图 3-160 所示。

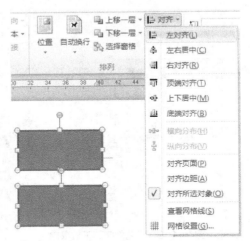

图 3-160   "对齐或分布"下拉菜单

⑥ 叠放图形对象。

在同一区域绘制多个图形时，后来绘制的图形将覆盖前面的图形。改变图形的叠放次序时，可选定要移动的图形对象，若该图形被隐藏在其他图形下面，可以按 Tab 键来选定该图形对象，在"排列"选项组中单击"上移一层"或"下移一层"按钮。如果要将图形对象置于正文之后，单击"下移一层"右侧的箭头按钮，从弹出的列表中选择"衬于文字下方"选项。

⑦ 组合多个图形对象。

可以将绘制好的多个基本图形组合成一个整体，以便于对它们同步移动或改变大小。组合多个图形对象的方法为选定要组合的图形对象，在"排列"选项组中单击"组合"按钮，从下拉菜单中选择"组合"命令。

单击组合后的图形对象，再次单击"组合"按钮，从下拉菜单中选择"取消组合"命令，即可将多个图形对象恢复为之前的状态。

（3）美化图形对象。

在文档中绘制图形对象后，可以改变图形对象的线型、填充颜色等，即对图形对象进行美化。

① 设置线型与线条颜色。

在 Word 2010 中，设置线型的方法为选定图形对象，切换到"格式"选项卡，在"形状样式"选项组中单击"形状轮廓"按钮，从下拉菜单中选择"粗细"命令，再从子菜单中选择需要的线型，如图 3-161 所示。如果要设置其他的线型，请选择"其他线条"命令，打开"设置形状格式"对话框，在"线型"选项卡中进行相关的设置，最后单击"确定"按钮。

设置线条的颜色时，请选定要设置的图形对象，在"形状样式"选项组中单击"形状轮廓"按钮，从下拉菜单中选择所需的颜色。如果没有满意的颜色，请选择"其他轮廓颜色"命令，在打开的"颜色"对话框中进行设置。

② 设置填充颜色。

给图形设置填充颜色时，应选定要设置的图形对象，在"形状样式"选项组中单击"形状填充"按钮，从下拉菜单中选择所需的填充颜色，如图 3-162 所示。如果其中没有合适的颜色，请选择"其他填充颜色"命令，在打开的"颜色"对话框中设置。若要用颜色过渡、纹理、图案和图片填充图形，则选择如"纹理"命令，再从子菜单中选择纹理效果。

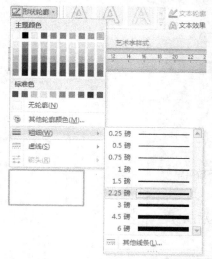
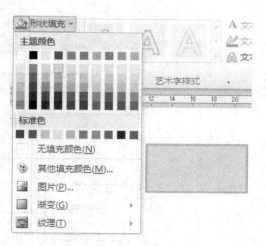

图 3-161　"形状轮廓"下拉菜单　　　　　　图 3-162　"形状填充"下拉菜单

选定要修改的图形对象，再次单击"形状填充"按钮，从菜单中选择"无填充颜色"命令，可以将图形对象中的填充颜色删除。

③ 设置外观效果。

若要给图形设置阴影、发光、三维旋转等外观效果，请选定要添加外观效果的图形对象，在"形状样式"选项组中单击"形状效果"按钮，从下拉菜单中选择如"预设"的命令，接着在子菜单中选择一种预设样式，如图 3-163 所示。

设置文本框格式时，单击文本框的边框将其选定，此时文本框的四周出现 8 个句柄，按住鼠标左键拖动句柄，可以调整文本框的大小。将鼠标指针指向文本框的边框，鼠标指针变成四向箭头，按住鼠标左键拖动，即可调整文本框的位置。切换到"格式"选项卡，使用"形状样式"、"排列"和"大小"选项组中的命令，可以对文本框的格式进行设置。

另外，右击文本框的边框，从快捷菜单中选择"设置形状格式"命令，打开"设置形状格式"对话框。在"文本框"选项卡的"内部边距"选项组中，通过设置 "左"、"右"、"上"、"下" 4 个微调框中的数值，可以调整文本框内文字与文本框四周边框之间的距离。

SmartArt 图形插入文档后，通过"SmartArt 工具|设计"、"SmartArt 工具|格式"或"图形工具|格式"选项卡，可以对图形的整体样式、图形中的形状与文本等进行重新设置。

对插入到文档中的艺术字进行设置时，可切换到"格式"选项卡，在相关的选项组中进行操作。

课堂练习：使用 Word 提供的绘制图形和插入文本框等功能，为案例中提及的天地公司绘制交通线路图，并进行适当的美化处理，基本效果如图 3-164 所示。

图 3-163　"形状效果"下拉菜单

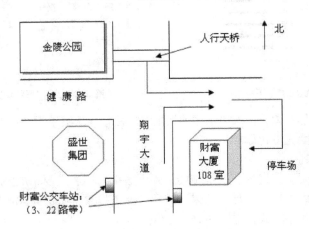

图 3-164　天地公司交通线路图

7．设置脚注和尾注

脚注和尾注是对文章添加的注释，经常在专业文档中看到。在页面底部所加的注释称为脚注；在文档的末尾添加的注释称为尾注。注释包括注释引用标记和注释文本两个部分，注释引用标记可以是数字或字符。Word 提供了插入脚注和尾注的功能，并且会自动为脚注和尾注添加编号。

（1）插入脚注和尾注。

如果要在文档中插入脚注和尾注，可参照如下步骤进行操作。

① 将插入点移到要插入注释引用标记的位置，然后切换到"引用"选项卡，如果要插入脚注，可单击"脚注"选项组中的"插入脚注"按钮；如果要插入尾注，可单击"插入尾注"按钮。

② 此时，Word 会把插入点移到脚注或尾注区，用户可以在其中输入脚注或尾注的文本。

③ 如果对脚注或尾注的编号格式不满意，可单击"脚注"选项组的"对话框启动器"按钮，在打开的"脚注和尾注"对话框中指定编号格式、起始编号等，如图 3-165 所示。

（2）编辑脚注和尾注。

添加脚注或尾注后，可以在文档编辑区的下方，即在脚注和尾注区中对脚注和尾注进行编辑。移动某个注释的操作步骤如下。

① 在页面视图的文档窗口中，选定注释引用标记使其泛白显示。

② 将鼠标指针移到该注释引用标记上，按住鼠标左键将注释引用标记拖至文档中的新位置，然后释放鼠标按键。

用户还可以使用"剪切"和"粘贴"命令来移动尾注引用标记。

复制某个注释时，在文档窗口中选定注释引用标记，然后将鼠标指针移到该注释引用标记上，按住 Ctrl 键不放并拖动鼠标，即可将注释引用标记复制到新的位置，同时在注释区插入注释文本即可。

如果要删除某个注释，可在文档中选定相应的注释引用标记，然后按 Delete 键，相应的页面底端的脚注内容或文档结尾的尾注内容页将自动被删除。

（3）脚注和尾注之间的相互转换。

如果需要，可以将文档中插入的脚注和尾注相互交换，操作步骤如下。

① 切换到"引用"选项卡，单击"脚注"选项组中的"对话框启动器"按钮，打开"脚注和尾注"对话框。

② 单击"转换"按钮，打开"转换注释"对话框，如图 3-166 所示，根据需要选择要转换的选项。单击"确定"按钮，即可实现所需的转换。

图 3-165　"脚注和尾注"对话框

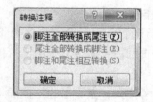

图 3-166　"转换注释"对话框

3.4.4　操作实训

1. 选择题

（1）关于编辑页眉和页脚，下列叙述不正确的（　　　）。

A. 文档内容和页眉页脚可在同一窗口编辑

B. 文档内容和页眉页脚一起打印

C. 编辑页眉页脚时不能编辑文档内容

D. 页眉页脚中也可以进行格式设置和插入剪贴画

（2）Word 中要查看文档中设置的页眉或页脚，以下正确的是（　　　）。

A. 只能在普通视图或大纲视图中查看

B. 只能在普通视图或页面视图中查看

C. 只能在页面视图或打印预览中查看

D. 既可在页面视图或打印预览中查看，也可使用"页眉和页脚"命令查看

（3）要将整个文档中所有英文改为首字母大写，非首字母小写，下面（　　　）操作是正确的。

A. "编辑/替换"命令，在其对话框进行设置

B. "格式/字体"命令，在其对话框进行设置

C. 没有办法实现

D. "格式/更改大小写"命令，在其对话框进行设置

（4）要对一个文档中多个不连续的段落设置相同的格式，最有效的操作方法是（　　　）。

A. 插入点定位在样板段落处，单击"格式刷"按钮，再将鼠标指针拖过其他多个需格式化的段落

B. 选用同一个"样式"来格式化这些段落

C. 选用同一个"样板"来格式化这些段落

D. 利用"替代"命令来格式化这些段落

（5）当选定文档中的非最后一段，进行分栏操作后，必须在（　　　）视图看到分栏的效果。

A. "普通"　　　　B. "页面"　　　　C. "大纲"　　　　D. "Web 版式"

2．填空题

（1）将当前正在编辑的 Word 文档以文本格式存盘，应选择文件菜单下的_____命令。

（2）在 Word 下，将文档中的某段文字误删除之后，可单击常用工具栏上的_____按钮恢复到删除前的状态。

（3）Word 的样式是一组已命名的字符格式和_____。

（4）在 Word 中，将插入点移到文章首页的快捷键是_____。

（5）在 Word 编辑中，单击格式工具栏中的_____按钮，可以将选择段落的编号删除。

3．操作题

请在打开的 Word 的文档中进行下列操作。完成操作后，请保存文档，并关闭 Word。

（1）将页面设置为 A4 纸，上、下页边距为 2.5 厘米，左、右页边距为 3 厘米，每页 42 行，每行 40 个字符。

（2）参考样张，在适当的位置插入竖排文本框"地球化学发展简史"，设置其字体格式为华文行楷、二号字、红色，设置文本框环绕方式为四周型，填充淡蓝色。

（3）设置正文第一段首字下沉 2 行，首字字体为隶书、蓝色，其他段落首行缩进 2 个字符。

（4）将正文中所有的"化学"设置为红色，加双波浪下画线。

（5）设置奇数页页眉为"地球化学"，偶数页页眉为"发展简史"，均居中显示。

（6）参考样张，在正文适当位置插入图片"PIC2.JPG"，设置图片的宽度、高度缩放均为 150%，环绕方式为四周型。

（7）参考样张，在正文适当位置插入自选图形"椭圆形标注"，添加文字"地球化学的基本内容"，设置文字格式为华文彩云、红色、三号字，设置自选图形格式为浅绿色填充色、紧密型环绕方式。

（8）将正文最后一段分为等宽两栏，栏间加分隔线。

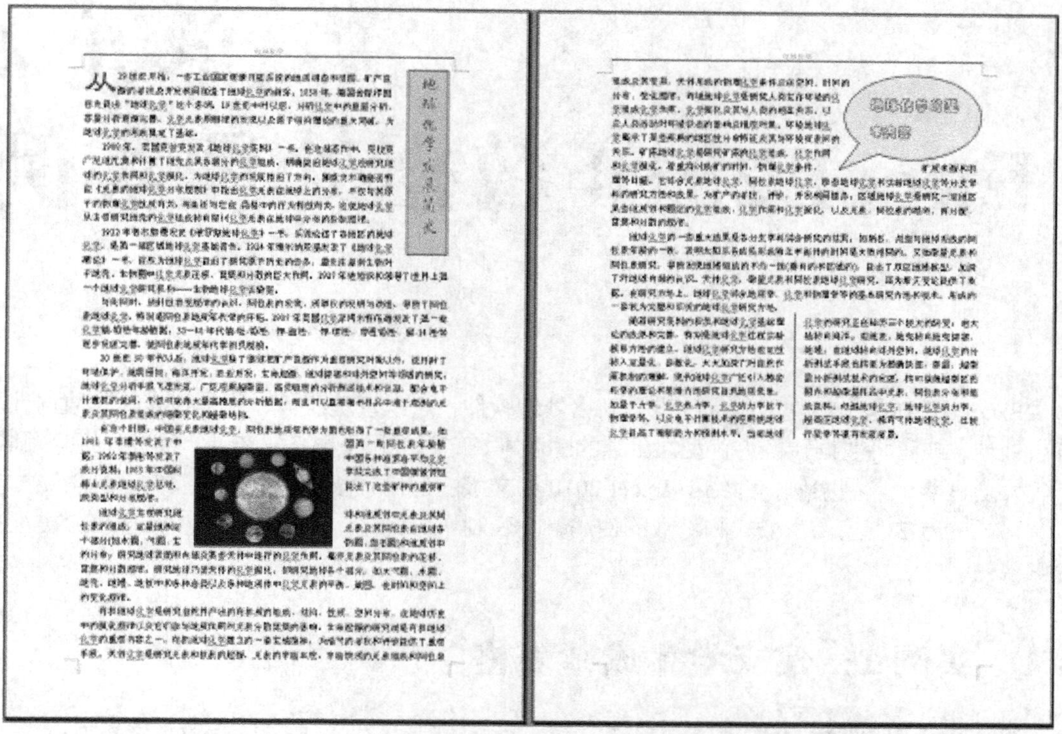

PART 4 单元 4 Excel 2010 数据处理实例

Excel 2010 是一款功能强大的电子表格处理软件，可以管理账务、制作报表、对数据进行分析处理，或者将数据转换为直观性更强的图表等，广泛应用于财务、统计、经济分析等领域。本单元通过 4 个典型案例，介绍了 Excel 2010 中文版的使用方法，包括基本操作，编辑数据与设置格式的方法和技巧，公式和函数的使用，图表制作与美化，数据的排序、筛选与分类汇总等内容。

4.1 实例 1：建立学生成绩表格

4.1.1 实例描述

学期结束后，班主任让班长小李将本班同学本学期各门课程的成绩输入到 Excel 中，并以“本学期班级考试成绩汇总表”为文件名进行保存，具体要求如下。

（1）输入序号、学生的学号与姓名及各门课程的成绩。

（2）对表格内容进行格式化处理。

小李经过本实例实现技术解决方案，借助于 Excel 中有关数据的编辑技巧，以及对工作表的格式化方法，实现了将不及格的成绩用倾斜、加粗的红色字体显示等设置，效果如图 4-1 所示，以便于班主任高效地查看数据，并为奖学金评定准备好基础数据。

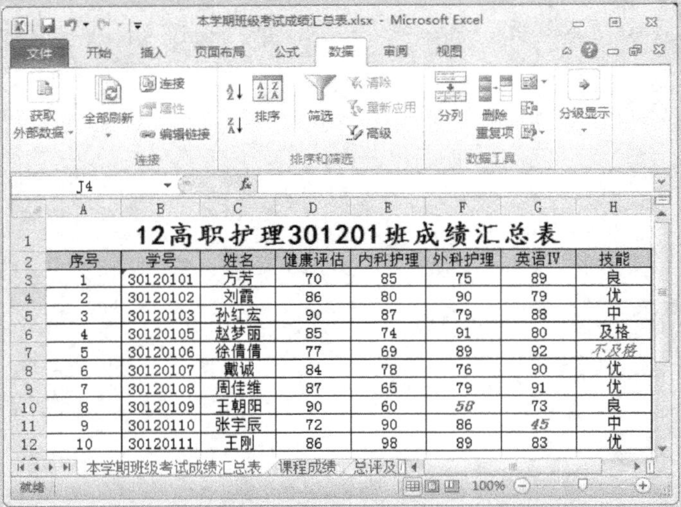

12高职护理301201班成绩汇总表

序号	学号	姓名	健康评估	内科护理	外科护理	英语Ⅳ	技能
1	30120101	方芳	70	85	75	89	良
2	30120102	刘霞	86	80	90	79	优
3	30120103	孙红宏	90	87	79	88	中
4	30120105	赵梦丽	85	74	91	80	及格
5	30120106	徐倩倩	77	69	89	92	不及格
6	30120107	戴诚	84	78	76	90	优
7	30120108	周佳维	87	65	79	91	优
8	30120109	王朝阳	90	60	58	73	良
9	30120110	张宇辰	72	90	86	45	中
10	30120111	王刚	86	98	89	83	优

图 4-1　本学期班级考试成绩汇总表效果图

本实例实现技术解决方案如下。

（1）通过 Excel 提供的自动填充功能，可以自动生成序号。

（2）通过"开始"选项卡中的按钮，可以设置单元格数据的格式、字体、对齐方式等操作。

（3）通过"删除"对话框，可以实现数据的删除、相邻单元格数据的移动。

（4）通过对"数据有效性"对话框进行设置，可以保证输入的数据在指定的界限内。

（5）通过"新建格式规则"对话框，可以将指定单元格区域的数据按要求格式进行显示。

4.1.2　实例实施过程

1．输入与保存学生的基本数据

其步骤如下。

（1）单击 "开始"按钮，依次选择"所有程序"→"Microsoft Office"→"Microsoft Excel 2010"命令，启动 Excel 2010，创建空白工作簿。

（2）输入表格标题及列标题。

① 单击单元格 A1，输入标题"12 高职护理 301201 班成绩汇总表"，按 Enter 键后，光标移至单元格 A2 中。

② 在单元格 A2 中输入列标题"序号"，然后按 Tab 键，使单元格 B2 成为活动单元格，在其中输入标题"学号"。使用相同的方法，在单元格区域 C2:H2 中依次输入标题"姓名"、"健康评估"、"内科护理"、"外科护理"、"英语Ⅳ"和"技能"。

（3）输入"序号"列的数据。

由于转学等原因，班级学生的学号往往是不连续的。增加"序号"列，可以直观地反映出班级的人数。

① 单击单元格 A3，在其中输入数字"1"。

② 将鼠标指针移至单元格 A3 的右下角，当出现控制句柄"+"时，按住 Ctrl 键的同时拖动鼠标至单元格 A12（为了教学的需要，只输入部分学生的信息），依次松开鼠标左键和 Ctrl 键，单元格区域 A4:A12 内自动生成序号。

（4）输入"学号"列的数据。

为了教务系统管理的方便，学生的学号往往由数字组成，但这些数字已不具备数学意义，只是作为区分不同学生的标记。因此，将学号输入成文本型数据即可。

① 拖动鼠标选定单元格区域 B3:B12，切换到"开始"选项卡，在"数字"选项组中单击"数字格式"下拉列表框右侧的箭头按钮，选择列表中的"文本"选项，如图 4-2 所示。

② 在单元格 B3 中输入学号"30120101"，然后利用控制句柄在单元格区域 B4:B12 中自动填充学号。

③ 学号为"30120104"的王丽同学已转学，需将后续学号前移。右击文本"30120104"所在的单元格，从快捷菜单中选择"删除"命令，在打开的"删除"对话框内选中"下方单元格上移"单选按钮，如图 4-3 所示，并单击"确定"按钮。

图 4-2　设置文本数据类型

图 4-3　使用对话框删除单元格数据

④ 选定单元格区域 B6:B7，然后将鼠标指针移至单元格 B7 的控制句柄上，拖动鼠标至单元格 B12，在单元格区域 B8:B12 中重新填充学号。

（5）输入姓名及课程成绩。

① 在单元格区域 C3:C12 中，依次输入学生的姓名。

② 在输入课程成绩前，先使用"有效性输入"功能将相关单元格的值限定在 0~100 之间，输入的数据一旦越界，可以及时发现并改正。

③ 选定单元格区域 D3:G12，切换到"数据"选项卡，单击"数据工具"选项组中的"数据有效性"按钮，打开"数据有效性"对话框。

④ 在"设置"选项卡中，将"允许"下拉列表框设置为"整数"，将"数据"下拉列表框设置为"介于"，在"最小值"和"最大值"框中分别输入数字 0 和 100，如图 4-4 所示。

⑤ 切换到"输入信息"选项卡，在"标题"文本框中输入"注意"，在"输入信息"文本框中输入"请输入 0~100 之间的整数"。

⑥ 切换到"出错警告"选项卡，在"标题"文本框中输入"出错啦"，在"错误信息"文本框中输入"您所输入的数据不在正确的范围!"，最后单击"确定"按钮。

⑦ 在单元格区域 D3:G12 中依次输入学生课程成绩。如果不小心输入了错误数据，则会弹出如图 4-5 所示的提示对话框。单击"取消"按钮，可以在单元格中重新输入正确的数据。

图 4-4　设置数值有效范围

图 4-5　出错提示对话框

技能成绩只能是"优"、"良"、"中"、"及格"和"不及格"中的某一项，可以考虑将其制作成有效序列。输入数据时，只需从中选择即可。

① 选定单元格区域 H3:H12，然后再次打开"数据有效性"对话框。切换到"设置"选项卡，将"允许"下拉列表框设置为"序列"，然后在"来源"框中输入构成序列的值"优,良,中,及格,不及格"。单击"确定"按钮。（注意：序列中的逗号需要在英文状态下输入。）

② 单击单元格区域 H3:H12 之间的任意单元格，其右侧均显示出一个下拉箭头按钮，单击该按钮会弹出含有自定义序列的列表，如图 4-6 所示，使用列表中的选项，依次输入学生的技能成绩。基础数据输入完成后的结果如图 4-7 所示。

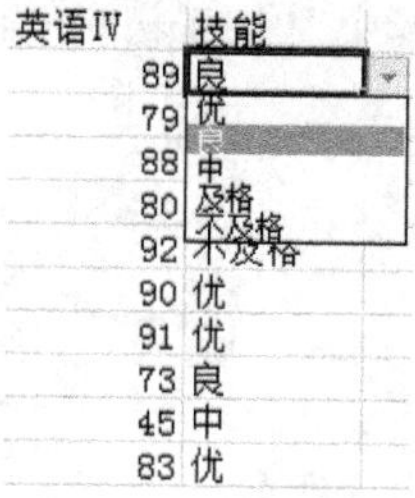

英语IV	技能
89	良
79	优
88	中
80	及格
92	不及格
90	优
91	优
73	良
45	中
83	优

图 4-6　输入技能成绩时的列表

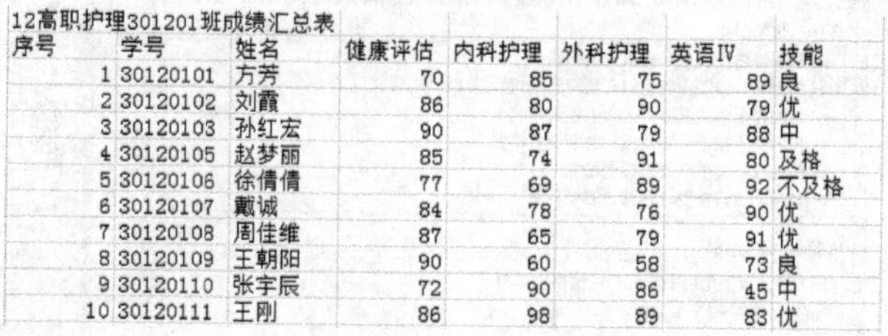

12高职护理301201班成绩汇总表

序号	学号	姓名	健康评估	内科护理	外科护理	英语IV	技能
1	30120101	方芳	70	85	75	89	良
2	30120102	刘霞	86	80	90	79	优
3	30120103	孙红宏	90	87	79	88	中
4	30120105	赵梦丽	85	74	91	80	及格
5	30120106	徐倩倩	77	69	89	92	不及格
6	30120107	戴城	84	78	76	90	优
7	30120108	周佳维	87	65	79	91	优
8	30120109	王朝阳	90	60	58	73	良
9	30120110	张宇辰	72	90	86	45	中
10	30120111	王刚	86	98	89	83	优

图 4-7　输入的基础数据

（6）按"Ctrl+S"组合键，在弹出的"另存为"对话框中选择适当的保存位置，以"本学期班级考试成绩汇总表"为文件名保存工作簿。

2．设置单元格格式

表格中的数据输入完成后，对其进行格式化处理，可以获得更加美观的效果。

（1）选定单元格区域 A1:H1，切换到"开始"选项卡，单击"对齐方式"选项组中的"合并后居中"按钮，使标题行居中显示。继续选定标题行单元格，在"字体"选项组中单击"字体"下拉列表框右侧的箭头按钮，选择列表中的"楷体"选项，将"字号"下拉列表框设置为"20"，并单击"加粗"按钮，标题行设置完成。

（2）选定单元格区域 A2:H12，在"字体"选项组中单击"边框"按钮右侧的箭头按钮，从下拉菜单中选择"所有框线"命令。接着单击"对齐方式"选项组中的"居中"按钮，完成表格区域的格式。

（3）选定单元格区域 A2:H2，在"字体"选项组中单击"填充颜色"按钮右侧的箭头按钮，选择下拉列表中的"紫色,强调文字颜色 4,淡色 60%"选项，实现对列标题的美化效果。

（4）设置条件格式。

可以将学生成绩表中数字型成绩小于 60 分和文本型成绩为"不及格"的单元格设置为倾斜、加粗、红色字体。

① 选定单元格区域 D3:G12，单击"样式"选项组中的"条件格式"按钮，从下拉菜单中选择"新建规则"命令，打开"新建格式规则"对话框。

② 选择"选择规则类型"列表框中的"只为包含以下内容的单元格设置格式"选项，将"编辑规则说明"组中的条件下拉列表框设置为"小于"，并在后面的数据框中输入数字"60"，如图 4-8 所示。接着单击"格式"按钮，打开"设置单元格格式"对话框。

③ 在"字体"选项卡中，选择"字形"组合框中的"加粗倾斜"选项，将"颜色"下拉列表框设置为"标准色"组中的"红色"选项，如图 4-9 所示。单击"确定"按钮，返回"新建格式规则"对话框。

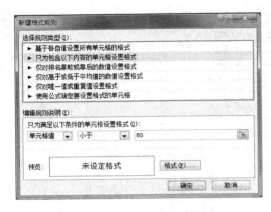

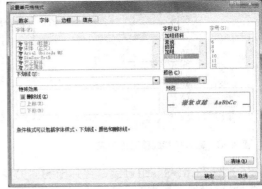

图 4-8　创建单元格的格式规则　　　　　图 4-9　设置单元格的条件格式

④ 单击"确定"按钮，关闭"新建格式规则"对话框，数字型成绩区域设置完成。

⑤ 选定单元格区域 H3:H12，再次打开"新建格式规则"对话框，然后参照上述步骤，完成对技能成绩的条件格式设置。

3．重命名工作表

（1）双击工作表标签"Sheet1"。

（2）在突出显示的标签中输入新的名称"本学期班级考试成绩汇总表"，然后按 Enter 键，完成工作表的重命名。

（3）最后，按"Ctrl+S"组合键，将工作簿再次保存，任务完成。

4.1.3　相关知识学习

1．Excel 2010 简介

启动 Excel 2010 后，打开如图 4-10 所示的 Excel 2010 工作界面。可以看出，Excel 的工作界面与 Word 有类似之处，也有选项卡、功能区、状态栏等。下面主要介绍与 Word 不同的部分。

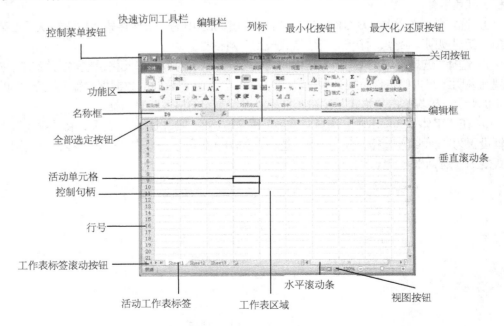

图 4-10　Excel 2010 工作界面

（1）数据编辑区。

数据编辑区位于选项卡的下方，由名称框、编辑栏和编辑框 3 部分组成。

① 名称框。

名称框也叫活动单元格地址框，用于显示当前活动单元格的位置。在名称框中输入要编辑的单元格地址，也可将其设置为活动单元格。

② 编辑框与编辑栏。

编辑框用于显示和编辑活动单元格中的数据和公式。选定某单元格后，即可在编辑框中输入或编辑数据。此时，名称框和编辑框之间的编辑栏中出现如下 3 个按钮：

a. "取消"按钮，位于左侧，用于恢复到单元格输入之前的状态。

b. "输入"按钮：位于中间，用于确认编辑框中的内容为当前选定单元格的内容。

c. "插入函数"按钮：位于右侧，用于在单元格中使用函数。

（2）工作表区域。

数据编辑区和状态栏之间的区域就是工作表区域，也叫工作簿窗口。（注意：在图 4-10 中，"帮助"按钮右侧的"窗口最小化"、"还原窗口"和"关闭窗口"等控制按钮均属于工作簿窗口。）

工作表区域包括行号、列标、滚动条、工作表标签等，下面结合有关概念进行介绍。

① 工作簿与工作表。

工作簿是指 Excel 中用来保存并处理数据的文件，其扩展名是 xlsx，默认名称为"工作簿 ×"（×是 1，2，…，n）。一个工作簿中默认有 3 张工作表，其默认名称依次为 Sheet1、Sheet2 和 Sheet3。

工作表也叫电子表格，用于存储和处理数据，由若干行列交叉而成的单元格组成，行号用数字表示，列标用英文字母及其组合表示。

② 单元格与单元格区域。

单元格是工作表的最小单位，其中可以输入数字、字符串、公式等各种数据。单元格所在列标和行号组成的标志称作单元格名称或地址，例如第六行第二列单元格的地址是 B6。

单击某一单元格，它便成为活动单元格，右下角的黑色小方块称为控制句柄，用于单元格的复制和填充。

当若干相邻单元格组成的单元格区域参与运算时，例如，要计算 B1、B2、…，B10 这 10 个单元格中数值之和，如果将它们的地址全部写出来显然会降低办公效率，Excel 使用单元格区域对此进行了简化。

单元格区域表示法是只写出单元格区域的开始和结束两个单元格的地址，二者之间用冒号隔开以表示包括这两个单元格在内的、它们之间所有的单元格，如图 4-11 所示。

a. 同一列的连续单元格：A1:A5 表示从 A1 到 A5，连续的、都在第一列中从第一行到第五行的 5 个单元格。

b. 同一行的连续单元格：C1:G1 表示从 C1 到 G1，连续的、都在第一行中从第三列到第七列的 5 个单元格。

c. 矩形区域中的单元格：C6:E9 表示以 C6 和 E9 作为对角线两端的矩形区域，三列四行共 12 个单元格。

③ 水平分隔线和垂直分隔线。

在垂直滚动条的上方是水平分隔线，在水平滚动条的右侧是垂直分隔线。用鼠标按住它们向下或向左拖动，或者对其进行双击操作，就会把活动工作表窗口一分为二，并且被拆分的窗口都有独立的滚动条，利于操作内容较多的工作表，如图 4-12 所示。

双击水平或垂直分隔线可以取消相应的拆分状态，双击水平与垂直分隔线的交叉处可同时取消水平和垂直拆分状态。

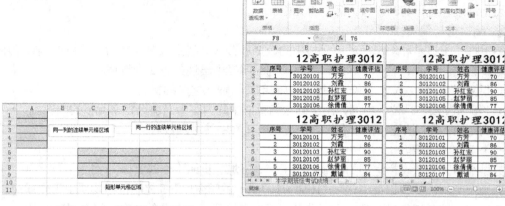

图 4-11　单元格区域示例　　　　　　　　　　图 4-12　拆分工作表

2．工作表和工作簿的常见操作

用户操作和处理的 Excel 数据都是在工作簿和工作表中进行的，因此必须首先了解工作簿和工作表的常见操作。

（1）新建和保存工作簿。

启动 Excel 2010 后，工作界面会自动创建一个空白工作簿，用户可以在工作区进行相应的操作。如果要创建一个新的工作簿，可切换到"文件"选项卡，选择"新建"命令，在中间的"可用模板"窗格中双击"空白工作簿"按钮。新创建工作簿名称的数字会依次顺延。

为了便于日后查看或编辑，需要将工作簿保存起来。单击快速访问工具栏中的"保存"按钮（或者按"Ctrl+S"组合键），打开"另存为"对话框，在"文件名"文本框中输入保存后的工作簿名称，在"保存类型"下拉列表框中选择工作簿的保存类型，指定要保存的位置后单击"保存"按钮，即可将当前工作簿进行保存，如图 4-13 所示。

切换到"文件夹"选项卡，使用其中的"保存"命令或"另存为"命令，也可以对工作簿进行保存。

要保存已经存在的工作簿，可单击快速访问工具栏中的"保存"按钮或者按"Ctrl+S"组合键，Excel 将不再显示"另存为"对话框，而是直接保存工作簿。

（2）打开与关闭工作簿。

要对已经保存的工作簿进行编辑，就必须先将其打开。在计算机窗口中双击准备打开的工作簿名称，即可启动 Excel 并打开该工作簿。

在 Excel 2010 中，切换到"文件"选项卡，选择"打开"命令（或者按"Ctrl+O"组合键），在"打开"对话框中定位到指定路径下，然后选择所需的工作簿，并单击"打开"按钮，也可以将工作簿打开，如图 4-14 所示。

图 4-13　保存工作簿

图 4-14　打开工作簿

最近打开的工作簿会保存在"文件"菜单中。切换到"文件"命令，选择"最近所用文件"命令，在中间窗格中可以打开相应的 Excel 工作簿。

当编写、修改或浏览工作簿后，可以使用如下方法将其关闭：

单击标题栏中的"关闭"按钮；

按"Ctrl+F4"组合键；

按"Ctrl+W"组合键；

双击程序窗口左上角的"控制菜单"按钮。

如果要关闭的工作簿曾经做过修改却未保存的话，Excel 会弹出对话框，询问用户是否对其进行保存，单击"是"按钮确认即可。

切换到"文件"选项卡，选择"退出"命令，可以关闭 Excel 2010 应用程序。

（3）切换工作表。

使用新建的工作簿时，最先看到的是 Sheet1 工作表。使用下列几种方法，可以切换到其他工作表中。

① 单击工作表的标签，可以快速在工作表之间进行切换。

② 按"Ctrl+Page Up"组合键，切换到上一个存在的工作表；按"Ctrl+Page Down"组合键，切换到下一个存在的工作表。

③ 如果在工作簿中插入了很多工作表，所需的标签没有显示在屏幕上，可以通过工作表标签前面的标签滚动按钮  来切换工作表。

④ 右击标签滚动按钮，从快捷菜单中选择要切换的工作表。

（4）插入工作表。

使用下列方法，可以在工作簿中插入一张新的工作表，并使其成为活动工作表。

① 单击所有工作表标签名称右侧的"插入工作表"按钮 。

② 右击工作表标签，从快捷菜单中选择"插入"命令，如图 4-15 所示，打开"插入"对话框。在"常用"选项卡中选择"工作表"选项，并单击"确定"按钮，如图 4-16 所示。

③ 按"Shift+F11"组合键。

④ 切换到"开始"选项卡，在"单元格"选项组中单击"插入"按钮的箭头按钮，从下拉菜单中选择"插入工作表"命令，如图 4-17 所示。

图 4-15　右击工作表标签后的快捷菜单　　　　　　图 4-16　利用"插入"对话框插入工作表

如果想一次性插入多张工作表，请按住 Shift 键，依次选择工作表标签。当提交上述命令插入工作表时，Excel 会根据所选标签数增加相同数量的工作表。

（5）删除工作表。

假如用户不再需要某张工作表时，可以使用下列方法将其删除。

① 右击工作表标签，从快捷菜单中选择"删除"命令。

② 单击工作表标签，切换到"开始"选项卡，在"单元格"选项组中单击"删除"按钮的箭头按钮，从下拉菜单中选择"删除工作表"命令，如图 4-18 所示。

如果要删除的工作表中包含数据，会弹出含有"永久删除这些数据" 提示信息的对话框。单击"删除"按钮，工作表连同里面的数据一同被删除。

图 4-17　"插入"下拉菜单　　　　　　　　　　图 4-18　"删除"下拉菜单

（6）重命名工作表。

可以使用下列方法给工作表起一个更有意义的名字，以利于后期便捷地查找数据。

① 双击要重命名的工作表标签。

② 右击工作表标签，从快捷菜单中选择"重命名"命令。

③ 单击工作表标签，切换到"开始"选项卡，在"单元格"选项组中单击"格式"按钮，从下拉菜单中选择"重命名工作表"命令，如图 4-19 所示。

此时的工作表名称将突出显示，直接输入新的工作表名，并按 Enter 键即可。

图 4-19 "格式"下拉菜单

（7）选定多个工作表。

要在工作簿的多个工作表中输入相同的数据，可将它们一起选定，利用下列方法可选定多个工作表。

① 选定多个相邻的工作表时，先单击第一个工作表的标签，按住 Shift 键，然后单击最后一个工作表标签。

② 如果选定的工作表不相邻，单击第一个工作表的标签，按住 Ctrl 键，分别单击要选定的工作表标签。

③ 若要选定工作簿中的所有工作表，可右击工作表标签，从快捷菜单中选择"选定全部工作表"命令。

选定多个工作表时，标题栏的文件名称旁边将出现"[工作组]"字样。当向工作组内的一个工作表输入数据或者进行格式化时，工作组中的其他工作表也出现相同的数据或格式。

要取消对工作表的选定，可单击任意一个未选定的工作表标签，或者右击工作表标签，从快捷菜单中选择"取消组合工作表"命令。

（8）移动或复制工作表。

利用工作表的移动或复制功能，可以在同一个工作簿内或不同工作簿之间移动或复制工作表。

拖动要移动的工作表标签，当小三角箭头到达新的位置后释放鼠标左键，即可实现工作表的移动操作。

如果要在同一个工作簿内复制工作表，可按住 Ctrl 键的同时拖动工作表标签。到达新位置时，先释放鼠标左键，再松开 Ctrl 键。

将一个工作表移动或复制到另一个工作簿中，可参照如下步骤进行操作。

① 打开源工作表所在的工作簿和目标工作簿。

② 右击要移动或复制的工作表标签，从快捷菜单中选择"移动或复制"命令，打开"移动或复制工作表"对话框，如图 4-20 所示。

图 4-20 "移动或复制工作表"对话框

③ 在"工作簿"下拉列表框中选择接收工作表的工作簿。若选择"（新工作簿）"选项，可以将选定的工作表移动或复制到新的工作簿中。

④ 在"下列选定工作表之前"列表框中选择移动后的位置。如果对工作表进行复制操作，可选中"建立副本"复选框。

⑤ 单击"确定"按钮，完成移动或复制处理。

（9）隐藏或显示工作表。

隐藏工作表能够避免对重要或机密数据的误操作，当需要时再将其恢复显示。隐藏工作表的方法有以下两种。

① 右击工作表标签，从快捷菜单中选择"隐藏"命令。

② 单击工作表标签，切换到"开始"选项卡，在"单元格"选项组中单击"格式"按钮，从下拉菜单中选择"隐藏和取消隐藏"→"隐藏工作表"命令。

如果要取消对工作表的隐藏，可右击工作表标签，从快捷菜单中选择"取消隐藏"命令，打开"取消隐藏"对话框，如图 4-21 所示。在列表框中选择需要再次显示的工作表，然后单击"确定"按钮即可。

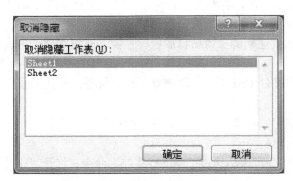

图 4-21 "取消隐藏"对话框

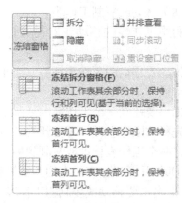

图 4-22 "冻结窗格"下拉菜单

（10）冻结工作表。

通常处理的数据表格会有很多行，当移动垂直滚动条查看靠下的数据时，表格上方的标题行将会不可见，使得每列数据的含义不清晰。为此，可以冻结工作表标题来使其位置固定不变，方法为单击标题行下一行中的任意单元格，然后切换到"视图"选项卡，在"窗口"选项组中单击"冻结窗口"按钮,从下拉菜单中选择"冻结拆分窗格"命令,如图 4-22 所示。

此时,标题行的下方将显示一条黑色的线条,再拖动垂直滚动条浏览表格下方的数据时,标题行将固定不被移动,始终显示在数据上方。

如果要取消冻结,可切换到"视图"选项卡,在"窗口"选项组中单击"冻结窗口"按钮,从下拉菜单中选择"取消冻结窗格"命令。

（11）设置工作表标签颜色。

Excel 2010 允许为工作表标签添加颜色,以便于轻松地访问各工作表。例如,将已经制作完成的工作表标签设置为蓝色,还需处理的工作表标签设置为红色。为工作表标签添加颜色时,可右击工作表标签,从快捷菜单中选择"工作表标签颜色"命令,在子菜单中选择所需的颜色。

3．在工作表中输入数据

工作簿建立后,首先要做的就是选定单元格或单元格区域,然后向其中输入数据。

（1）选定单元格及单元格区域。

当一个单元格成为活动单元格时,它的边框变成黑线,其行号、列标会突出显示,可以在名称框中看到其坐标。选定工作表元素的操作见表 4-1。

表 4-1　Excel 中的选定操作

选定对象	选定方法
单个单元格	单击相应的单元格,或用方向键移动到相应的单元格
连续单元格区域	单击要选定单元格区域的第一个单元格,然后拖动鼠标直到要选定的最后一个单元格;或者按住 Shift 键再单击单元格区域中最后一个单元格;或者在名称框中输入单元格区域的地址,并按 Enter 键
不相邻的单元格或单元格区域	选定第一个单元格或单元格区域,然后按住 Ctrl 键再选定其他的单元格或单元格区域;或者在名称框中输入使用逗号间隔的每个单元格区域地址,并按 Enter 键
单行或单列	单击行号或列标
相邻的行或列	沿行号或列标拖动鼠标,或者先选定第一行或第一列,然后按住 Shift 键再选定其它的行或列
不相邻的行或列	先选定第一行或第一列,然后按住 Ctrl 键再选定其他的行或列
连续的数据区域	单击数据区域中的任意单元格,然后按"Ctrl+A"组合键
工作表中的全部单元格	单击行号和列标交叉处的"全选"按钮;或者单击空白单元格,再按"Ctrl+A"组合键
增加或减少活动区域中的单元格	按住 Shift 键,并单击新选定区域中最后一个单元格,在活动单元格和所单击的单元格之间的矩形区域将成为新的选定区域
取消选定的区域	单击工作表中其他任意单元格,或按方向键

若选定的是单元格区域,该区域将反白显示,其中用鼠标单击的第一个单元格正常显示,表明它是活动单元格。

用户也可以利用工具快速选取数量众多、位置比较分散的相同数据类型的单元格,如选择所有内容是文本的单元格,操作步骤如下。

① 切换到"开始"选项卡,在"编辑"选项组中单击"查找和替换"按钮,从下拉菜单中选择"定位条件"命令,打开"定位条件"对话框。

② 选中"常量"单选按钮，然后选中"文本"复选框，如图 4-23 所示。

③ 单击"确定"按钮，结果如图 4-24 所示。

图 4-23 使用"定位条件"对话框

图 4-24 使用对话框选择相同类型的单元格

（2）输入数据。

可以向 Excel 的单元格中输入常量和公式两类数据。常量是指没有以"="开头的数据，包括数值、文本、日期、时间等。在选定的单元格中输入数据，然后按 Enter 键（或按 Tab 键，或单击"编辑栏"中"输入"按钮，区别在于操作后选定的单元格不同）即可确认并完成数据的输入；如果要取消本次输入的数据，可按 Esc 键，或单击"编辑栏"中的"取消"按钮。

① 输入数值。

数值数据可以直接输入，默认为右对齐。在输入数值数据时，除 0~9、正负号和小数点外，还可以使用以下符号。

a. "E"和"e"：用于指数法的输入，如 2.6E –3。

b. 圆括号：表示输入的是负数，如（312）表示–312。

c. 以"$"或"¥"开始的数值：表示货币格式。

d. 以符号"%"结尾的数值：表示输入的是百分数，如 40%表示 0.4。

e. 逗号：表示分节符，如 1,234.56。

当然，用户可以先输入基本数值数据，然后切换到"开始"选项卡，通过"数字"选项组中的下拉列表框或按钮实现上述效果，如图 4-25 所示。

另外，当输入的数值长度超过单元格的宽度时，将会自动转换成科学计数法，即指数法表示。当输入真分数时，应在分数前冠以 0 加一个空格"0 "，如输入"0 3/4"表示分数 $\frac{3}{4}$。

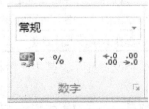

图 4-25 "数字"选项组

② 输入文本。

文本也就是字符串，默认为左对齐。当文本不是完全由数字组成时，直接由键盘输入即可。若文本由一串数字组成，输入时可以使用下列方法。

a. 在该串数字的前面加一个半角单引号，例如，要输入邮政编码 223003，则应输入"'223003"。

b. 选定要输入文本的单元格区域，切换到"开始"选项卡，将"数字格式"下拉列表框设置为"文本"选项，然后输入数据。

③ 输入日期和时间。

日期的输入形式比较多，可以使用斜杠"/"或连字符"-"对输入的年、月、日进行间隔，如输入"2012-6-8"、"2012/6/8"均表示 2012 年 6 月 8 日。

如果输入如"6/8"形式的数据，系统默认为当前年份的月和日。要输入当天的日期，可按"Ctrl+;"组合键。

输入时间时，时、分、秒之间用冒号":"隔开，也可以在后面加上"A"（或"AM"）、"P"（或"PM"）表示上午、下午。注意，表示秒的数值和字母之间应有空格，例如，输入"10:34:52 A"。

当输入如"10:29"形式的时间数据时，表示的是小时和分钟。要输入当前的时间，可按"Ctrl+Shift+;"组合键。

另外，用户也可以输入如"2010/6/8 10:34:52 A"形式的日期和时间数据。注意，二者之间要留有空格。在单元格中输入"=NOW( )"时，可以显示当前的日期和时间。

如果需要对日期或时间数据进行格式化，可单击"数字"选项组中的"对话框启动器"按钮，打开"设置单元格格式"对话框。在"数字"选项卡中，单击"分类"列表框中的"日期"或"时间"选项，然后在右侧的"类型"列表框中进行选择，如图 4-26 所示。

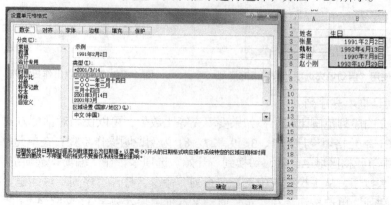

图 4-26 设置日期格式

当用户需要同时对多个单元格输入相同的数据时，可首先选定单元格区域，然后在活动单元格中输入内容，接着按"Ctrl+Enter"组合键，则这些单元格中输入了相同的数值或文本。

（3）快速输入工作表数据。

使用 Excel 提供的自动填充数据功能，可以快速输入大量有规律的数据，如序号、连续的数值等，从而提高工作效率。

① 使用鼠标填充项目序号。

向单元格中输入数据后，在控制句柄处按住鼠标左键向下或向右拖动（也可以向上或向左拖动），如果原单元格中的数据是数值，则鼠标经过的区域中就会用原单元格中相同的数据填充；如果原数据是文本，Excel 会进行递增式填充。

按住 Ctrl 键的同时拖动控制句柄进行数据填充时，如果原单元格中是数值，则会以递增的方式进行填充；如果原数据是文本，将在拖动的目标单元格中复制原来的数据。

在单元格 A1 中输入数字"1"，然后向下填充单元格后，单击右下角的"自动填充选项"按钮，从下拉菜单中选择所需的填充选项，例如选择"填充序列"，可以改变填充方式，结果如图 4-27 所示。

② 使用鼠标填充等差数列。

在开始的两个单元格中输入数列的前两项，然后将这两个单元格选定，并沿填充方向拖动控制句柄，即可在目标单元格区域填充如 2，5，8…的等差数列。

③ 填充日期和时间序列。

选中单元格输入第一个日期或时间，向需要的方向拖动鼠标，然后单击"自动填充选项"按钮，从下拉列表中选择适当的选项即可。例如，在单元格 A1 中输入日期"2014/1/1"，然后向下拖动，并选择"以工作日填充"选项后的结果如图 4-28 所示。

图 4-27 使用"自动填充选项"按钮填充序列

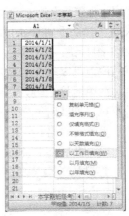

图 4-28 选择"以工作日填充"选项的效果

④ 使用对话框填充序列。

用鼠标填充的序列范围比较小，如果要填充等比数列，可以使用对话框方式。下面以在单元格区域 A1:E1 单元格填充序列 1、3、9、27、81 为例说明操作步骤：在单元格 A1 中输入数字 1，然后选中单元格区域 A1:E1，切换到"开始"选项卡，在"编辑"选项组中单击"填充"按钮右侧的箭头按钮，从下拉菜单中选择"系列"命令，打开"序列"对话框。在"类型"栏中选择"等比数列"单选按钮，在"步长值"文本框中输入数字 3，如图 4-29 所示，最后单击"确定"按钮。

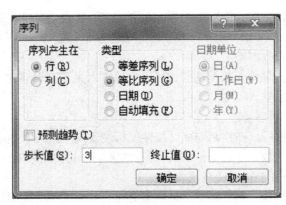

图 4-29 "序列"对话框

课堂练习：在第一列中从单元格 A1 开始，填充序列 1，2，4，8…要求序列中最后一项的值不超过 2000。

⑤ 使用"记忆式键入"自动输入数据。

"记忆式输入"功能是指在单元格中键入文本条目的前几个字母，Excel 根据已经在同一列输入的其他条目自动完成这次输入，以确保输入内容的正确性和一致性。

例如，在输入产品信息时，其中的一种产品名称为"光电传感器"。第一次在某个单元格中输入"光电传感器"后，Excel 会记忆这个名称。以后在同一列输入"光电传感器"时，软件会根据前几个字符辨别该名称并自动完成输入，只需按 Enter 键就可以了。如果想覆盖 Excel 的建议，只要继续输入即可。注意，"记忆式键入"只在同一列的连续单元格中起作用。

右击单元格，从快捷菜单中选择"从下拉列表中选择"命令，Excel 将显示一个包含当前列中所有已输入项的下拉框，只需用鼠标单击其中想要使用的内容即可。

⑥ 自定义填充序列。

自定义序列是根据实际工作需要设置的序列，可以更加快捷地填充固定的序列，方法为

首先，切换到"文件"选项卡，选择"选项"命令，打开"Excel 选项"对话框。切换到"高级"选项卡，然后在右侧向下拖动垂直滚动条，单击其中的"编辑自定义列表"按钮，如图 4-30 所示，打开"自定义序列"对话框。

图 4-30 "Excel 选项"对话框

在"输入序列"文本框中输入自定义的序列项，每项输入完成后按回车键进行分隔，如图 4-31 所示，单击"添加"按钮，新定义的序列出现在"自定义序列"列表框中。

单击"确定"按钮，返回"Excel 选项"对话框后，再单击"确定"按钮，回到工作表窗口。在单元格中输入自定义序列的第一个数据，通过拖动控制句柄的方法进行填充，到达目标位置后，释放鼠标按键即可完成自定义序列的填充，结果如图 4-32 所示。

课堂练习：在空白工作表的单元格区域 A4:A8 中，自动填充序列"维 C 银翘片"、"速效伤风胶囊"、"白加黑"、"新康泰克"、"999 感冒灵"等感冒药名称。

⑦ 使用记录单输入数据。

在列数较多的表格中输入数据时，往往需要频繁拖动滚动条，还容易出现将内容输入到错误行的情况。此时，用户可以启用"记录单"功能，在固定的记录单内输入资料。

首先，单击快速访问工具栏右侧的小三角按钮，从下拉列表中选择"其他命令"选项，打开"Excel 选项"对话框，并自动切换到"快速访问工具栏"选项卡。

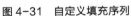

图 4-31　自定义填充序列　　　　　　　　　图 4-32　利用自定义序列填充的结果

在"从下列位置选择命令"下拉列表框中选择"不在功能区中的命令"选项，然后在下方的列表中选择"记录单"选项，依次单击"添加"和"确定"按钮，返回 Excel 工作界面。

将光标置于数据区域的任意单元格，单击快速访问工具栏中的"记录单"按钮，即可在打开的记录单对话框中编辑、删除或新增记录，如图 4-33 所示。

当所有记录出来完毕后，单击"关闭"按钮，返回 Excel 文档窗口。

课堂练习：使用记录单功能，向案例中完成的"学生成绩汇总表"工作表中增加一条记录，然后再将其删除。

⑧ 使用"自动更正"速记数据输入。

用户可以使用 Excel 的"自动更正"功能为常用的词或短语创建快捷方式。例如，经常要输入药品名称"头孢氨苄颗粒"时，可以将其缩写（如 tbabkl）创建一个"自动更正"条目，操作步骤如下。

首先，打开"Excel 选项"对话框并切换到"校对"选项卡。

单击"自动更正选项"按钮，打开"自动更正"对话框。在"自动更正"选项卡的文本框中，输入自定义条目，如图 4-34 所示。

图 4-33　使用记录单输入数据　　　　　　　图 4-34　使用"自动更正"功能

依次单击"添加"和"确定"按钮，返回"Excel 选项"对话框后，再单击"确定"按钮，回到 Excel 的工作界面。

此后，无论何时输入"tbabkl"，Excel 都会自动将其替换为"头孢氨苄颗粒"。

用户也可以将以文本方式存在的数据导入 Excel 工作表中，方法为切换到"数据"选项卡，单击"获取外部数据"选项组中的"自文本"按钮，在弹出的"导入文本文件"对话框中选择待导入的文本文件，单击"导入"按钮后，按照"文本导入向导"对话框的提示一步步操作即可。

（4）设置数据有效性。

有效性输入是指对单元格中输入数据的类型和范围预先进行设置，保证数据被限定在有效的范围内，同时还可以设置相关的提示信息，操作步骤如下。

① 选定单元格或单元格区域，切换到"数据"选项卡，在"数据工具"选项组中单击"数据有效性"按钮，从下拉菜单中选择"数据有效性"命令，打开"数据有效性"对话框。

② 在"设置"选项卡中，设置有效性条件；在"输入信息"选项卡中，设置选定单元格时显示的输入信息；在"出错警告"选项卡中，设置输入无效数据时显示的警告信息。

③ 单击"确定"按钮，完成设置。

当在设置了"输入有效性"的任意单元格中输入不在指定范围的数据时，屏幕上出现出错提示信息。

（5）查找与替换。

Excel 中查找和替换操作的含义与 Word 相同，区别在于界面及操作步骤有所不同。查找操作的步骤如下。

① 选定查找范围，不选定时默认为当前工作表，然后按"Ctrl+F"组合键，打开"查找和替换"对话框，并显示"查找"选项卡。单击"选项"按钮，可以将对话框展开。

② 在"查找内容"下拉列表框中输入或选择要查找的内容，将其他列表框、复选框设置为选择合适的选项。

③ 单击"查找全部"按钮，Excel 会将查找到的所有结果显示在对话框内的列表框中，如图 4-35 所示。

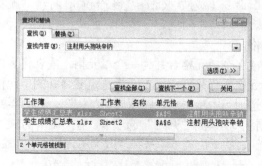

图 4-35　使用对话框查找数据

进行替换操作时，可在选定替换范围后按"Ctrl+H"组合键，打开"查找和替换"对话框，并显示"替换"选项卡。单击"查找下一个"按钮，从活动单元格开始查找，当找到第一个满足条件的单元格后将停下来，如果单击"替换"按钮，单元格的内容将被新数据替换；若再次单击"查找下一个"按钮，则表示不替换该单元格的内容，然后自动查找下一个满足条件的单元格，依次类推；单击"全部替换"按钮后，所有满足条件的单元格都将被替换。

另外，Excel 也提供了"撤销和恢复"功能，操作方法与 Word 相同，不再赘述。

4．单元格、行和列操作

用户在工作表中输入数据后，经常需要对单元格、行或列进行必要的操作，包括插入与删除单元格、隐藏和显示行、列等。

（1）插入与删除单元格。

如果工作表中输入的数据有遗漏或者准备添加新数据，可以进行插入单元格操作轻松实现，操作步骤如下。

① 单击某个单元格或选定单元格区域以确定插入位置，然后在选定单元格区域右击，从快捷菜单中选择"插入"命令（或者切换到"开始"选项卡，在"单元格"选项组中单击"插入"按钮，从下拉菜单中选择"插入单元格"命令），打开"插入"对话框，如图4-36所示。

图4-36 "插入"对话框

② 在对话框中选择合适的插入方式，有以下几种。

a. 活动单元格右移：当前单元格及同一行中右侧的所有单元格右移一个单元格。

b. 活动单元格下移：当前单元格及同一列中下方的所有单元格下移一个单元格。

c. 整行：当前单元格所在的行上面出现空行。

d. 整列：当前单元格所在的列左边出现空列。

③ 单击"确定"按钮，操作完成。

删除单元格时，首先单击某个单元格或选定要删除的单元格区域，然后在选定区域中右击，从快捷菜单中选择"删除"命令（或按"Ctrl+-"组合键），打开"删除"对话框。接着在"删除"栏中做出合适的选择。最后单击"确定"按钮，完成操作。

（2）合并与拆分单元格。

如果用户希望将两个或多个单元格合并为一个单元格，或者将表格标题同时输入到几个单元格中，可以通过合并单元格操作来完成，方法为选定要合并的单元格区域，切换到"开始"选项卡，在"对齐方式"选项组中单击"合并后居中"按钮，如图4-37所示。

选中已经合并的单元格，切换到"开始"选项卡，在"对齐方式"选项组中单击"合并后居中"按钮右侧的箭头按钮，从下拉菜单中选择"取消单元格合并"命令，即可将其再次拆分。

图4-37 "对齐方式"选项组

（3）插入与删除行和列。

下面以插入行为例，说明操作步骤：如果需要插入一行，可单击要插入的新行之下相邻行中任意单元格；当要插入多行时，可在行号上拖动鼠标，选定与待插入空行数量相等的若干行，然后使用下列方法进行操作。

a. 右击选中区域并从快捷菜单中选择"插入"命令。

b. 切换到"开始"选项卡，在"单元格"选项组中单击"插入"按钮的箭头按钮，从下拉菜单中选择"插入工作表行"命令。可以看到，被选定的行自动向下平移。

删除行或列时，可在行号或列标上拖动鼠标，选定要删除的行或列，然后使用下列方法进行操作。

c. 右击选中区域并从快捷菜单中选择"删除"命令。

d. 切换到"开始"选项卡，在"单元格"选项组中单击"删除"按钮的箭头按钮，从下拉菜单中选择"删除工作表行"命令。

删除操作完成后，后续的行或列自动递补上来。

（4）隐藏与显示行和列。

在工作表中有时会有部分过渡数据，在显示时可以将它们隐藏起来，以达到美观、防止分散注意力等目的。

① 隐藏行和列。

隐藏行和列的方法类似，下面以隐藏列为例，说明操作方法。

a. 在需要隐藏列的列标上拖动鼠标，然后右击选中区域并从快捷菜单中选择"隐藏"命令。

b. 拖动鼠标选中要隐藏列的部分单元格区域，切换到"开始"选项卡，在"单元格"选项组中单击"格式"按钮，从下拉菜单中选择"隐藏和取消隐藏"→"隐藏列"命令。

② 取消行和列的隐藏。

如果要将隐藏的列再次显示在工作表中，可使用下列方法进行操作。

a. 在隐藏列的左、右两列的列标上拖动鼠标，然后右击选中区域并从快捷菜单中选择"取消隐藏"命令。

b. 拖动鼠标选中隐藏列左、右两列的部分单元格区域，切换到"开始"选项卡，在"单元格"选项组中单击"格式"按钮，从下拉菜单中选择"隐藏和取消隐藏"→"取消隐藏列"命令。

（5）改变行高与列宽。

单元格所在行的高度一般会随着显示字体的大小变化而自动调整，用户也可以根据需要调整行高。

① 手动设置行高。

将鼠标指针移至行号区中要调整行高的行和它下一行的分隔线上，当指针变成"✦"形状时，拖动分隔线到合适的位置，可以粗略设置当前行的行高。

若要精确设置行高，可将光标移至要设置行的任意单元格中，或者选定多行，切换到"开始"选项卡，在"单元格"选项组中单击"格式"按钮，从下拉菜单中选择"行高"命令，打开"行高"对话框，在文本框中输入行高值，如图4-38所示，然后单击"确定"按钮。

图4-38 "行高"对话框

② 自动调整行高。

双击行号的下边界，或将光标移至要设置行的任意单元格中，然后切换到"开始"选项卡，

在"单元格"选项组中单击"格式"按钮，从下拉菜单中选择"自动调整行高"命令，该行的行高值将符合最高的条目。

改变列宽的方法与之类似，选择"单元格"选项组中"格式"下拉菜单中的命令或在列标的右边界上操作即可。

5．编辑与设置表格数据

使用 Excel 的过程中，难免要对工作表中的数据进行编辑处理，包括修改数据、移动或复制数据、删除数据等。另外，为了使制作的表格更加美观，还可以对工作表进行格式化。

（1）修改与删除单元格内容。

当需要对单元格的内容进行编辑时，可以通过下列方式进入编辑状态。

a．双击单元格，可以直接地对其中的内容进行编辑。

b．将光标移至要修改的单元格中，然后按 F2 键。

c．激活需要编辑的单元格，然后在编辑框中修改其内容。

进入单元格编辑状态后，鼠标光标变成了垂直竖条的形状，用户可以用方向键来控制插入点的移动。按 Home 键，插入点将移至单元格的开始处；按 End 键，插入点将移至单元格的尾部。

修改完毕后，按 Enter 键或单击"编辑栏"中的"输入"按钮对修改予以确认；若要取消修改，可按 Esc 键或单击"编辑栏"中的"取消"按钮。

选定单元格或单元格区域，然后按 Delete 键，可以快速删除单元格的数据内容，并保留单元格具有的格式。按"Ctrl+Delete"组合键，单元格中插入点到行末的文本将被删除。

（2）移动与复制表格数据。

可以用鼠标拖动或使用剪贴板的方法，将某个单元格或单元格区域的内容移动或复制到其他位置。

① 用鼠标拖动。

移动单元格内容时，可将鼠标指针移至所选区域的边框上，然后按住鼠标左键将数据拖曳到目标位置，最后释放鼠标按键。

复制数据时，首先将鼠标指针移至所选区域的边框上，然后按住"Ctrl"键，并拖动鼠标到目标位置。在拖曳过程中，边框显示为虚线，鼠标指针的右上角有一个小的"+"符号。

② 使用剪贴板。

首先选定含有移动数据的单元格或单元格区域，并按"Ctrl+X"组合键（或切换到"开始"选项卡，在"剪贴板"选项组中单击"剪切"按钮），接着单击目标单元格或目标区域左上角的单元格，并按"Ctrl+V"组合键（或在"剪贴板"选项组中单击"粘贴"按钮）。

使用上述方法移动单元格内容时，如果目标单元格中原来有数据，会弹出如图 4-39 所示的提示对话框，单击"确定"按钮可以实现数据的覆盖处理。

复制过程与移动过程类似，只是在第 2 步时按"Ctrl+C"组合键（或在"剪贴板"选项组中单击"复制"按钮）即可。

③ 复制到邻近的单元格。

Excel 为复制到邻近单元格提供了附加选项。例如，要将单元格复制到下方的单元格区域，可选中要复制的单元格，然后向下扩大选区，使其包含复制到的单元格，接着切换到"开始"选项卡，单击"编辑"选项组中的"填充"按钮，从下拉菜单中选择"向下"命令，如图 4-40 所示。

图 4-39　替换内容时的提示对话框

图 4-40　使用填充命令复制单元格

在使用"填充"下拉菜单中的命令时，不会将信息放到剪贴板中。

（3）设置字体格式与文本对齐方式。

Excel 中设置字体格式的方法与 Word 类似。选定单元格区域，切换到"开始"选项卡，使用"字体"选项组中的"字体"、"字号"下拉列表框或其他控件即可设置字体格式。

输入数据时，文本靠左对齐，数字、日期和时间靠右对齐。用户可以在不改变数据类型的情况下，改变单元格中数据的对齐方式。

切换到"开始"选项卡，在"对齐方式"选项组中单击某个水平或垂直对齐按钮，可以改变文本在水平或垂直方向的对齐方式；单击"方向"按钮，从下拉菜单中选择适当的命令，能够实现对文本角度的调整；单击"自动换行"按钮，可以使超过单元格宽度的文本型数据以多行形式显示；单击"合并后居中"按钮，可以使所选单元格合并为一个单元格，并将数据居中。

如果要详细设置字体格式或文本对齐方式，可打开"设置单元格格式"对话框，在相应的选项卡中进行操作。

（4）设置数字格式。

在单元格中输入的数字，往往无法满足用户的显示要求。为此，可以利用 Excel 2010 提供的多种数字格式，更改数字的外观。数字格式并不影响 Excel 用于执行计算的实际单元格值，实际值显示在编辑栏中。

切换到"开始"选项卡，"数字"选项组内提供了几个快速设置数字格式的控件。其中，"数字格式"下拉列表框提供了设置数字、日期和时间的常用选项；单击"会计数字格式"按钮，可以在原数字前面加货币符号，并且增加两位小数；单击"百分比样式"按钮，能够实现将原数字乘以 100，并在后面加上百分号；单击"千分分隔样式"按钮，将在数字中加入千位符；单击"增加小数位数"或"减少小数位数"按钮，可以设置数字的小数位。

例如，要为选定的单元格区域添加货币符号，可在"数字"选项组中单击"会计数字格式"按钮右侧的箭头按钮，从下拉菜单中选择"中文(中国)"命令，如图 4-41 所示。

如果用户要进一步设置选定单元格区域的数字的格式，可单击"数字"选项组中的"对话框启动器"按钮（或者按"Ctrl+1"组合键），打开"设置单元格格式"对话框，切换到"数字"选项卡，在"分类"列表框中选择"数值"选项，然后对右侧的"小数位数"微调框中进行操作。

对数字设置好格式后，如果数据过长，单元格中会显示"####"符号。此时改变单元格的宽度，使之比其中数据的宽度稍大，数据显示恢复正常。

当用户需要输入同一条街道地址这样的长串数据，其中除了编号外其他内容都相同时，可以使用"自定义单元格格式"功能，达到只输入不同的部分而自动生成相同部分的目的，以提高办公效率，操作步骤如下。

① 选定要输入街道地址的单元格区域，如 A3:A12，然后打开"单元格格式"对话框。

② 切换到"数字"选项卡，选择"分类"列表框中的"自定义"选项，然后清除右侧"类型"框中的内容，并输入如"清河区健康西路#号"的文本，如图 4-42 所示，接着单击"确定"按钮，完成自定义设置。

图 4-41　使用"会计数字格式"下拉菜单 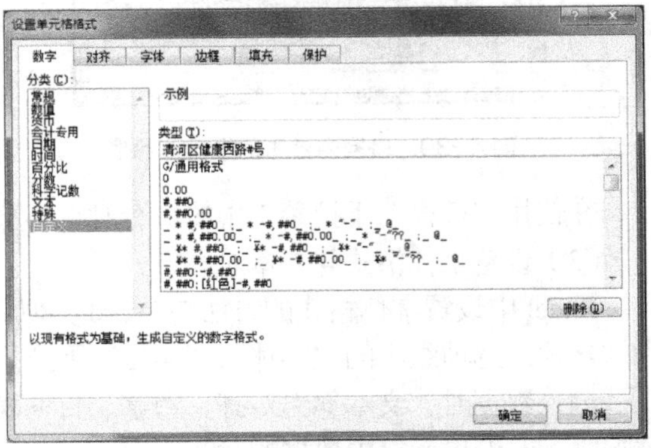　　　　图 4-42　自定义单元格格式

③ 在设置了自定义格式的单元格中，只需输入街道的数字编号，如在单元格 A4 中输入"2"，即可快速显示出完整的街道地址，结果如图 4-43 所示。

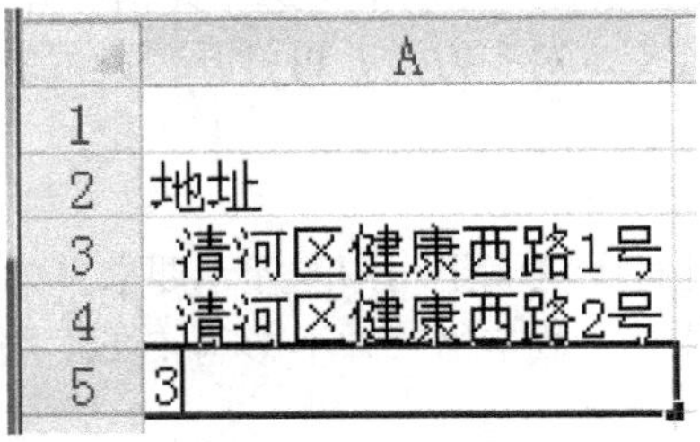

图 4-43　在自定义格式的单元格中输入数据

（5）设置表格边框和填充效果。

① 设置表格的边框。

默认情况下，工作表中的表格线都是浅色的，称为网格线，它们在打印时并不显示。为了打印带边框线的表格，可以为其添加不同线型的边框，方法为选择要进行设置的单元格区域，切换到"开始"选项卡，在"字体"选项组中单击"边框"按钮，从下拉菜单中选择适当的边框样式。

如果对下拉菜单中列举的边框样式不满意，可选择"其他边框"命令，打开"设置单元格格式"对话框并切换到"边框"选项卡。然后在"样式"列表框中选择边框的线条样式，在"颜色"下拉列表框中选择边框的颜色，在"预置"选项组中为表格添加内外边框或清除表格线，在"边框"选项组中自定义表格的边框位置。

② 添加表格的填充效果。

Excel 中，单元格默认的颜色是白色，并且没有图案。为了使表格的重要信息更加醒目，可以为单元格添加适当的填充效果，方法为选择要设置的单元格区域，切换到"开始"选项卡，在"字体"选项组中单击"填充颜色"按钮右侧的箭头按钮，从下拉列表中选择所需的颜色。

在"设置单元格格式"对话框的"填充"选项卡中，还可以设置单元格区域的背景色、填充效果、图案颜色和图案样式等。

（6）套用表格格式。

Excel 2010 提供了"表"功能，用于将工作表中的数据套用"表"格式，从而实现快速美化表格外观的目的，操作步骤如下。

① 选定要套用"表"样式的单元格区域，切换到"开始"选项卡，在"样式"选项组中单击"套用表格样式"按钮，从弹出的菜单中选择一种表格样式，如图 4-44 所示。

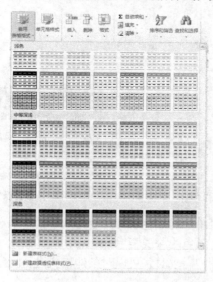

图 4-44 "套用表格样式"下拉菜单

② 在弹出的"套用表格式"对话框中，确认表数据的来源区域是否正确。如果希望标题出现在套用格式的表中，可选中"表包含标题"复选框，如图 4-45 所示。

③ 单击"确定"按钮，表格式套用在选择的数据区域中。

如果要将表转换为普通的区域，可切换到"设计"选项卡，单击"工具"选项组中的"转换为区域"按钮，如图 4-46 所示，在弹出的对话框中单击"是"按钮。

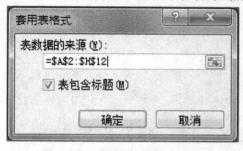

图 4-45 "套用表格式"对话框

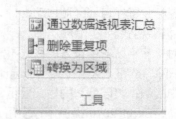

图 4-46 表格工具的"工具"选项组

（7）设置条件格式。

前面的格式处理是对选择区域中所有单元格进行的，有时需要只对选定单元格区域中满足条件的数据进行设置，这就要用到条件格式。

为数据设置默认条件格式时，可选择要设置的数据区域，如案例中的高数成绩区域 D3:D10，然后切换到"开始"选项卡，在"样式"选项组中单击"条件格式"按钮，从下拉菜单中选择设置条件的方式，如图 4-47 所示。

例如，选择"项目选取规则"→"值最大的 10 项"命令，打开"10 个最大的项"对话框，在左侧的微调框中指定最大值项的数目，如输入"3"，表示查看高数成绩最高的 3 个数值，在"设置为"下拉列表框中选择符合条件时数据显示的外观，如图 4-48 所示。

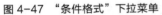

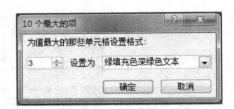

图 4-47 "条件格式"下拉菜单　　　　图 4-48 为符合条件的单元格设置格式

选择"条件格式"下拉菜单中的"色阶"命令，从子菜单中选择一种三色刻度，可以帮助用户比较某个区域的单元格，颜色的深浅表示值的高、中、低。

当默认条件格式不满足用户需求时，可以对条件格式进行自定义设置，操作步骤已经在案例中介绍。

课堂练习：在实例的工作表中，为英语成绩中高于平均分的成绩设置加粗字体。

（8）格式的复制与清除。

如果存在已经设置好格式的单元格区域，而其他区域也要设置成相同的格式，可以使用格式复制的方法快速完成。

① 复制格式。

和 Word 一样，复制格式最简单的方法依然是使用格式刷，即选定已设置好格式的单元格或单元格区域，然后切换到"开始"选项卡，在"剪贴板"选项组中单击"格式刷"按钮，接着按住鼠标左键在目标区域拖动。

② 清除格式。

当对单元格区域中设置的格式不满意时，可切换到"开始"选项卡，在"编辑"选项组中单击"清除"按钮，从下拉菜单中选择"清除格式"命令将其格式清除，如图 4-49 所示。此时，单元格中的数据将以默认的格式显示，即文本左对齐，数字右对齐。

另外，Excel 2010 提供了许多用于美化工作表外观的功能。切换到"插入"选项卡，使用"插图"选项组（图 4-50）中的命令，可以向工作表中插入图片和绘制图形、使用 SmartArt 图形、插入艺术字。

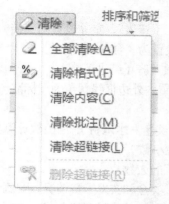

图 4-49 "清除"下拉菜单

图 4-50 "插图"选项组

4.1.4 操作实训

1.选择题

（1）在 Excel 2010 中，在（ ）功能区可进行工作簿视图方式的切换。

A.开始 　　B.页面布局 　　C.审阅 　　D.视图

（2）以下不属于 Excel2010 中数字分类的是（ ）。

A.常规 　　B.货币 　　C.文本 　　D.条形码

（3）Excel 中，打印工作簿时下面的哪个表述是错误的？（ ）

A.一次可以打印整个工作簿

B.一次可以打印一个工作簿中的一个或多个工作表

C.在一个工作表中可以只打印某一页

D.不能只打印一个工作表中的一个区域位置

（4）在 Excel2010 中要录入身份证号，数字分类应选择（ ）格式。

A.常规 　　B.数字（值） 　　C.科学计数 　　D.文本 　　E.特殊

（5）在 Excel2010 中要想设置行高、列宽，应选用（ ）功能区中的"格式"命令。

A.开始 　　B.插入 　　C.页面布局 　　D.视图

2.填空题

（1）Excel 2010 默认保存工作薄的格式扩展名为_____。

（2）在 Excel 中，如果要将工作表冻结便于查看，可以用_____功能区的"冻结窗格"来实现。

（3）在 Excel 2010 中新增"迷你图"功能，可选定数据在某单元格中插入迷你图，同时打开_____功能区进行相应的设置。

（4）在 Excel 中，如果要对某个工作表重新命名，可以用"开始"功能区的"_____"来实现。

（5）在 A1 单元格内输入"30001"，然后按下"Ctrl"键，拖动该单元格填充柄至 A8，则 A8 单元格中的内容是_____。

3.操作题

请在打开的窗口中进行如下操作，操作完成后，请关闭 Excel 并保存工作簿。

注意：请按题目要求在指定单元格位置进行相应操作。

在工作表 Sheet1 中完成如下操作：

（1）在 A1 前插入一行，输入内容为"东方大厦职工工资表"，字体设置为"楷体"，字号为"16"，字体颜色为标准色"紫色"，并将 A1:F1 区域设置为"合并后居中"。

（2）将姓名列 A3:A9 区域水平对齐方式设置为"分散对齐（缩进）"。

（3）A2:F2 栏目名行字体为"黑体"，A1:F11 区域设置内外边框线颜色为"标准色 绿色"，样式为"细实线"。

（4）利用公式计算实发工资（实发工资＝基本工资＋奖金－水电费），用函数计算各项平均值（不包括工龄，计算结果设为"数值"类型并保留 2 位小数）。

（5）在 E13 单元格中利用函数统计工龄不满 5 年职工的人数。

（6）建立簇状柱形图表比较后 3 位职工的基本工资、奖金和实发工资情况。图例为职工姓名，图表样式选择"图表样式 26"，形状样式选"细微效果-紫色，强调颜色 4"。

（7）将 A1:F9 区域的数据复制到 Sheet2 中（A1 为起始位置）。

在工作表 Sheet2 中完成如下操作：

（8）将工作表 Sheet2 重命名为"筛选统计"。

（9）筛选出工龄 5 年及以下，且奖金高于（包括）500 元的职工记录。

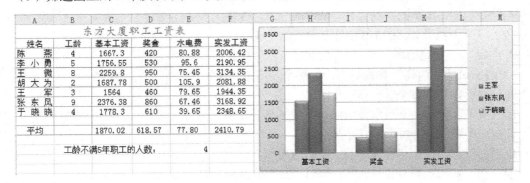

4.2 实例 2：班级考试成绩汇总表

4.2.1 实例描述

小李将整理好的 Excel 工作簿文件"本学期班级考试成绩汇总表"通过 QQ 软件按时发送给了班主任。班主任接收到文件后，经过本实例实现技术解决方案。首先对工作表"本学期班级考试成绩汇总表"中的数据进行如下的统计与分析，结果如图 4-51 所示。

（1）使用学院规定的公式 $avg = \sum_{i=1}^{n} s_i c_i / \sum_{i=1}^{n} c_i$ 计算必修课程的加权平均成绩。其中，s_i 表示第 i 门课程的成绩，c_i 表示该课程的学分。

（2）统计不同分数段的学生数，以及最高、最低平均分。

接着，她将必修课程的加权平均值作为智育成绩，复制到存放有学生德育及文体分数的 Excel 工作簿文件"学生学期总评"中，并按德、智、体分数以 2：7：1 的比例计算出每名学生的总评成绩。然后，她根据总评成绩，完成了学生的综合排名，并以学院有关奖学金评定的文件为依据，确定了奖学金获得者名单，结果如图 4-52 所示。

序号	学号	姓名	健康评估	内科护理	外科护理	英语IV	技能	技能成绩转换	平均成绩
1	30120101	方芳	70	85	75	89	良	85	80.40
2	30120102	刘霞	86	80	90	79	优	95	87.60
3	30120103	孙红宏	90	87	79	88	中	75	82.50
4	30120105	赵梦丽	85	74	91	80	及格	65	77.50
5	30120106	徐倩倩	77	69	89	92	不及格	55	72.70
6	30120107	戴诚	84	78	76	90	优	95	85.10
7	30120108	周佳维	87	65	79	91	优	95	83.80
8	30120109	王朝阳	90	60	58	73	良	85	74.40
9	30120110	张宇辰	72	90	86	45	中	75	76.60
10	30120111	王刚	86	98	89	83	优	95	91.40

课程名称	学分值
健康评估	4
内科护理	4
外科护理	4
英语IV	2
技能	6
总学分	20

学生平均成绩分段统计		
分数段	人数	比例
90分以上	1	10.00%
80-89分	5	50.00%
70-79分	4	40.00%
60-69分	0	0.00%
0-59分	0	0.00%
总计	10	100.00%
最高分	91.40	
最低分	72.70	

图 4-51　学生成绩统计与分析后的结果

序号	学号	姓名	德育原始分数	德育换算分数	文体分数	总评	排名	奖学金
1	30120101	方芳	111	100	95	101.700	1	一等
2	30120102	刘霞	98	88.28828829	90	90.402	6	
3	30120103	孙红宏	97.5	87.83783784	88	89.786	7	
4	30120105	赵梦丽	100	90.09009009	89	91.963	5	三等
5	30120106	徐倩倩	89	80.18018018	96	83.526	9	
6	30120107	戴诚	95.5	86.03603604	85	87.825	8	
7	30120108	周佳维	90	81.08108108	80	82.757	10	
8	30120109	王朝阳	102.5	92.34234234	79	93.040	4	三等
9	30120110	张宇辰	109	98.1981982	81	98.639	2	二等
10	30120111	王刚	104	93.69369369	82	94.586	3	二等

图 4-52　计算学生总评成绩、排名及奖学金后的结果

本实例实现技术解决方案如下。

（1）通过"移动或复制工作表"对话框，可以对工作表进行复制或移动。

（2）通过使用 IF 函数，可以将技能成绩由五级制转换为百分制。

（3）通过使用"选择性粘贴"对话框中的按钮，可以实现按指定要求对数据进行粘贴。

（4）通过使用 COUNTIF 函数，可以统计不同分数段的人数。

（5）通过对单元格数据的引用，可以统计不同分数段学生的比例。

（6）通过使用 MAX、MIN 函数，可以计算指定单元格区域数据中的最大值和最小值。

（7）通过使用 RANK 函数，可以实现对学生的总评排名。

4.2.2　实例实施过程

1．计算考试成绩平均分

首先借助于函数将技能成绩由五级制转换为百分制，然后使用公式计算平均分。

（1）复制原始数据。

① 打开工作簿文件"本学期班级考试成绩汇总表"，然后双击工作表标签"本学期班级考试成绩汇总表"，将其重命名为"原始成绩数据"。

② 按住 Ctrl 键的同时拖动工作表标签"原始成绩数据"。当小黑三角形出现时，释放鼠标左键，再松开 Ctrl 键，建立该工作表的副本。

③ 将复制后的工作表重命名为"课程成绩"。

（2）选定工作表"课程成绩"的单元格区域 D3:H12，切换到"开始"选项卡，单击"编辑"选项组中的"条件格式"按钮，从下拉菜单中选择"清除规则"→"清除所选单元格的规则"

命令，将考试成绩中的条件格式删除。

（3）转换技能成绩。

① 在工作表"课程成绩"的"技能"列后添加列标题"技能成绩转换"，接着将光标移至单元格 I3 中，并输入公式"=IF(H3="优",95,IF(H3="良",85,IF(H3="中",75,IF(H3="及格",65,55))))"，最后按〈Enter〉键，序号为"1"的学生的技能成绩转换成百分制。

② 利用控制句柄，将其他学生的技能成绩转换成百分制，结果如图 4-53 所示。

（4）输入各门课程的学分，计算总学分。

① 在单元格 A16、B16 中分别输入文本"课程名称"和"学分值"。

② 选定单元格区域 D2:H2，然后按"Ctrl+C"组合键，将其复制到剪贴板中。

③ 右击单元格 A17，从快捷菜单中选择"选择性粘贴"→"选择性粘贴"命令，在打开的"选择性粘贴"对话框内选中"转置"复选框，如图 4-54 所示，然后单击"确定"按钮，将课程名称粘贴到单元格 A17 开始的列中的连续单元格区域，接着将这些单元格的填充颜色去掉，并在相应的单元格中输入学分。

图 4-53　技能成绩转换成百分制后的结果　　　　图 4-54　"选择性粘贴"对话框

④ 在单元格 A22 中输入文字"总学分"，然后将光标置于单元格 B22 中，切换到"公式"选项卡，单击"函数库"选项组中的"自动求和"按钮，单元格区域 B17:B21 的周围出现虚线框，且单元格 B22 中显示公式"=SUM(B17:B21)"，按 Enter 键计算出总学分。

⑤ 为表格添加边框，并对单元格设置字体、水平居中对齐，结果如图 4-55 所示。

（5）计算平均成绩。

① 在工作表"课程成绩"的"技能成绩转换"列后添加列标题"平均成绩"，然后在单元格 J3 中输入公式"=(D3*$B$17+E3*$B$18+F3*$B$19+G3*$B$20+I3*$B$21)/$B$22"，接着按 Enter 键，计算出序号为"1"的学生的平均成绩。输入过程中，可单击选中课程成绩、学分值所在的单元格，并将对学分值的引用修改为绝对引用。

② 利用控制句柄，计算出所有学生的平均成绩。

（6）设置单元格格式。

① 选中单元格 A1，切换到"开始"选项卡，单击"对齐方式"选项组中的"合并后居中"按钮，将单元格区域 A1:H1 拆分开。

② 选定单元格区域 A1:J1，再单击"合并及居中"按钮，将这些单元格合并，标题居中显示。

③ 选定单元格区域 J3:J12，单击"字体"选项组中的"对话框启动器"按钮，打开"设置单元格格式"对话框。切换到"数字"选项卡，选择"分类"列表框中的"数值"选项，其他

设置保持默认值，然后单击"确定"按钮，将平均成绩保留两位小数。

④ 为"技能成绩转换"和"平均成绩"列进行适当的设置，结果如图 4-56 所示。

16	课程名称	学分值
17	操作系统	4
18	英语	4
19	网络应用	4
20	高数	2
21	实训	6
22	总学分	20

图 4-55　课程学分表

图 4-56　计算平均成绩后的结果

2．统计分段人数及比例

分段统计考试成绩的人数及比例，有助于班主任更加有的放矢地开展工作。

（1）在工作表"课程成绩"中 D16 开始的单元格区域建立统计分析表，如图 4-57 所示，然后为该区域添加边框、设置对齐方式。

（2）计算分段人数

① 选中单元格 E18，切换到"公式"选项卡，单击"函数库"选项组中的"插入函数"按钮，打开"插入函数"对话框。

② 将"或选择类别"下拉列表框设置为"统计"，然后在"选择函数"列表框中选择"COUNTIF"选项，如图 4-58 所示，接着单击"确定"按钮，打开"函数参数"对话框。

16	学生平均成绩分段统计		
17	分数段	人数	比例
18	90分以上		
19	80-89分		
20	70-79分		
21	60-69分		
22	0-59分		
23	总计		
24	最高分		
25	最低分		

图 4-57　建立分段统计表的框架

图 4-58　"插入函数"对话框

③ 在工作表中选择单元格区域 J3:J12，将对话框中"Range"框内显示内容修改为"$J$3:$J$12"，接着在"Criteria"框中输入条件">=90"，如图 4-59 所示，单击"确定"按钮，返回工作表。在单元格 E18 中显示出计算结果，在编辑框中显示了对应的公式"=COUNTIF($J$3:$J$12,">=90")"，统计出平均分在 90 分以上的人数。

④ 再次单击单元格 E18，按"Ctrl+C"组合键复制公式，然后在单元格 E19 中按"Ctrl+V"组合键粘贴公式，并修改为"=COUNTIF($J$3:$J$12,">=80")－COUNTIF($J$3:$J$12,">=90")"（用户也可以使用 COUNTIFS 函数进行统计），并按 Enter 键，统计出平均分在 80~89 分之间的人数。

⑤ 将单元格 E20、E21、E22 中的公式分别设置为"=COUNTIF($J$3:$J$12,">=70")－COUNTIF($J$3:$J$12,">=80")"、"=COUNTIF($J$3:$J$12,">=60")-COUNTIF($J$3:$J$12,">=70")"和"=COUNTIF($J$3:$J$12,"<60")"，统计出各分数段的人数。

⑥ 选定单元格区域 E18:E22，单击"函数库"选项组中的"自动求和"按钮，单元格 E23中计算出班级的总人数。

（3）统计分段人数的比例。

① 在单元格 F18 中输入"="，然后单击单元格 E18，选择 90 分以上的人数，接着输入"/"，单击单元格 E23，将公式修改为"=E18/E\$23"，按 Enter 键计算结果。

② 利用控制句柄，自动填充其他分数段的比例数据。

③ 选定单元格区域 F18:F22，然后打开"单元格格式"对话框，切换到"数字"选项卡，在"分类"列表框中选择"百分比"选项，并单击"确定"按钮，数值均以百分比形式显示。

（4）计算最高分与最低分。

① 将光标移至单元格 E24 中，切换到"公式"选项卡，单击"自动求和"按钮右侧的箭头按钮，从下拉列表中选择"最大值"选项。拖动鼠标选中平均成绩所在的单元格区域 J3:J12，按 Enter 键计算出平均成绩的最高分。

② 借助函数 MIN，在单元格 E25 中计算出最低分，设置边框、对齐效果后，结果如图 4-60 所示。

图 4-59　COUNTIF 函数的参数对话框

	C	D	E	F
16		学生平均成绩分段统计		
17		分数段	人数	比例
18		90分以上	1	10.00%
19		80-89分	5	50.00%
20		70-79分	4	40.00%
21		60-69分	0	0.00%
22		0-59分	0	0.00%
23		总计	10	100.00%
24		最高分	91.40	
25		最低分	72.70	

图 4-60　成绩分段统计后的结果

3．计算总评成绩、排名及奖学金

学生的德育分数是以 100 分为基础，根据学生的出勤、参加集体活动、获奖等情况，以班级制定的加、减分规则积累获得。为了班级之间具有参照性，需要以班级德育分数最高的学生为 100 分，然后按比例换算得到其他同学的分数，接着计算总评成绩，并完成最终排名。

（1）换算德育分数。

① 打开工作簿文件"学生学期总评"，单击工作表标签"德育文体分数"。

② 在列标 E 上右击，从快捷菜单中选择"插入"命令，在德育和文体分数之间插入一空列。

③ 将文本"德育换算分数"输入到单元格 E2，然后在单元格 E3 中输入"="，再单击单元格 D3，选择序号为"1"的学生的德育原始分数，接着输入"/max("，再选定单元格区域 D3:D12，然后输入")*100"，并将公式修改为"=D3/MAX(\$D\$3:\$D\$12)*100"，最后按 Enter 键，换算出该学生的最终德育分数。

④ 利用控制句柄，自动填充其他学生换算后的德育分数。设置边框后，结果如图 4-61 所示。

（2）引用德育分数。

考虑到由于疏漏等原因，德育的原始分数可能存在变更的现象，故考虑在总评中使用引用方式显示换算后的德育分数，而考试成绩及文体分数一般不存在上述问题，操作时，将数据从其他位置复制过来即可。

① 将工作簿"本学期班级考试成绩汇总表"工作簿中的工作表 Sheet2 重命名为"总评及排名"，并在单元格 A1 中输入文本"12 高职护理 301201 班学生总评成绩、排名及奖学金发放公示"。

② 将工作表"德育文体分数"单元格区域 A2:C12 中的内容复制到工作表"总评及排名"中单元格 A2 开始的区域。

③ 在工作表"总评及排名"的单元格 D2 中输入文本"德育"，然后在单元格 D3 中输入"="，显示工作簿"学生学期总评"，单击工作表标签"德育文体分数"中的单元格 E3，并将编辑栏中的公式修改为"=[学生学期总评.xls]德育文体分数!E3"，最后按 Enter 键，引用工作表"德育文体分数"中序号为"1"的学生的换算后的德育分数。

④ 利用控制句柄，引用并填充其他学生换算后的德育分数，结果如图 4-62 所示。

A	B	C	D	E	F
1	学生德育及文体分数一览表				
2	序号	学号	姓名	德育原始分数	德育换算分数	文体分数
3	1	30120101	方芳	111	100	95
4	2	30120102	刘霞	98	88.28828829	90
5	3	30120103	孙红宏	97.5	87.83783784	88
6	4	30120105	赵梦丽	100	90.09009009	89
7	5	30120106	徐倩倩	89	80.18018018	96
8	6	30120107	戴诚	95.5	86.03603604	85
9	7	30120108	周佳维	90	81.08108108	80
10	8	30120109	王朝阳	102.5	92.34234234	79
11	9	30120110	张宇辰	109	98.1981982	81
12	10	30120111	王刚	104	93.69369369	82

图 4-61　换算德育分数后的结果

A	B	C	D	E
1	12高职护理301201班学生总评成绩、排名及奖学金发放公示			
2	序号	学号	姓名	德育
3	1	30120101	方芳	100
4	2	30120102	刘霞	88.28829
5	3	30120103	孙红宏	87.83784
6	4	30120105	赵梦丽	90.09009
7	5	30120106	徐倩倩	80.18018
8	6	30120107	戴诚	86.03604
9	7	30120108	周佳维	81.08108
10	8	30120109	王朝阳	92.34234
11	9	30120110	张宇辰	98.1982
12	10	30120111	王刚	93.69369

图 4-62　引用德育分数的结果

（3）复制考试平均成绩与文体分数。

① 在工作表"总评及排名"的单元格 E2 中输入文本"智育"。

② 按"Ctrl+Page Up"组合键，切换到工作表"课程成绩"中，选定单元格区域 J3:J12，并按"Ctrl+C"组合键复制公式。

③ 按"Ctrl+Page Down"组合键，切换回"总评及排名"工作表，在单元格 E3 中右击，从快捷菜单中选择"选择性粘贴"→"值和数字格式"命令 ，将课程的平均成绩复制过来。

④ 在单元格 F2 中输入文本"文体"，然后将工作表"德育文体分数"中有关文体分数的数据复制到工作表"总评及排名"中单元格 F3 开始的区域，结果如图 4-63 所示。

（4）计算总评成绩。

① 在工作表"总评及排名"的单元格 G2 中输入文本"总评"，然后在单元格 G3 中输入"="，接着单击单元格 D3，选择序号为"1"的学生的德育分数，接着输入"*0.2+"，再单击单元格 E3，接着输入"*0.7+"，再单击单元格 F3，接着输入"*0.1"，按 Enter 键，使用公式"=D3*0.2+E3*0.7+F3*0.1"计算出第一位同学的总评成绩。

② 利用控制句柄，填充其他学生的总评成绩。

（5）计算排名。

① 在单元格 H2 中输入文本"排名"，然后选中单元格 H3，并打开"插入函数"对话框，选择 RANK 函数，打开"函数参数"对话框。当光标位于"Number"框时，单击单元格 G3 选中总评成绩，再将光标移至"Ref"框，选定工作表区域 G3:G12，并将其修改为"G$3:G$12"，最后单击"确定"按钮，计算出序号为"1"的学生的排名。

② 利用控制句柄，填充其他学生的排名，如图 4-64 所示。

A	B	C	D	E	F
1	学生德育及文体分数一览表				
2	序号	学号	姓名	德育原始分数	德育换算分数	文体分数
3	1	30120101	方芳	111	100	95
4	2	30120102	刘霞	98	88.28828829	90
5	3	30120103	孙红宏	97.5	87.83783784	88
6	4	30120105	赵梦丽	100	90.09009009	89
7	5	30120106	徐倩倩	89	80.18018018	96
8	6	30120107	戴诚	95.5	86.03603604	85
9	7	30120108	周佳维	90	81.08108108	80
10	8	30120109	王朝阳	102.5	92.34234234	79
11	9	30120110	张宇辰	109	98.1981982	81
12	10	30120111	王刚	104	93.69369369	82

图 4-63　复制考试平均成绩与文体分数后的结果

A	B	C	D	E	F	G	H
1	学生德育及文体分数一览表						
2	序号	学号	姓名	德育原始分数	德育换算分数	文体分数	总评	排名
3	1	30120101	方芳	111	100	95	101.700	1
4	2	30120102	刘霞	98	88.28828829	90	90.402	6
5	3	30120103	孙红宏	97.5	87.83783784	88	89.786	7
6	4	30120105	赵梦丽	100	90.09009009	89	91.963	5
7	5	30120106	徐倩倩	89	80.18018018	96	83.526	9
8	6	30120107	戴诚	95.5	86.03603604	85	87.825	8
9	7	30120108	周佳维	90	81.08108108	80	82.757	10
10	8	30120109	王朝阳	102.5	92.34234234	79	93.040	4
11	9	30120110	张宇辰	109	98.1981982	81	98.639	2
12	10	30120111	王刚	104	93.69369369	82	94.586	3

图 4-64　计算总评成绩与排名后的结果

（6）计算奖学金。

班级一、二、三等奖学金分别为 1 人、2 人和 2 人。下面将根据排名结果，自动计算出获得奖学金的学生名单。

① 在单元格 I2 中输入文本"奖学金"，然后在单元格 I3 中输入公式"=IF(H3<2,"一等",IF(H3<4,"二等",IF(H3<6,"三等","")))"，按 Enter 键，计算出序号为"1"的学生是否获得了奖学金。如果不满足条件，该单元格中不显示任何字符。

② 利用控制句柄，自动填充其他学生获得奖学金的情况。

（7）设置单元格格式。

① 选定单元格区域 A1:I1，切换到"开始"选项卡，单击"对齐方式"选项组中的"合并及居中"按钮，并将其字体设置为"楷体"、18 号、加粗显示。

② 将单元格区域 D3:G12 中的数据格式化为保留两位小数。

③ 为单元格区域 A2:I12 设置边框，并使其中的内容水平居中对齐。

最后，按 Ctrl+S 组合键，保存工作簿，工作完成。

4.2.3　相关知识学习

Excel 具有强大的计算功能，借助于其提供的丰富的公式和函数，可以大大方便对工作表中数据的分析和处理。当数据源发生变化时，由公式和函数计算的结果将会自动更改。

1．选择性粘贴

在 Excel 2010 中，除了能够复制选中的单元格外，还可以进行有选择的复制。例如，对单元格区域进行转置处理等。执行选择性粘贴的操作步骤如下。

（1）选定包含数据的单元格区域，切换到"开始"选项卡，在"剪贴板"选项组中单击"复制"按钮。

（2）选定粘贴单元格区域或区域左上角的单元格，然后在"剪贴板"选项组中单击"粘贴"按钮的箭头按钮，从下拉菜单中选择"选择性粘贴"命令，打开"选择性粘贴"对话框，在不同栏目中选择需要的粘贴方式。

① "粘贴"栏：用于设置粘贴"全部"还是"公式"等选项。

② "运算"栏：如果选择了除"无"之外的单选按钮，则复制单元格中的公式或数值将与粘贴单元格中数值进行相应的运算。

③ "跳过空单元"复选框：选中后，可以使目标区域单元格的数值不被复制区域的空白单元格覆盖。

④ "转置"复选框：用于实现行、列数据的位置转换。

（3）单击"确定"按钮，完成有选择地复制数据操作。

注意，"选择性粘贴"命令只能用"复制"命令定义的数值、格式、公式等粘贴到当前选定区域的单元格中，对使用"剪切"命令定义的选定区域无效。

2．输入与使用公式

公式是对单元格中的数据进行处理的等式，用于完成算术、比较或逻辑等运算。Excel 中的公式遵循一个特定的语法，即最前面是等于号，后面是运算数和运算符。每个运算数可以是数值、单元格区域的引用、标志、名称或函数。

（1）使用运算符。

在公式中，每个参与运算的数字和单元格引用都是由代表各种运算方式的符号连接而成，这些符号被称为运算符。

① 算术运算符。

算术运算符包括加号"+"、减号"-"、乘号"*"、除号"/"、乘方"^"和百分号"%",用于对数值数据进行四则运算。例如,5%表示 0.05,6^2 表示 36。

② 比较运算符。

比较运算符包括等于"="、大于">"、小于"<"、大于或等于">="、小于或等于"<="和不等于"<>",用于对两个数值或文本进行比较,并产生一个逻辑值,如果比较的结果成立,逻辑值为 TRUE,否则为 FALSE。例如,"7>2"的结果为 TRUE,而"7<2"的结果为 FALSE。

③ 文本运算符。

连接运算符"&"用于将两个文本连接起来成为一个连续的文本值。例如,"abcd"&"xyz"的结果为"abcdxyz"。

④ 引用操作符。

引用操作符可以将单元格区域合并计算,包括区域运算符":"(冒号)和联合运算符","(逗号)两种。区域运算符是对指定区域之间,包括两个引用单元格在内的所有单元格进行引用,如 A2:A4 单元格区域是引用 A2、A3、A4 这 3 个单元格。联合运算符可以将多个引用合并为一个引用,如 SUM(B2:B6, D3,F5)是对 B2、B3、B4、B5、B6、D3 及 F5 共 7 个单元格进行求和的运算。

当公式中同时用到多个运算符时,就应该了解运算符的优先级。Excel 将按照表 4-2 所示的优先级顺序进行运算。

如果公式中包含了相同优先级的运算符,则按照从左到右的原则进行运算。要更改计算的顺序,请将公式中要先计算的部分用圆括号括起来。

表 4-2　运算符的运算优先级

运算符	说明	优先级
(和)	圆括号,可以改变运算的优先级	1
-	负号,使正数变为负数	2
%	百分号,将数字变为百分数	3
^	乘幂,一个数自乘一次	4
*和/	乘法和除法	5
+和-	加法和减法	6
&	文本运算符	7
=, <, >, >=, <=, <>	比较运算符	8

(2)输入与编辑公式。

公式以"="开始,后面是用于计算的表达式。表达式是用运算符将常数、单元格引用和函数连接起来所构成的算式,其中可以使用括号改变运算的顺序。

公式输入完毕后,按 Enter 键或单击编辑栏中的"输入"按钮,即可在输入公式的单元格中显示出计算结果,公式内容显示在编辑栏中。

注意:输入到公式中的英文字母不区分大小写,运算符必须是半角符号;在输入公式时,可以使用鼠标直接选中参与计算的单元格,从而提高输入公式的效率。

编辑公式与编辑数据的方法相同。如果要删除公式中的某些项,可以在编辑栏中用鼠标选定要删除的部分,然后按 Delete 键。如果要替换公式中的某些部分,则先选定被替换的部分,然后进行修改。

（3）使用单元格引用。

在公式中，通过对单元格地址的引用来使用其中存放的数据。一般而言，引用可分为相对引用、绝对引用和混合引用 3 种类型。另外，公式还可以引用其他工作表中的数据。

① 相对引用。

相对引用是指在公式复制或移动时，引用单元格的行号、列标会根据目标单元格所在的行号、列标的变化自动进行调整。例如，在案例的工作表"课程成绩"中，计算各门课程算术平均分数的方法如下。

a. 在单元格 J3 中输入公式"=(D3+E3+F3+G3+I3)/5"，得到序号为"1"的学生的平均成绩。然后拖动该单元格的控制句柄向下填充。

b. 选定单元格区域 J3:J12，然后在活动单元格 J3 中输入公式"=(D3+E3+F3+G3+I3)/5"，接着按 Ctrl+Enter 组合键。此时，单击单元格 J5，编辑栏中显示公式"=(D5+E5+F5+G5+I5)/5"。

② 绝对引用。

复制或移动公式时，不论目标单元格在什么位置，公式中引用单元格的行号和列标均保持不变，称为绝对引用，其表示方法是在列标和行号前面都加上符号"$"，即表示为"$列标$行号"的方法。

例如，案例中求课程平均成绩的公式中，分母 "$B$22" 表示在计算每位学生的平均成绩时，计算出加权总成绩后，都除以相同的总学分。

课堂练习：在工作表中输入如图 4-65 所示的数据，然后使用合适的单元格引用方式和公式，对数据进行分析。

月份	营业额（元）	营业额增长量（元）		定基分析		环比分析	
		累计增长量	逐月增长量	定基发展速度(%)	定基增长速度(%)	环比发展速度(%)	环比增长速度(%)
1	¥30,300	—	—				
2	¥32,644						
3	¥34,567						
4	¥34,258						
5	¥35,978						
6	¥38,088						
7	¥36,546						
8	¥36,589						
9	¥37,852						
10	¥38,888						
11	¥35,286						
12	¥34,658						

表上方标题："2012年度卖场营业状况统计与分析"

图 4-65　卖场营业状况原始数据

提示：定基发展速度=本期数/定基数×100%，定基增长速度=（本期数－定基数）/定基数×100%。计算环比速度时，将上述公式中的"定基数"改为"上期数"，其中，定基是指 1 月份的数据。

③ 混合引用。

混合引用是指在公式复制或移动时，引用单元格的行号或列标中只有一个进行自动调整，而另一个保持不变，其表示方法是在行号或列标二者之一前面加上符号"$"，即表示为"$列标行号"或表示为"列标$行号"的方法。例如，B$5、$D2、F$3:K$7、$A6:$E9 等都是混合引用。

课堂练习：在工作表中产生乘法口诀表，结果如图 4-66 所示。

	A	B	C	D	E	F	G	H	I	J
		1	2	3	4	5	6	7	8	9
1										
2	1	1*1=1								
3	2	1*2=2	2*2=4							
4	3	1*3=3	2*3=6	3*3=9						
5	4	1*4=4	2*4=8	3*4=12	4*4=16					
6	5	1*5=5	2*5=10	3*5=15	4*5=20	5*5=25				
7	6	1*6=6	2*6=12	3*6=18	4*6=24	5*6=30	6*6=36			
8	7	1*7=7	2*7=14	3*7=21	4*7=28	5*7=35	6*7=42	7*7=49		
9	8	1*8=8	2*8=16	3*8=24	4*8=32	5*8=40	6*8=48	7*8=56	8*8=64	
10	9	1*9=9	2*9=18	3*9=27	4*9=36	5*9=45	6*9=54	7*9=63	8*9=72	9*9=81

图 4-66　利用混合引用产生的乘法口诀表

（编辑栏：=B$1 & "*" & $A2 & "=" & B$1*$A2）

提示，将光标移至要转换引用方式的单元格地址，然后反复按 F4 键，可以在单元格地址引用的几种表示方法之间转换。

④ 引用工作表外的单元格。

上述 3 种引用方式都是在同一个工作表中完成的。如果要引用其他工作表的单元格，则应在引用地址之前说明单元格所在的工作表名称，其形式为工作表名!单元格地址。例如，案例中在工作表"总评及排名"显示德育分数时，引用工作表"德育文体分数"相应单元格区域的数据就属于此范畴。

（4）在表格中使用公式。

表格是具有列标题的、专门指定的单元格区域。如果要在表格中使用公式，可以参照如下步骤进行操作。

① 在工作表中输入包含列标题的数据，然后将光标置于表格区域内，切换到"插入"选项卡，在"表格"选项组中单击"表格"命令，打开"创建表"对话框，在工作表中选定要转换的区域，如图 4-67 所示，单击"是"按钮，将单元格区域转换为表格。

② 将光标移到单元格 D3 中，输入"="作为公式的开始，然后单击单元格 C3，编辑栏中显示列标题"[@实际]"。

③ 输入"–"（减号），然后单击单元格 B3，Excel 会在公式中显示"[@计划]"。

④ 按 Enter 键完成公式，Excel 将把公式复制到表格的所有行中，结果如图 4-68 所示。

图 4-67　将数据区域转换为表格

	A	B	C	D
1	各生产车间生产情况统计表			
2	车间	计划	实际	偏差
3	一车间	5600	5632	32
4	二车间	5200	5106	-94
5	三车间	3500	3902	402
6	四车间	4900	5291	391

图 4-68　在表格中使用公式的结果

检查表格，可以在"偏差"列的所有单元格中发现公式"=[@实际] – [@计划]"，看上去比使用单元格引用的公式更容易理解。

3．使用函数

函数是按照特定语法进行计算的一种表达式。Excel 提供了诸如数学、财务、统计等丰富的函数，用于完成复杂、繁琐的计算或处理工作。

函数的一般形式为函数名（[参数 1],[参数 2],……），其中，函数名是系统保留的名称，参数可以是数字、文本、逻辑值、数组、单元格引用、公式或其他函数。函数有多个参数时，它们之间用逗号隔开，当函数没有参数时，其圆括号也不能省略。例如，函数 SUM(A1:E6)中有一个参数，表示计算单元格区域 A1:E6 中数据之和。

（1）手动输入函数。

如果用户对函数名及其参数比较熟悉，可以直接输入函数。下面以获取一组数字中的最小值为例，说明操作步骤如下。

① 选定要输入函数的单元格，输入等号"="，然后输入函数名的第一个字母，Excel 会自动列出以该字母开头的函数名，如图 4-69 所示。

② 多次按↓键定位到 MIN 函数，并按 Tab 键进行选择，单元格内函数名的右侧自动输入一个"("。Excel 会出现一个带有语法和参数的工具提示。

③ 选定要引用的单元格或单元格区域，输入右括号，然后按 Enter 键，函数所在单元格中显示了公式的结果。

Excel 中的函数可以嵌套，即某一函数或公式作为另一个函数的参数使用。

（2）使用函数向导输入函数。

当记不住函数的名称或参数时，可以使用粘贴函数的方法，即启动函数向导，引导建立函数运算公式，操作步骤如下。

① 选定需要应用函数的单元格，然后使用下列方法打开"插入函数"对话框。

a. 切换到"公式"选项卡，在"函数库"选项组中单击某个函数分类，从下拉菜单中选择所需的函数，如图 4-70 所示。

b. 在"函数库"选项组中单击"插入函数"按钮。

c. 按"Shift+F3"组合键。

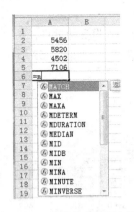

图 4-69　函数自动匹配功能

图 4-70　"函数库"选项组

② "插入函数"对话框会显示函数类别的下拉列表。在"或选择类别"下拉列表框中选择要插入的函数类别，然后从"选择函数"列表框中选择要使用的函数。单击"确定"按钮，打开"函数参数"对话框。

③ 在参数框中输入数值、单元格或单元格区域。在 Excel 中，所有要求用户输入单元格引用的编辑框都可以使用这样的方法输入。首先用鼠标单击编辑框，然后使用鼠标选定要引用的单元格区域，此时，对话框自动缩小。如果对话框挡住了要选定的单元格，则单击编辑框右侧的缩小按钮 将对话框缩小。选择结束后，再次单击该按钮恢复对话框。

④ 单击"确定"按钮，在单元格中显示出公式的结果。

（3）使用自动求和。

选定要参与求和的数值所在的单元格区域，然后切换到"开始"选项卡，在"编辑"选项组中单击"求和"按钮（或者按"Alt+="组合键），Excel 将自动出现求和函数 SUM 以及求和数据区域。如果推荐的数据区域正是自己想要的，直接按"Enter"键即可。

单击"求和"按钮右侧的下拉箭头按钮，弹出的下拉菜单中包含了其他常用函数，供计算时快速调用。

（4）在函数中使用单元格名称。

经常使用某些区域的数据时，可以为该区域定义一个名称，以后直接用定义的名称代表该区域的单元格即可。

① 命名单元格或单元格区域。

在 Excel 2010 中，对选定单元格或单元格区域命名有以下几种方法。

a.单击编辑栏左侧的名称框，输入所需的名称，然后按 Enter 键。

b.切换到"公式"选项卡，在"定义的名称"选项组中单击"定义名称"按钮，打开"新建名称"对话框，输入名称并指定名称的有效范围，如图 4-71 所示，然后单击"确定"按钮。

c.切换到"公式"选项卡，在"定义的名称"选项组中单击"根据所选内容创建"按钮，打开"以选定区域创建名称"对话框，根据标题名称所在的位置选择相应的复选框即可，如图4-72 所示。

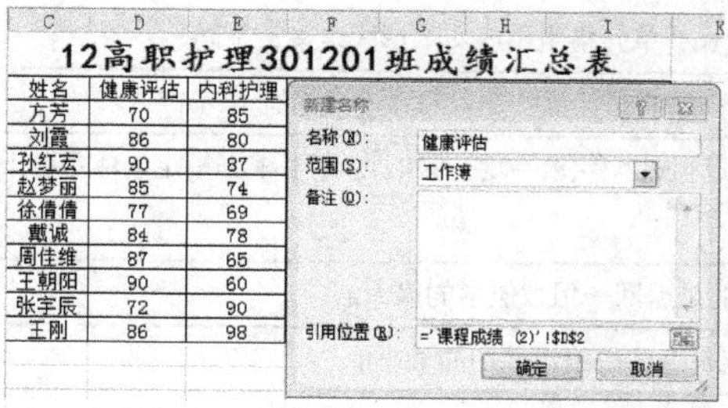

图 4-71 "新建名称"对话框

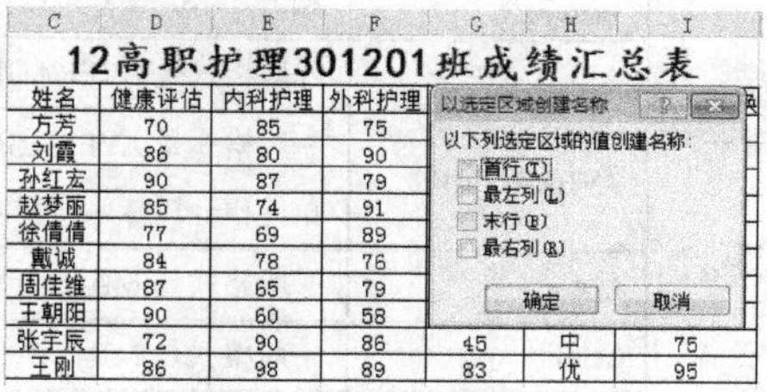

图 4-72 "以选定区域创建名称"对话框

② 定义常量和公式的名称。

定义常量名称就是为常量命名，例如可以将圆周率定义为一个名称，以后通过名称对其引用即可。此时，只需打开"新建名称"对话框，在"名称"文本框中输入要定义的常量名称，在"引用位置"文本框中输入常量值，然后单击"确定"按钮。

除了为常量定义名称外，还可以为常用公式定义名称。打开"新建名称"对话框，在"名称"文本框中输入要定义的公式的名称，如"高数平均分"，在"引用位置"文本框中输入"=AVERAGE( )"，然后单击"引用位置"文本框右侧的 按钮，选择单元格区域，如 D3：D12，再单击 按钮返回对话框，最后输入")"，如图 4-73 所示。

③ 在公式和函数中使用命名区域。

使用公式和函数时，如果选定了已经命名的数据区域，则公式和函数内就会自动出现该区域的名称。此时，按 Enter 键就可以完成公式和函数的输入。

例如，单击单元格 **D13**，切换到"公式"选项卡，在"定义的公式"选项组中单击"用于公式"按钮，从下拉菜单中选择定义的公式名称"高数平均分"，如图 4-74 所示，按 Enter 键即可得到计算结果。

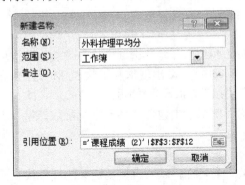

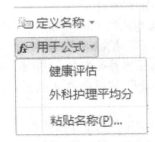

图 4-73　定义公式名称　　　　　　　　　　　图 4-74　"用于公式"下拉菜单

（5）常用函数举例。

Excel 2010 提供了 12 大类、300 多个函数，其中常见的函数及参数说明见表 4-3。

表 4-3　Excel 中的常见函数

分类	名称	说明
数学函数	SUM	一般格式是 SUM(计算区域)，功能是计算各参数的和，参数可以是数值或是对含有数值的单元格区域的引用，下同
	SUMIF	一般格式是 SUMIF(条件判断区域,条件,求和区域)，用于根据指定条件对若干单元格求和。其中，条件可以用数字、表达式、单元格引用或文本形式定义，下同
	AVERAGE	一般格式是 AVERAGE(计算区域)，功能是计算各参数的算术平均值
	AVERAGEIF	一般格式是 AVERAGEIF(条件判断区域,条件,求平均值区域)，用于根据指定条件对若干单元格计算算术平均值
	MAX	一般格式是 MAX(计算区域)，功能是返回一组数值中的最大值
	MIN	一般格式是 MIN(计算区域)，功能是返回一组数值中的最小值
	RANK	一般格式是 RANK(查找值,参照的区域,排序方式)，用于返回某数字在一组数字中相对其他数值的大小排名。当参数"排序方式"省略时，名次基于降序排列
	COUNT	一般格式是 COUNT(计算区域)，用于统计区域中包含数字的单元格的个数
	COUNTIF	一般格式是 COUNTIF(计算区域,条件)，用于统计区域内符合指定条件的单元格数目。其中，计算区域表示要计数的非空区域，空值和文本值将被忽略
逻辑函数	IF	一般格式是 IF(Exp,T,F)，其中，第一个参数 Exp 是可以产生逻辑值的表达式，如果其值为真，则函数的值为表达式 T 的值，否则函数的值为表达式 F 的值。例如，IF(4>6, "大于","不大于")的结果为"不大于"，IF("abc"="ABC","相同","不相同")的结果为"相同"
	AND	一般格式是 AND(L1,L2,…)，用于判断两个以上条件是否同时具备。例如，AND(5>4,2<6)的结果为 TRUE
	OR	一般格式是 OR(L1,L2,…)，用于判断多个条件是否之一具备。例如，OR(1>3,7<9)的结果为 TRUE。

续表

分类	名称	说明
文本函数	LEN	一般格式是 LEN (文本串)，用于统计字符串的字符个数，例如，LEN("Hello,World")的结果为 11
	LEFT	一般格式是 LEFT (文本串,截取长度)，用于从文本的开始返回指定长度的子串，例如，LEFT("abcdefg",4)的结果为 abcd
	MID	一般格式是 MID (文本串,起始位置,截取长度)，用于从文本的指定位置返回指定长度的子串，例如，MID("abcdefg",4,2)的结果为 de
	RIGHT	一般格式是 RIGHT (文本串,截取长度)，用于从文本的尾部返回指定长度的子串，例如，RIGHT("abcdefg",3)的结果为 efg

课堂练习

① 工作簿文件“学生考试成绩”的工作表“原始成绩数据”复制到一个新的工作簿文件中，然后使用适当的函数在表头显示班级代码（学号前 6 位）及班级人数，并计算学生理论课程的算术平均分以及不及格课程门数，结果如图 4-75 所示。

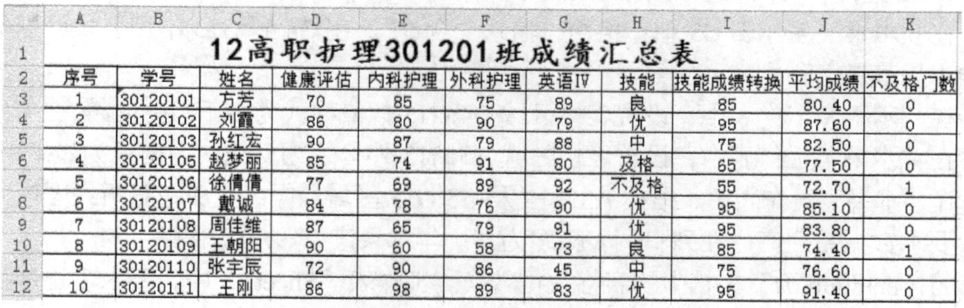

12高职护理301201班成绩汇总表

序号	学号	姓名	健康评估	内科护理	外科护理	英语Ⅳ	技能	技能成绩转换	平均成绩	不及格门数
1	30120101	方芳	70	85	75	89	良	85	80.40	0
2	30120102	刘霞	86	80	90	79	优	95	87.60	0
3	30120103	孙红宏	90	87	79	88	中	75	82.50	0
4	30120105	赵梦丽	85	74	91	80	及格	65	77.50	0
5	30120106	徐倩倩	77	69	89	92	不及格	55	72.70	1
6	30120107	戴诚	84	78	76	90	优	95	85.10	0
7	30120108	周佳维	87	65	79	91	优	95	83.80	0
8	30120109	王朝阳	90	60	58	73	良	85	74.40	1
9	30120110	张宇辰	72	90	86	45	中	75	76.60	0
10	30120111	王刚	86	98	89	83	优	95	91.40	0

图 4-75 完成课堂练习后的结果

② 利用适当的数学函数，在素材文件“职工信息表.xlsx”中统计出男职工人数、男职工平均年龄（保留两位小数）等数据。

思考题：假设赵老师要在如图 4-75 所示的表格中增加“是否面谈”列，对至少一门理论课程成绩小于 40 分的学生约谈，该如何实现？

4.2.4 操作实训

1. 选择题

（1）在中文 Excel 中，选中一个单元格后按 Del 键，这是（　　）。

A. 删除该单元格中的数据和格式　　B. 删除该单元格

C. 仅删除该单元格中的数据　　D. 仅删除该单元格中的格式

（2）中文 Excel 新建立的工作簿通常包含（　　）张工作表。

A. 3　　B. 9　　C. 16　　D. 255

（3）Excel 单元格中的一个数值为 1.234E+05，它与（　　）相等。

A. 1.23405　　B. 1.2345　　C. 6.234　　D. 123400

（4）Excel 的“编辑”菜单中“清除”命令可以（　　）。

A. 删除单元格　　B. 删除行

C. 删除列　　D. 删除单元格中的格式

（5）在 Excel 中创建图表时，（　　　　）。

    A.　必须逐步经过 4 个步骤　　　　　　　　B.　必须经过步骤 4

    C.　各步骤不能倒退　　　　　　　　　　　D.　任一步骤中都可完成

2. 填空题

（1）在默认方式下，Excel 2010 工作表的行以＿＿＿＿标记。

（2）Excel 的数据列表又称为数据清单，也称为工作表数据库，它由若干列组成，每列应有＿＿＿＿。

（3）在 Excel 2010 中，新建第 5 个工作表，默认的表名为＿＿＿＿。

（4）Excel 2010 的公式的第一个字符是＿＿＿＿。

（5）Excel 2010 的工作表名可以更改，它最多可含＿＿＿＿个字符。

3. 操作题

请在打开的窗口中进行如下操作，操作完成后，请关闭 Excel 并保存工作簿。注意：请按题目要求在指定单元格位置进行相应操作。

（1）在"水果"工作表 A1 单元格中，输入标题"部分水果产量"，设置字体为黑体、加粗、20 号字，并设置其在 A 至 G 列范围跨列居中。

（2）在"水果"工作表 G3 单元格中，输入"合计"，在 G4 到 G13 中用公式分别计算相应年份各类水果产量之和。

（3）在"水果"工作表中，设置表格区域 G4:G13 数值格式为带千位分隔符，2 位小数位。

（4）在"水果"工作表中，设置表格区域 A3:G13 外框线为双线，内框线为最细单线。

（5）在"水果"工作表中，根据 A3:A13 及 G3:G13 区域数据，生成一张折线图嵌入当前工作表中，要求数据系列产生在列，图表标题为"历年水果产量"，图例靠左。

（6）将"shuiguo.rtf"文档中的表格数据转换到工作表"Sheet1"中，要求表格数据自第一行第一列开始存放。

（7）将"Sheet1"工作表改名为"水果产量"。

（8）在"粮食"工作表中，利用自动筛选功能筛选出稻谷产量达到 18 000 万吨及以上的记录。

（9）保存工作簿"EX.XLS"。

4.3　实例 3：房地产楼盘销售汇总表

4.3.1　实例描述

李刚是某房地产开发销售部的员工，最近一段时间，他将年度前 4 个月的楼盘销售情况做了汇总，并将其制作成直观性比工作表更强的柱状图，如图 4-76 所示。后来，他又添加了 5、6 月份数据，将图表修改为折线图，对图表做了适当的格式化处理，如图 4-77 所示。最后，他将工作表打印出来进行了上报，以利于公司高层制定企业下一阶段的楼盘开发、促销等日常运作安排。

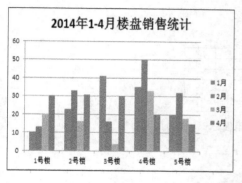

图 4-76　制作的柱状图

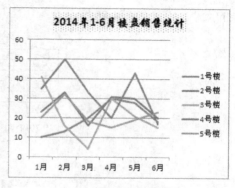

图 4-77　上报的折线图

本实例实现技术解决方案如下。

（1）通过"图表"选项组中的"图表类型"按钮，可以快速创建图表。

（2）通过"编辑数据系列"对话框，可以向已经创建好的图表中添加相关的数据。

（3）通过"设计"选项卡中的相关命令，可以重新选择图表的数据、更换图表布局等。

（4）通过"布局"选项卡中的相关命令，可以对图表进行格式化处理。

（5）通过"页面设置"对话框，可以对要打印的内容进行设置。

4.3.2　实例实施过程

1．创建销售统计柱形图

（1）李刚将已汇总出的年度前 4 个月各单元的户型销售数量，输入到了一个新建的工作簿中，并对单元格格式进行了有关的设置，如图 4-78 所示，最后他以"楼盘销售统计"为文件名保存了工作簿。

原始数据输入完成后，可以使用图表向导创建嵌入式柱形图。

（2）将光标置于数据区域的任意单元格中，切换到"插入"选项卡，单击"图表"选项组中的"柱形图"按钮，从下拉列表中选择"簇状柱形图"选项。图表在工作表中创建完成，如图 4-79 所示。

楼号	1月	2月	3月	4月
\multicolumn{5}{c}{2014年1-4月楼盘销售统计表}
1号楼	10	13	20	30
2号楼	23	33	16	31
3号楼	41	16	4	30
4号楼	35	50	33	20
5号楼	20	32	18	15

图 4-78　"楼盘销售统计表"工作表

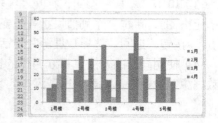

图 4-79　初步制作的销售统计柱形图

为了使图表美观，需要对默认创建的图表进行样式设置。

（3）单击图表，切换到"布局"选项卡，单击"标签"选项组中的"图表标题"按钮，从下拉菜单中选择"图表上方"命令。用鼠标在文字"图表标题"中单击，重新输入标题文本"2014年 1-4 月楼盘销售统计"。

（4）将鼠标指针移至图表的浅蓝色边框上，当指针形状变为十字形箭头时，拖动鼠标到合适的位置。

（5）将鼠标指针移至图表边框的控制点上，当指针变为双向箭头形状时，拖动鼠标以调整图表的大小，结果如图 4-80 所示。

B	C	D	E	F
2014年1-4月楼盘销售统计表				
楼号	1月	2月	3月	4月
1号楼	10	13	20	30
2号楼	23	33	16	31
3号楼	41	16	4	30
4号楼	35	50	33	20
5号楼	20	32	18	15

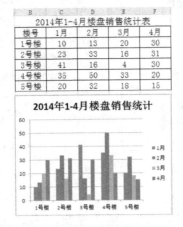

图 4-80　设置样式后的图表

2. 向统计图表中添加数据

（1）李刚正准备对图表进行适当的格式化操作，部门主管又将 5、6 月份的销售统计传给了他，要求他将这些数据也反映到图表中。李刚收到数据后，对工作表进行了重新编辑，结果如图 4-81 所示，接着他将追加的数据反映到了图表中。

2014年1-6月楼盘销售统计表						
楼号	1月	2月	3月	4月	5月	6月
1号楼	10	13	20	30	28	18
2号楼	23	33	16	31	30	20
3号楼	41	16	4	30	21	15
4号楼	35	50	33	20	43	17
5号楼	20	32	18	15	19	23

图 4-81　修改后的“楼盘销售统计表”工作表

（2）右击图表的图表区，从快捷菜单中选择“选择数据”命令，打开“选择数据源”对话框。

（3）单击“添加”按钮，打开“编辑数据系列”对话框。单击“系列名称”折叠按钮，选择单元格 G3，单击“系列值”折叠按钮，选择单元格区域 G4:G8，如图 4-82 所示。最后单击“确定”按钮，返回“选择数据源”对话框。

（4）使用同样的方法，将 6 月份的销售数据添加到图表中，单击“确定”按钮，关闭“选择数据源”对话框，图表中出现添加的数据区域，结果如图 4-83 所示。

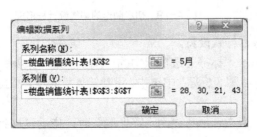

图 4-82　“编辑数据系列”对话框

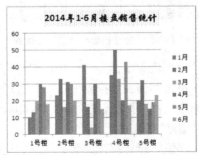

图 4-83　添加数据后的图表

3．格式化统计图表

（1）设置图表标题。

① 在图表标题区域右击，从快捷菜单中选择"字体"命令，打开"字体"对话框。在"中文字体"下拉列表框中选择"华文行楷"选项，将字号的"大小"微调框设置为"14"，然后单击"确定"按钮，如图4-84所示。

② 将图表标题修改为"2014年1-6月楼盘销售统计图"，并保持其选中状态，切换到"布局"选项卡，单击"标签"选项组中的"图表标题"按钮，从下拉菜单中选择"其他标题选项"命令，打开"设置图表标题格式"对话框。

③ 在"填充"选项卡中，选中右侧的"图案填充"单选按钮，然后在下方的列表框中选择"10%"选项，如图4-85所示。单击"关闭"按钮，图表标题格式设置完毕。

图4-84　设置图表标题的字体

图4-85　设置图表标题格式

（2）更改图表类型。

由于统计的月份和楼盘数量比较多，图表的直观性下降，李刚决定将图表的类型修改为折线图，以便于更好地反映数据的变化趋势。

① 选中图表，切换到"设计"选项卡，单击"类型"选项组中的"更改图表类型"按钮，打开"更改图表类型"对话框。

② 在"图表类型"列表框中选择"折线图"，接着从右侧列表框"折线图"栏中选择"折线图"选项。

③ 单击"确定"按钮，结果如图4-86所示。

（3）交换统计图表的行与列。

① 拖动图表右下角的控制点，使其与数据区域的大小一致。此时，以楼号作为图表的横坐标轴显得表达不够清晰。

② 右击图表的图表区，从快捷菜单中选择"选择数据"命令，在打开的"选择数据源"对话框中单击"切换行/列"按钮，单击"确定"按钮后，图表的行、列实现了互换，结果如图4-87所示。

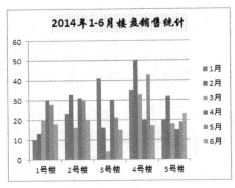

图 4-86　将图表更改为折线图

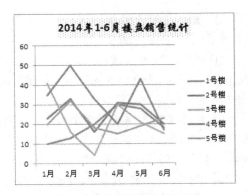

图 4-87　交换图表的行与列

③ 选中图表，切换到"设计"选项卡，在"图表布局"选项组的列表框中选择"布局 3"选项，使图表更具专业性。

④ 按"Ctrl+S"组合键，保存工作簿。

至此，图表的创建、编辑和格式化操作全部完成。接下来，将工作表以及图表打印出来，予以上报。

4．打印统计表及其图表

（1）页面设置。

① 为了使打印内容出现在纸张的左右居中位置，先将 A 列删除，然后切换到"页面布局"选项卡，单击"页面设置"选项组中的"对话框启动器"按钮，打开"页面设置"对话框。

② 切换到"页边距"选项卡，选中"居中方式"栏中的"水平"复选框，使工作表中的内容左右居中显示，如图 4-88 所示。

③ 在"页眉/页脚"选项卡中，单击"自定义页脚"按钮，打开"页脚"对话框。在"左"列表框中输入公司名称"大恒房地产开放有限公司"，在"中"列表框内输入"制作人：李刚"，在"右"列表框内输入"制作日期："，然后单击"插入日期"按钮 ，结果如图 4-89 所示。单击"确定"按钮，返回"页面设置"对话框后，单击"确定"按钮，页面设置完成。

图 4-88　"页面设置"对话框

图 4-89　设置页眉

（2）打印工作表。

① 切换到"文件"选项卡，选择"打印"命令，在右侧的窗格中出现页面的预览效果。

② 对预览效果满意后，将中间窗格的"份数"微调框设置为"5"，确保会议时人手一份，然后单击"打印"按钮，Excel 将使用默认的打印机将上述表格及图表打印出来。

打印完毕后，将结果上报主管和经理，任务完成。

4.3.3 相关知识学习

1．Excel 图表简介

图表是 Excel 最常用的对象之一，它是依据选定区域内的数据，按照一定的数据系列生成的，是对工作表中数据的图形化表示方法。图表使抽象的数据变得形象化，当数据源发生变化时，图表中对应的数据也自动更新，使得数据显示更加直观、一目了然。

Excel 提供的图表类型有 11 种之多，在使用时请记住一个原则：尽量选用最简单的图表。图形的形式越复杂，传递信息的效果就越差。下面对几种常见的图表进行介绍。

（1）柱形图和条形图。

柱形图是最常见的图表之一。在柱形图中，每个数据都显示为一个垂直的柱体，其高度则对应数据的值。柱形图通常用于表现数据之间的差异，表达事物的分布规律。柱形图可以变形为条形图、圆锥图、圆柱图等。

把柱形图顺时针旋转 90 度就成为条形图。当项目的名称比较长时，柱形图横坐标上没有足够的空间写名称，只能排成两行或者倾斜放置，而条形图却有足够的空间可以利用，如图 4-90 所示。

（2）饼图。

饼图适合表达各个成分在整体中所占的比例。为了便于阅读，饼图包含的项目不宜太多，原则上不要超过 5 个扇区，如图 4-91 所示。如果项目太多，可以尝试把一些不重要的项目合并成"其他"，或者用条形图代替饼图。

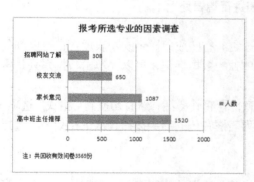

图 4-90　条形图

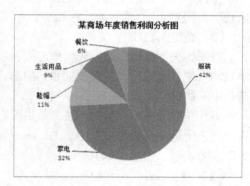

图 4-91　饼图

（3）折线图。

折线图通常用来表达数值随时间变化的趋势，在这种图表中，横坐标是时间刻度，纵坐标则是数值的大小刻度。

折线图和柱形图都可以表达随时间变化的数据，很多时候，二者可以互换使用。它们的差别在于侧重点有所区别：柱形图强调每个时间点的数值，折线图主要用于强调变化的趋势。

在实际工作中，用户可以根据主题选择合适的图表类型，以达到最佳的表现效果。

2．图表的基本操作

用户可以首先将数据以图表的形式展现出来，然后对生成的图表进行各种设置和编辑。

（1）创建图表。

Excel 中的图表分为嵌入式图表和图表工作表两种。嵌入式图表是置于工作表中的图表对

象，图表工作表是指图表与工作表处于平行地位。嵌入式图表和图标工作表都与工作表的数据相链接，并与工作表数据保持一致。

创建图表时，可在工作表中选定要创建图表的数据，切换到"插入"选项卡，在"图表"选项组中选择要创建的图表类型，如图 4-92 所示。例如，单击"柱形图"按钮，从下拉菜单中选择需要的图表类型，即可在工作表中创建图表，如图 4-93 所示。

图 4-92 "图表"选项组 图 4-93 "柱形图"下拉菜单

将创建的图表选定后，功能区将多出"图表工具|设计"、"图表工具|布局"和"图表工具|格式"3 个选项卡，通过其中的命令，即可对图表进行编辑处理了。

（2）选定图表项。

对图表进行修饰之前，应当单击图表项将其选定。有些成组显示的图表项各自可以细分为单独的元素。例如，为了在数据系列中选定一个单独的数据标记，可以先单击数据系列，再单击其中的数据标记。

另外一种选择图表项的方法为单击图表的任意位置将其激活，然后切换到"格式"选项卡，在"当前所选内容"选项组中单击"图表元素"列表框右侧的箭头按钮，从下拉列表中选择要处理的图表项，如图 4-94 所示。

（3）调整图表大小和位置。

要调整图表的大小，请将鼠标移动到图表的浅蓝色边框的控制点上，当形状变为双向箭头时拖动即可。用户也可以切换到"格式"选项卡，在"大小"选项组中精确设置图表的高度和宽度。

移动图表位置分为在当前工作表中移动和在工作表之间移动两种情况。在当前工作表中移动图表时，只要单击图表区并按住鼠标左键进行拖动即可；将图表在工作表之间移动，如将其由 Sheet1 移动到 Sheet2 时，可参考如下操作步骤。

① 右击工作表中图表的空白处，从快捷菜单中选择"移动图表"命令，如图 4-95 所示，打开"移动图表"对话框。

图 4-94 "图表元素"下拉列表框

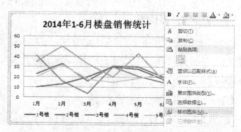

图 4-95 右键单击图表空白位置弹出的快捷菜单

② 选中"对象位于"单选按钮，在右侧的下拉列表中选择"Sheet2"选项，如图 4-96 所示。单击"确定"按钮，即可实现图表的移动操作。

（4）更改图表源数据。

图表创建完成后，可以在后续操作中根据需要向其中添加新数据，或者删除已有的数据。

① 重新添加所有数据。

重新添加所有数据时，可右击图表中的图表区，从快捷菜单中选择"选择数据"命令，打开"选择数据源"对话框，如图 4-97 所示。单击"图表数据区域"右侧的"折叠"按钮，然后在工作表中重新选择数据源区域。选取完成后单击"展开"按钮，返回对话框，将自动输入新的数据区域，并添加相应的图例和水平轴标签。确认无误后，单击"确定"按钮，即可在图表中添加新的数据。

图 4-96　将图表移动到另一个工作表中

图 4-97　"选择数据源"对话框

② 添加部分数据。

用户还可以根据需要只添加某一列数据到图表中，方法为在"选择数据"对话框中单击"添加"按钮，打开"编辑数据系列"对话框。通过单击"折叠"按钮分别选择好"系列名称"和"系列值"，然后单击"确定"按钮，返回"选择数据"对话框，可以看到添加的图例项。单击"确定"按钮，图表中出现了选择的数据区域。

另外，选定要添加到图表中的单元格区域，然后按"Ctrl+C"组合键，单击图表后，按"Ctrl+V"组合键，也可以向图表中添加数据。

（5）交换图表的行与列。

创建图表后，如果发现其中的图例与分类轴的位置颠倒了，可以很方便地对其进行调整，方法为打开"选择数据"对话框，单击"切换行/列"按钮，然后单击"确定"按钮即可。

（6）删除图表中的数据。

要删除图表中的数据，可首先打开"选择数据"对话框，然后在"图例项"列表框中选择要删除的数据系列，接着单击"确定"按钮。

用户也可以直接单击图表中的数据系列，然后按 Delete 键将其删除。

另外，当工作表中的某项数据被删除后，图表内相应的数据系列也会自动消失。

3．修改图表内容

一个图表中包含多个组成部分，默认创建的图表只包含其中的几项。如果希望图表显示更多信息，可以向其中添加一些图表布局元素。另外，也可以为图表设置样式，从而使图表变得更加美观。

（1）添加并修改图表标题。

如果要为图表添加标题并对其进行美化，可以参照如下步骤进行操作。

① 单击图表将其选中，切换到"布局"选项卡，在"标签"选项组中单击"图表标题"按钮，从下拉菜单中选择一种放置标题的方式，如图 4-98 所示。

② 在文本框中输入标题文本。

③ 右击标题文本，从快捷菜单中选择"设置图表标题格式"命令。打开"设置图表标题格式"对话框，可以为标题设置填充效果、边框颜色、边框样式、阴影、三维格式以及对齐方式等。

（2）设置坐标轴及标题。

用户可以自行决定是否在图表中显示坐标轴以及显示的方式。为了使水平和垂直坐标的内容更加明确，还可以为坐标轴添加标题。设置图表坐标轴及标题的操作步骤如下。

① 单击图表将其选中，切换到"布局"选项卡，在"坐标轴"选项组中单击"坐标轴"按钮，然后选择要设置"主要横坐标轴"还是"主要纵坐标轴"，再从子菜单中选择设置项即可。

② 设置坐标轴标题时，可切换到"布局"选项卡，在"标签"选项组中单击"坐标轴标题"按钮，然后选择要设置"主要横坐标轴标题"还是"主要纵坐标轴标题"，再从子菜单中选择设置项，如图 4-99 所示。

图 4-98　"图表标题"下拉菜单

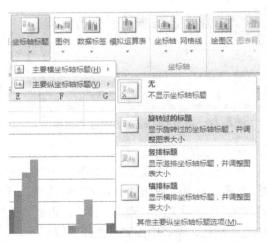

图 4-99　设置纵坐标轴标题

③ 用户也可以右击坐标轴，从快捷菜单中选择"设置坐标轴格式"命令，在打开的"设置坐标轴格式"对话框中对坐标轴进行设置。例如，在"坐标轴选项"选项卡中，在"主要刻

度单位"右侧选中"固定"单选按钮,然后在后面的文本框中输入适当的数据,可以调整坐标轴刻度单位,使网线控制在4~6根,让图表更具商务水准,满足用户的阅读需要。

④ 右击坐标轴标题,从快捷菜单中选择"设置坐标轴标题格式"命令,在打开的"设置坐标轴标题格式"对话框中设置坐标轴标题的格式。

（3）添加图例。

图例中的图标代表着每个不同的数据系列的标示。添加图例时,可选择图表,切换到"布局"选项卡,在"标签"选项组中单击"图例"按钮,从下拉菜单中选择一种放置图例的方式,Excel会根据图例的大小重新调整绘图区的大小。

右键单击图例,从快捷菜单中选择"设置图例格式"命令,打开"设置图例格式"对话框,可以在其中设置图例的位置、填充色、边框颜色、边框样式和阴影效果,如图4-100所示。

（4）添加数据标签。

数据标签是显示在数据系列上的数据标记。用户可以为图表中的数据系列、单个数据点或者所有数据点添加数据标签,添加的标签类型由选定数据点相连的图表类型决定。

如果要添加数据标签,可单击图表区,切换到"布局"选项卡,在"标签"选项组中单击"数据标签"按钮,从下拉菜单中选择添加数据标签的位置,效果如图4-101所示。

图4-100 "设置图例格式"对话框

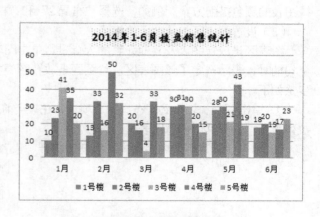

图4-101 添加数据标签

如果要对数据标签的格式进行设置,可在下拉菜单中选择"其他数据标签选项"命令。打开"设置数据标签格式"对话框,选择左侧的"标签选项"、"数字"和"对齐方式"选项,然后分别在右侧设置数据标签的显示内容、标签位置、数字的显示格式以及文字对齐方式等。

（5）显示模拟运算表。

模拟运算表是显示在图表下方的网格,其中有每个数据系列的值。如果要在图表中显示模拟运算表,可单击图表,切换到"布局"选项卡,在"标签"选项组中单击"模拟运算表"命令,从下拉菜单中选择一种放置模拟运算表的方式,效果如图4-102所示。

（6）更改图表类型。

当用户对创建的图标类型不满意时,可以更改图表的类型,操作步骤如下。

① 如果该图表是一个嵌入式图表,则单击将其选中;如果该图表是图表工作表,则单击相应的工作表标签将其选定。

② 切换到"设计"选项卡,在"类型"选项组中单击"更改图表类型"按钮,打开"更改图表类型"对话框。

③ 在"图表类型"列表框中选择所需的图表类型，再从右侧选择所需的子图表类型，如图 4-103 所示。

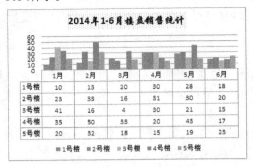

图 4-102　显示模拟运算表

图 4-103　"更改图表类型"对话框

④ 单击"确定"按钮，完成对图表类型的更改操作。

（7）设置图表样式。

可以使用 Excel 提供的布局和样式来快速设置图表的外观，方法为单击图表区，切换到"设计"选项卡，在"图表布局"选项组中选择图表的布局类型，然后在"图表样式"选项组中选择图表的颜色搭配方案。例如，选择"布局 2"和"样式 26"的效果如图 4-104 所示。

（8）设置图表区与绘图区的格式。

图表区是放置图表及其他元素的大背景。单击图表的空白位置，当图表最外框四角出现 8 个句柄时，表示选定了该图表区。绘图区是放置图表主体的背景。设置图表区和绘图区的操作步骤如下。

① 单击图表，切换到"布局"选项卡，在"当前所选内容"选项组中单击"图表元素"下拉列表框，选择其中的"图表区"选项。

② 单击"设置所选内容格式"按钮，打开"设置图表区格式"对话框，如图 4-105 所示。

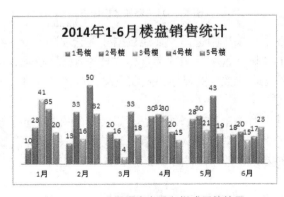

图 4-104　设置图表布局和样式后的效果

图 4-105　"设置图表区格式"对话框

③ 选择左侧列表框中的"填充"选项，在右侧可以设置填充颜色。用户还可以进一步设置边框颜色、边框样式或三维格式等，设置完成后单击"关闭"按钮。

④ 切换到"布局"选项卡，在"当前所选内容"选项组中单击"图表元素"下拉列表框，选择其中的"绘图区"选项。

⑤ 重复步骤②和③的操作，可以设置绘图区的格式。

如果要更改图表中个别数据点的形状，可选定这些数据点，切换到"格式"选项卡，在"形状样式"选项组中单击"形状填充"按钮右侧的箭头按钮，从下拉菜单中选择要填充的内容。

（9）添加趋势线。

趋势线应用于预测分析。可以在条形图、柱形图、折线图、股价图等图表中，为数据系列添加趋势线。下面以创建折线图为例，然后以为折线图添加趋势图为例，说明操作步骤。

① 选定创建折线图的数据，切换到"插入"选项卡，在"图表"选项组中单击"折线图"按钮，从下拉菜单中选择一种子类型。

② 选定图表中需要添加趋势线的数据系列，然后单击鼠标右键，从快捷菜单中选择"添加趋势线"命令，打开"设置趋势线格式"对话框。

③ 选择"趋势预测/回归分析类型"选项组中的趋势线类型，还可以利用对话框左侧的"线条颜色"、"线型"和"阴影"选项来设置趋势线的格式，如图 4-106 所示。

④ 单击"关闭"按钮，得到添加线性趋势线的图表，效果如图 4-107 所示。

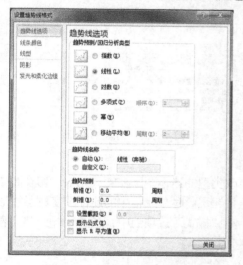

图 4-106 设置图表的趋势线

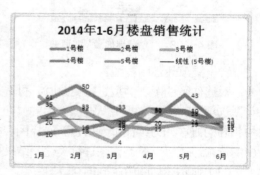

图 4-107 添加趋势线的图表

（10）使用图表模板。

如果对图表中各元素的布局以及外观样式进行了详细的设计，而且希望以后可以快速创建出同样规格的图表，就可以将当前设置好的图表创建成图表模板。以后新建图表时只要套用这个模板，即可创建出完全相同的图表，然后对内容或格式稍作修改。创建并使用图表模板的操作步骤如下。

① 单击图表区，切换到"设计"选项卡，在"类型"选项组中单击"另存为模板"按钮，打开"保存图表模板"对话框。

② 在"文件名"文本框中输入图表模板的名称，然后单击"保存"按钮。

③ 打开要套用新模板的图表，右击图表区，从快捷菜单中选择"更改图标类型"命令，打开"更改图表类型"对话框，选择左侧的"模板"选项，在右侧选择创建的图表模板。

④ 单击"确定"按钮，即可为当前图表套用新模板。

另外，切换到"布局"选项卡，单击"插入"选项组中的"文本框"按钮，然后在图表中拖曳出一个文本框，在其中输入相关内容后，可以为图表添加必要的注释信息。

4．使用迷你图

迷你图是 Excel 2010 中新增的功能，它是工作表单元格中的一个微型图表，可以提供数据的直观表示。使用迷你图可以显示数值系列中的趋势，例如，季节性增加或减少，或者可以突出显示最大值和最小值。在数据旁边添加迷你图能够达到最佳的对比效果。

（1）插入迷你图。

迷你图为用户提供了以图形表示方法显示相邻数据的方法。下面为一周的股票情况插入迷你图，以比较每只股票的走势。

① 选择要创建迷你图的数据范围，切换到"插入"选项卡，单击"迷你图"选项组中的一种类型，例如选择"折线图"，打开"创建迷你图"对话框。

② 在"选择放置迷你图的位置"框中指定放置迷你图的单元格，如图 4-108 所示。

③ 单击"确定"按钮，返回工作表中。此时，在单元格中 G3 中自动创建出一个图表，该图表示"正和股份"一周来的波动情况。

④ 用同样的方法，为其他两只股票也创建迷你图，结果如图 4-109 所示。

图 4-108　"创建迷你图"对话框

	A	B	C	D	E	F	G
1	一周股价走势						
2	个股名称	星期一	星期二	星期三	星期四	星期五	
3	正和股份	5.06	5.57	5.65	5.48	5.24	
4	中新药业	9.95	10.89	11.52	11.69	12.31	
5	杭萧钢构	4.16	4.58	4.69	4.81	4.32	

图 4-109　创建的迷你图

（2）更改迷你图类型。

对迷你图的图表类型进行更改时，可选择要更改类型的迷你图所在的单元格，切换到"设计"选项卡，单击"类型"选项组中的"柱形图"按钮，此时单元格中的迷你图变成了柱形。用相同的方法，为其他单元格重新选择图表类型。在"样式"选项组中，通过"样式"列表框中的选项，还可以对迷你图进行美化，结果如图 4-110 所示。

（3）显示迷你图中不同的点。

迷你图中可以显示数据的高点、低点、首点、尾点、负点和标记等，从而让用户更容易观察迷你图中的一些重要的点。若要在迷你图中显示数据点，可选择相应的迷你图单元格，切换到"设计"选项卡，在"显示"选项组中选择要显示的点，例如，选中"高点"和"低点"复选框，即可显示迷你图中不同的点，结果如图 4-111 所示。

	A	B	C	D	E	F	G
1	一周股价走势						
2	个股名称	星期一	星期二	星期三	星期四	星期五	
3	正和股份	5.06	5.57	5.65	5.48	5.24	
4	中新药业	9.95	10.89	11.52	11.69	12.31	
5	杭萧钢构	4.16	4.58	4.69	4.81	4.32	

图 4-110　更改迷你图的图表类型

	A	B	C	D	E	F	G
1	一周股价走势						
2	个股名称	星期一	星期二	星期三	星期四	星期五	
3	正和股份	5.06	5.57	5.65	5.48	5.24	
4	中新药业	9.95	10.89	11.52	11.69	12.31	
5	杭萧钢构	4.16	4.58	4.69	4.81	4.32	

图 4-111　显示迷你图中重要的点

（4）删除迷你图。

如果要删除某个单元格中的迷你图，可选中该单元格，切换到"设计"选项卡，单击"清除"按钮右侧的箭头按钮，从下拉菜单中选择"清除所选的迷你图"选项。

5．页面设置

如果要将工作表打印输出，一般需要在打印之前对页面进行一些设置，如纸张大小和方向、页边距、页眉和页脚、设计要打印的数据区域等。切换到"页面布局"选项卡，在"页面设置"选项组中可以对要打印的工作表进行相关的设置。

（1）设置纸张大小。

设置纸张大小就是设置以多大的纸张进行打印，操作步骤如下。

① 切换到"页面布局"选项卡，在"页面设置"选项组中单击"纸张大小"按钮，从下拉菜单中选择所需的纸张，如图 4-112 所示。

② 如果要自定义纸张大小，可选择"其他纸张大小"命令，打开"页面设置"对话框，切换到"页面"选项卡。

③ 通常情况下，采用 100%的比例打印，还可以缩放打印表格。如果选择"缩放比例"单选按钮，可以在后面的微调框中输入所需的百分比；选中"调整为"单选按钮时，可以在"页宽"和"页高"微调框中输入具体的数值。

④ 在"纸张大小"下拉列表框中指定打印纸张的类型；在"打印质量"下拉列表框中指定当前文件的打印质量；在"起始页码"文本框中设置开始打印的页码。

⑤ 设置完毕后，单击"确定"按钮。

（2）设置纸张方向。

纸张方向是指页面是横向打印还是纵向打印。若工作表的行较多而列较少，则使用纵向打印；工作表的列较多而行较少时，可以使用横向打印。设置纸张方向时，可切换到"页面布局"选项卡，在"页面设置"选项组中单击"纸张方向"按钮，从下拉菜单中选择一种纸张方向。

（3）设置页边距。

页边距是指正文与页面边缘的距离。在 Excel 中设置页边距的操作步骤如下。

① 切换到"页面布局"选项卡，在"页面设置"选项组中单击"页边距"按钮，从下拉菜单中选择一种页边距方案，如图 4-113 所示。

图 4-112　"纸张大小"下拉菜单

图 4-113　"页边距"下拉菜单

② 如果要自定义页边距，可选择"自定义边距"命令，打开"页面设置"对话框。切换到"页边距"选项卡，在"上"、"下"、"左"、"右"微调框中调整打印数据与页边缘之间的距离。

③ 在"页眉"和"页脚"微调框中输入数值来设置距离纸张的上边缘、下边缘多远打印页眉或页脚。

④ 在"居中方式"组中，选中"水平"复选框，将在左右页边距之间水平居中显示数据；选中"垂直"复选框，将在上下页边距之间垂直居中显示数据。

⑤ 单击"确定"按钮，页边距设置完成。

（4）设置打印区域。

默认情况下，打印工作表时会将整个工作表全部打印输出。如果要打印部分区域，可选定要打印的区域，切换到"页面布局"选项卡，在"页面设置"选项组中单击"打印区域"按钮，从下拉菜单中选择"设置打印区域"命令。

默认情况下，在打印工作表时，单元格中的颜色和底纹会被打印出来。如果不希望打印这些颜色和底纹，可将打印方式设置为"单色打印"，即切换到"页面布局"选项卡，单击"页面设置"选项组中的"对话框启动器"按钮，打开"页面设置"对话框，然后切换到"工作表"选项卡，在"打印"组内选中"单色打印"复选框。

（5）设置打印标题。

如果要使行和列在打印后更容易识别，可以显示打印标题。用户可以指定要在打印纸的顶部或左侧重复出现的行或列，操作步骤如下。

① 切换到"页面布局"选项卡，在"页面设置"选项组中单击"打印标题"按钮，打开"页面设置"对话框，并自动切换到"工作表"选项卡。

② 在"打印区域"文本框中输入要打印的区域，在"顶端标题行"文本框中输入标题所在的区域。也可以单击文本框右侧的"折叠对话框"按钮，隐藏对话框的其他部分，然后直接用鼠标在工作表中选定标题区域。选定后，单击右侧的"展开对话框"按钮。

③ 单击"确定"按钮，设置完成。

（6）设置页眉和页脚。

页眉位于页面的最顶端，通常用于标明工作表的标题。页脚位于页面的最底端，通常用于标明工作表的页码。用户可以根据需要指定页眉或页脚上的内容，操作步骤如下。

① 切换到"插入"选项卡，在"文本"选项组中单击"页眉和页脚"命令，切换到页面布局视图，并显示"设计"选项卡。

② 在顶部页眉区的 3 个框中输入页眉内容。

③ 单击"页眉和页脚"选项组中的"页眉"或"页脚"按钮，从下拉菜单中选择适当的命令，可以插入系统预设的信息，如图 4-114 所示。

④ 单击"页眉和页脚元素"选项组中的按钮，在页眉中插入页码、页数、当前日期、当前时间、文件路径、文件名、工作簿名称、图片，并设置图片格式等，如图 4-115 所示。

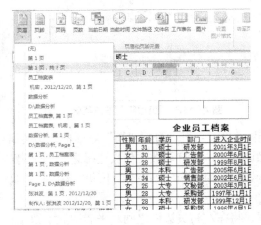

图 4-114 "页眉"下拉菜单

图 4-115 "页眉和页脚元素"选项组

⑤ 在"导航"选项组中单击"转至页脚"按钮，输入页脚内容。

⑥ 如果要使工作表奇偶页的页眉页脚不同，可选中"选项"选项组中的"奇偶页不同"复选框，然后在奇偶页的页眉页脚位置输入相应的内容。

⑦ 设置完毕后，单击工作表的任意单元格，退出页眉和页脚设置状态，再单击状态栏中的"普通"按钮，返回普通视图即可。

6. 打印工作表

Excel 2010 中也采用了所见即所得技术，可以在对工作表打印前，通过打印预览命令在屏幕上观察效果，并进行必要的调整。

（1）打印预览。

预览工作表的操作步骤如下。

① 切换到"文件"选项卡，选择"打印"命令，在"打印"选项面板的右侧可以预览打印的效果。

② 如果看不清楚预览效果，可单击预览页面下方的"缩放到页面"按钮。此时，预览效果比例放大，用户可以拖动垂直或水平滚动条来查看工作表的内容。

③ 当工作表由多页组成时，用户可以单击"下一页"按钮，预览其他页面。

④ 对预览效果不满意，可以单击"显示边距"按钮，显示指示边距的虚线。将光标移到这些虚线上，对其进行拖动以调整表格到四周的距离。

（2）打印工作表。

对预览效果满意后，可以正式打印了，操作步骤如下。

① 切换到"文件"选项卡，选择"打印"命令，显示"打印"选项面板。

② 在"份数"微调框中输入要打印的份数。

③ 如果打印当前工作表的所有页，可单击"设置"下方的"打印范围"按钮，从下拉菜单中选择"打印活动工作表"命令；如果仅打印部分页，在"页数"和"至"微调框中设置起始页码和终止页码即可。

④ 单击"打印"按钮，工作表开始打印。

4.3.4 操作实训

1. 选择题

（1）Excel 2010 中网格线在默认状态下是（　　　）的。

　A. 不显示　　　B. 不打印　　　C. 不显示但可打印　　　D. 不显示又不打印

（2）Excel 2010 不可以给表格加上（　　　）。

　A. 边框　　　B. 底纹　　　C. 颜色　　　D. 下画线

（3）如果单元格中数据超过了默认宽度，就会显示一排（　　　）。

　A. #　　　B. b　　　C. ?　　　D. *

（4）柱形图有（　　　）两种。

　A. 一维和多维　　　B. 二维和三维

　C. 三维和多维　　　D. 二维和多维

（5）以下主要显示数据变化趋势的图是（　　　）。

　A. 柱形　　　B. 圆锥　　　C. 折线　　　D. 饼图

2. 填空题

（1）Excel 中可以实现仅清除内容保留格式的操作是＿＿＿＿＿＿。

（2）Excel 中可以实现清除格式的操作是_____。

（3）Excel 中的嵌入图表是指_____。

（4）在 Excel 中，图表中的_____会随着工作表中数据的改变而发生相应的变化。

（5）在 Excel 中，需要返回一组参数的最大值，则应该使用函数_____。

3. 操作题

请在打开的窗口中进行如下操作，操作完成后，请关闭 Excel 并保存工作簿。

注意：请按题目要求在指定单元格位置进行相应操作。

（1）在"卫星资料"工作表 A1 单元格中，输入标题"卫星发射历史"，设置其字体为隶书、加粗、20 号字，并设置其在 A 至 E 列范围跨列居中。

（2）在"卫星飞行情况"工作表中，在 E1 单元格中，输入"高度差"，在 E2 到 E5 中用公式分别计算每天的飞行高差（飞行高差 = 远地高度 − 近地高度）。

（3）在"卫星飞行情况"工作表中，设置表格区域 E2:E5 为带千位分隔符，1 位小数位。

（4）在"卫星飞行情况"工作表中，设置表格区域 A1:E5 内框线为最细单线，外框线为蓝色最粗线。

（5）在"卫星飞行情况"工作表中，根据 A1:A5 及 E1:E5 区域数据，生成一张三维簇状柱形图嵌入当前工作表中，要求数据系列产生在行，图表标题为"飞行高差图"，图例在底部。

（6）将"部分卫星发射记录.rtf"文档中的表格数据转换到工作表"Sheet1"中，要求表格数据自第一行第一列开始存放。

（7）将"Sheet1"工作表改名为"发射情况"。

（8）在"卫星资料"工作表中按"发射时间"进行升序排序。

（9）保存工作簿"EX.XLS"。

4.4 实例 4：数据管理与分析

4.4.1 实例描述

张华是北京某服装制造有限公司的一名秘书，最近几天，她按照计划完成了如下工作。

（1）按照公司的规章制度，将员工月度出勤考核表中需要秘书提醒和部门经理约谈的员工及其出勤信息筛选出来，并向经理做了汇报，如图 4-116 所示。

	I	J	K	L	M	N	O
1							
2	迟到次数	缺席天数	早退次数				
3	>6		>2				
4		>3	>1				
5							
6	序号	时间	员工姓名	所属部门	迟到次数	缺席天数	早退次数
7	0017	2014年1月	李俊彦	销售部	8	1	4
8	0027	2014年1月	赵飞月	秘书处	8	1	4
9	0030	2014年1月	徐彩女	企划部	0	5	4

图 4-116 筛选出的部门经理面谈名单

（2）针对企业产品生产表，汇总了相同产品 3 个生产车间各自的生产情况，如图 4-117 所示。

1 2 3 4		A	B	C	D	E	F	G	H
1					**企业产品生产单**				
2		序号	产品名称	生产车间	产品型号	出产日期	生产成本	生产量	总成本
17				1车间 汇总				253	¥30,360
30				2车间 汇总				231	¥27,720
37				3车间 汇总				125	¥15,000
38			宝姿 汇总					609	¥73,080
52				1车间 汇总				255	¥63,750
65				2车间 汇总				193	¥48,250
73				3车间 汇总				136	¥34,000
74			歌德克侬 汇总					564	¥146,000
85				1车间 汇总				203	¥26,390
100				2车间 汇总				224	¥29,120
108				3车间 汇总				166	¥21,580
109			华伦天叙 汇总					593	¥77,090

图 4-117　按产品名称和生产车间汇总后的结果（局部）

（3）以销售业绩表中的数据为基础，汇总出了各种产品在不同地点的销售量占全部销售量的百分比，如图 4-118 所示；统计出了不同产品按时间、地点分类的销售件数，如图 4-119 所示。

本实例实现技术解决方案如下。

（1）通过"高级筛选"对话框，可以筛选出满足复杂条件的数据。

（2）通过"排序"对话框，可以按指定列对数据区域进行排序。

（3）通过"分类汇总"对话框，可以对数据进行一级或多级分类汇总。

（4）通过"创建数据透视表"对话框和"数据透视表字段列表"窗格，可以创建一维或多维数据透视表。

通过"选项"和"设计"选项卡，可以对已创建的数据透视表进行必要的设置。

	A	B
1		
2		
3	**行标签** ▼	**求和项:销售件数**
4	安化	24.90%
5	东江	20.41%
6	黑坝	12.86%
7	两水	6.53%
8	陇南	21.43%
9	武都	13.88%
10	**总计**	**100.00%**

图 4-118　一维数据透视表

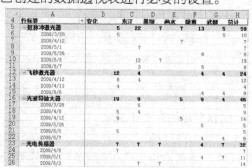

图 4-119　多维数据透视表（局部）

4.4.2　实例实现过程

首先打开工作簿文件"数据分析"，然后使用下列步骤完成任务。

1．筛选员工出勤考核情况

公司有关员工出勤考核的制度如下。

① 月迟到次数超过 2 次，或者缺席天数多于 1 天，或者有早退现象，即秘书提醒；②部门经理约谈：迟到次数大于 6 次并且早退次数大于 2 次，或者缺席天数多于 3 天并且早退次数大于 1 次，即部门经理约谈。

（1）筛选出需要提醒的员工信息。

① 在工作表"1 月份出勤考核表"中，选择单元格区域 E2:G2，切换到"开始"选项卡，单击"剪贴板"选项组中的"复制"按钮。

② 将光标移至单元格 A36 中，然后单击"剪贴板"选项组中的"粘贴"按钮。

③ 在单元格 A37、B38 和 C39 中分别输入">2"、">1"和">0"，完成条件区域设置。

④ 将光标移至数据区域中，切换到"数据"选项卡中，单击"排序和筛选"选项组中的"高级"按钮，打开"高级筛选"对话框。

⑤ 在"方式"栏中选择"将筛选结果复制到其他位置"单选按钮，"列表区域"框中的区域已自动指定，将光标移至"条件区域"框中，然后选定单元格区域 A36:C39，接着将光标移至"复制到"框中，用鼠标单击单元格 A41 指定筛选结果放置的起始单元格，如图 4-120 所示。

⑥ 单击"确定"按钮，筛选出的结果如图 4-121 所示。

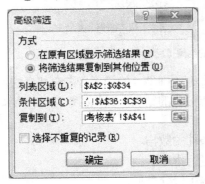

图 4-120 "高级筛选"对话框

36	迟到次数	缺席天数	早退次数				
37	>2						
38		>1					
39			>0				
40							
41	序号	时间	员工姓名	所属部门	迟到次数	缺席天数	早退次数
42	0002	2014年1月	尹希润	秘书处	12	0	1
43	0003	2014年1月	王丽丽	财务部	5	3	0
44	0004	2014年1月	王胜楠	企划部	3	0	2
45	0005	2014年1月	王甜甜	销售部	1	3	0
46	0006	2014年1月	王琳	销售部	0	0	4
47	0007	2014年1月	付艳	研发部	2	0	8
48	0008	2014年1月	左冰莹	销售部	1	1	4

图 4-121 需要提醒的员工信息（局部）

（2）筛选出需要约谈的员工信息。

① 将单元格区域 E2:G2 中的内容复制到单元格 I2 开始的区域中。

② 在单元格 I3、K3 中分别输入">6"和">2"，在单元格 J4、K4 中分别输入">3"和">1"。

③ 将光标移至数据区域中，然后再次打开"高级筛选"对话框，选中"将筛选结果复制到其他位置"单选按钮，将条件区域设置为单元格区域 I2:K4，"复制到"框设置为以单元格 I6 开始的区域。

④ 单击"确定"按钮，筛选出部门经理约谈的员工信息。

2．建立产品的分类汇总

（1）对数据进行排序。

在按照产品名称和生产车间两个字段分类汇总之前，首先使用二者对数据区域排序。

① 在工作表"企业产品生产表"中，单击数据区域的任意单元格，切换到"数据"选项卡，单击"排序和筛选"选项组中的"排序"按钮，打开"排序"对话框。

② 将"主要关键字"下拉列表框设置为"产品名称"，然后单击"添加条件"按钮，将"次要关键字"下拉列表框设置为"生产车间"，单击"确定"按钮，完成排序。

（2）对数据进行分类汇总。

① 将光标置于数据区域中，然后单击"分级显示"选项组中的"分类汇总"按钮，打开"分类汇总"对话框。

② "分类字段"下拉列表框设置为"产品名称"，将"汇总方式"下拉列表框设置为"求和"，在"选定汇总项"列表框中选择"生产量"和"总成本"两项，如图 4-122 所示。单击"确定"按钮，完成按产品名称对产品的分类汇总，结果如图 4-123 所示。

③ 将光标置于数据区域中，再次打开"分类汇总"对话框。

④ 将"分类字段"下拉列表框设置为"生产车间"，"汇总方式"下拉列表框、"选定汇总项"列表框保持与按产品名称进行分类汇总时的选项一致，撤选"替换当前分类汇总"复选框，然后单击"确定"按钮，完成分类汇总的嵌套操作。

图 4-122 "分类汇总"对话框

1 2 3		A	B	C	D	E	F	G	H
	1				企业产品生产单				
	2	序号	产品名称	生产车间	产品型号	出产日期	生产成本	生产量	总成本
	35		宝洁 汇总					609	¥73,080
	68		歌德克依 汇总					584	¥146,000
	100		华伦天奴 汇总					593	¥77,090
	132		吉尼亚 汇总					622	¥342,100
	165		卡帝乐鳄鱼 汇总					581	¥842,450
	198		路易德士 汇总					555	¥621,600
	231		旗牌王 汇总					663	¥99,450
	264		萨巴帝尼 汇总					594	¥267,300
	297		萨托尼 汇总					601	¥90,150
	329		意劳迪斯 汇总					589	¥1,507,840
	362		与狼共舞 汇总					681	¥851,250
	363		总计					6672	¥4,918,310

图 4-123 按产品名称分类汇总后的结果

3．创建产品销售情况的数据透视表

（1）建立一维数据透视表

① 在工作表"销售业绩表"中，单击数据区域的任意单元格，切换到"插入"选项卡，单击"表格"选项组中的"数据透视表"按钮，打开"创建数据透视表"对话框。

② 保持对话框中的默认选项，然后单击"确定"按钮，进入数据透视表设计界面，如图4-124所示。

③ 在"数据透视表字段列表"窗格中，从"选择要添加到报表的字段"列表框内，将"销售地点"字段拖到"行标签"框中，将"销售件数"字段拖入"数值"框中，结果如图 4-125所示。

图 4-124 数据透视表设计界面

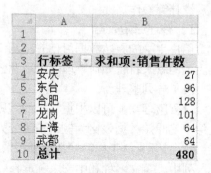

	A	B
1		
2		
3	行标签	求和项:销售件数
4	安庆	27
5	东台	96
6	合肥	128
7	龙岗	101
8	上海	64
9	武都	64
10	总计	480

图 4-125 将数据字段拖入相应区域后的结果

④ 单击单元格 B3，切换到"选项"选项卡，单击"计算"选项组中的"值显示方式"按钮，从下拉菜单中选择"全部汇总百分比"命令，如图 4-126 所示，所需的一维数据透视表创建完成。

（2）建立多维数据透视表。

① 将光标再次移至工作表"销售业绩表"的数据区域中，然后单击"插入"选项卡中的"数据透视表"按钮，在弹出的对话框中单击"确定"按钮，进入数据透视表的设计环境。

② 将窗格列表框中的"销售产品"和"销售日期"字段拖入"行标签"框中，将"销售地点"字段拖入"列标签"框中，将"销售件数"字段拖入"数值"框中，多维数据透视表初步完成。

③ 将光标置于数据透视表中，切换到"设计"选项卡，在"数据透视表样式"选项组的"快速样式"列表框中选择一种样式，对数据透视表进行美化，如图 4-127 所示。

至此，任务完成。

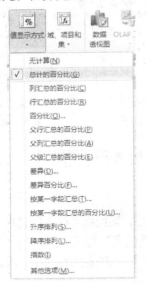

图 4-126 "值显示方式"下拉菜单

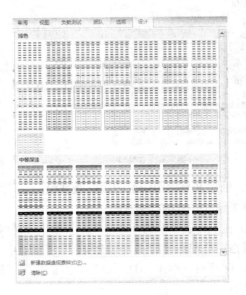

图 4-127 数据透视表"快速样式"列表框

4.4.3 相关知识学习

Excel 具有强大的数据处理功能，可以方便地组织、管理和分析数据信息。在 Excel 中，工作表内符合一定条件的连续数据区域可以视为一张数据库表，能够进行整理、排序、筛选、汇总及统计等操作。

1. 整理原始数据

用户手中的原始数据可谓五花八门，有些是通过手工录入的，有些是从企业数据库中导入的。下面就来看看如何整理这些来源各异的数据。

（1）分列整理。

分列整理功能可以根据一定的规则，将某列保存的内容分割后保存于多列中。下面以素材文件中的原始数据表格为例，说明分列整理数据的操作步骤。

① 打开素材工作簿"数据分析"，显示"分列整理数据"工作表。可以看到，在"公司名称"列中，英文名称和中文名称混在一起，中间以"|"分隔。内容分列后需要各占一列，所以先用鼠标右击列标 B，从快捷菜单中选择"插入"命令，插入一空白列。

② 选择待分的列 A，切换到"数据"选项卡，在"数据工具"选项组中单击"分列"按钮，打开"文本分列向导"对话框。选择"分隔符号"单选按钮，然后单击"下一步"按钮。

③ 在分列向导的第 2 步中，选中"分隔符号"组中的"其他"复选框，并在右侧的文本框中输入"|"，如图 4-128 所示，然后单击"下一步"按钮。

④ 在分列向导的第 3 步中，选中"列数据格式"组中的"常规"单选按钮，然后单击"确定"按钮。在工作表中修改相应列的列名，并为数据区域添加边框，结果如图 4-129 所示。

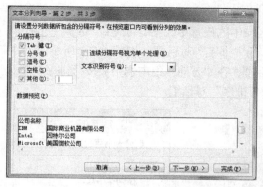

图 4-128 "文本分列向导"对话框 图 4-129 对数据分列整理后的结果

（2）删除重复项目。

由于误操作、机器故障等原因，原始数据中可能会混有一些重复的记录。要从大量的记录中把它们找出来并删除，无异于大海捞针。此时，用户可以使用 Excel 提供的"删除重复项"功能，快速地将雷同数据删除，操作步骤如下。

① 打开素材工作簿"数据分析"，显示"删除重复项目"工作表。选择待分析处理的单元格区域 A1:F13，切换到"数据"选项卡，单击"数据工具"选项组中的"删除重复项"按钮，打开"删除重复项"对话框。

② 选中"数据包含标题"复选框，将列表框内的全部复选框选中，表示只有这些列都相同时，才认为是重复项，如图 4-130 所示。

③ 单击"确定"按钮，Excel 将搜索并删除重复值，同时弹出如图 4-131 所示的对话框给出处理结果，单击"确定"按钮，完成操作。

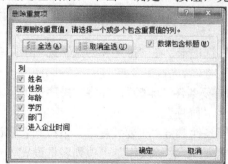

图 4-130 "删除重复项"对话框

图 4-131 对数据删除重复项目后的提示信息

2．对数据进行排序

排序是指按指定的字段值重新调整记录的顺序，这个指定的字段称为排序关键字。通常数字由小到大、文本按照拼音字母顺序、日期从最早的日期到最晚的日期的排序称为升序，反之称为降序。另外，若要排序的字段中含有空白单元格，则该行数据总是排在最后。

（1）按列简单排序。

按列简单排序是指对选定的数据按照所选定数据的第一列数据作为排序关键字进行排序的方法，即单击待排序字段列包含数据的任意单元格，切换到"数据"选项卡，在"排序和筛选"选项组中单击"升序"或"降序"按钮。

（2）按行简单排序。

按行简单排序是指对选定的数据按其中的一行作为排序关键字进行排序的方法，操作步骤

如下。

① 打开要进行单行排序的工作表，单击数据区域中的任意单元格，切换到"数据"选项卡，在"排序和筛选"选项组中单击"排序"按钮，打开"排序"对话框，如图 4-132 所示。

② 单击"选项"按钮，打开"排序选项"对话框，在"方向"组内选中"按行排序"单选按钮，如图 4-133 所示，单击"确定"按钮，返回"排序"对话框。

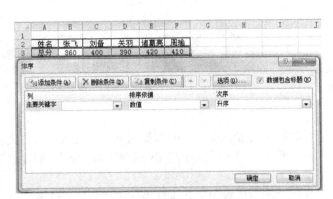

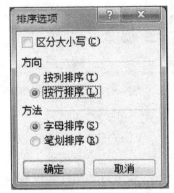

图 4-132 "排序"对话框　　　　　　　　　图 4-133 "排序选项"对话框

③ 单击"主要关键字"下拉列表框右侧的箭头按钮，从弹出的列表中选择"行 3"作为排序关键字的选项。在"次序"下拉列表框中选择"降序"选项，然后单击"确定"按钮，结果如图 4-134 所示。

（3）多关键字排序。

多关键字复杂排序是指对选定的数据区域，按照两个以上的排序关键字按行或按列进行排序的方法。下面以工作表"员工档案表"的"年龄"降序排列，年龄相同的按"工资"降序排列为例，介绍多关键字排序的操作步骤。

① 单击数据区域的任意单元格，切换到"数据"选项卡，在"排序和筛选"选项组中单击"排序"按钮，打开"排序"对话框。

② 在"主要关键字"下拉列表框中选择排序的首要条件"年龄"，并将"排序依据"下拉列表框设置为"数值"，将"次序"下拉列表框设置为"降序"。

③ 单击"添加条件"按钮，在对话框中添加次要条件，将"次要关键字"下拉列表框设置为"工资"，并将"排序依据"下拉列表框设置为"数值"，将"次序"下拉列表框设置为"降序"。

④ 设置完毕后，单击"确定"按钮，即可看到排序后的结果。

（4）自定义排序。

自定义排序是指对选定数据区域按用户定义的顺序进行排序。例如，在"员工档案表"中，按指定的序列"行政部，研发部，财务部，广告部，市场部，销售部，文秘部，采购部"，对员工的个人信息进行排序，这就需要使用"自定义排序"功能，操作步骤如下。

① 单击数据区域的任意单元格，切换到"数据"选项卡，在"排序和筛选"选项组中单击"排序"按钮，打开"排序"对话框。在"主要关键字"下拉列表框中选择"部门"，在"次序"下拉列表框中选择"自定义序列"选项，打开"自定义序列"对话框。

② 在"自定义序列"选项卡的"输入序列"列表框中依次输入排序序列。每输入一行，按 Enter 键，输入结束后，单击"添加"按钮，序列被添加到"自定义序列"列表框中。

③ 单击“确定”按钮，返回“排序”对话框后，单击“确定”按钮，数据区域按上述指定的序列排序完成，结果如图 4-135 所示。

	A	B	C	D	E	F
1						
2	姓名	诸葛亮	周瑜	刘备	关羽	张飞
3	总分	420	410	400	390	360

图 4-134　按行排序的结果

41	405	陈尉	男	29	本科	行政部	1999年1月1日		¥5,000
42	409	孟永科	男	35	本科	行政部	2006年4月1日		¥5,000
43	436	苏红江	男	25	大专	行政部	2005年6月1日		¥3,600
44	439	陈小永	女	34	本科	行政部	1997年11月1日		¥3,456
45	445	宋派沛	男	34	本科	行政部	1999年2月1日		¥5,002
46	449	孙小民	男	29	本科	行政部	2000年7月1日		¥2,000
47	476	宋派沛	女	40	大专	行政部	2003年4月1日		¥5,698
48	479	白中雪	女	24	硕士	行政部	1995年8月1日		¥3,698
49	485	杨林	男	31	本科	行政部	2002年6月1日		¥6,456
50	489	苏宇拓	男	34	本科	行政部	1996年4月1日		¥3,598
51	499	田格艳	男	25	硕士	行政部	2003年7月1日		¥5,500
52	503	龙丹丹	男	30	本科	行政部	2001年3月1日		¥5,500
53	001	杨林	男	31	硕士	研发部	2001年3月1日	部门经理	¥6,582
54	003	郭文	女	28	硕士	研发部	1999年8月1日		¥6,064
55	008	杨燕	女	28	本科	研发部	1999年12月1日		¥5,698

图 4-135　自定义排序的结果（局部）

另外，如果需要按姓氏笔画对数据进行排序，请在“排序”对话框中单击“选项”按钮，在打开的“排序选项”对话框内选中“笔画排序”单选按钮。

3．数据筛选

数据筛选是指隐藏不希望显示的数据，而只显示指定条件的数据行的过程。Excel 提供的自动筛选和高级筛选功能，能够快速而方便地从大量数据中查询出需要的信息。

（1）自动筛选。

自动筛选是指按单一条件进行的数据筛选，从而显示符合条件的数据行。例如，在“员工档案表”工作表中筛选出学历为“大专”的人员信息，操作步骤如下。

① 单击数据区域的任意单元格，切换到“数据”选项卡，在“排序和筛选”选项组中单击“筛选”按钮，表格中的每个标题右侧将显示“自动筛选箭头”按钮。

② 单击“学历”字段名右侧的“自动筛选箭头”按钮，从下拉菜单中撤选“全部”复选框，并选择“大专”复选框，如图 4-136 所示。参与筛选列的“自动筛选箭头”按钮的颜色将发生变化，以标记是对哪一列进行了筛选。

③ 单击“确定”按钮，即可显示符合条件的数据，如图 4-137 所示。

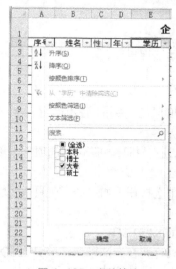

图 4-136　自动筛选

企业员工档案

	序号	姓名	性	年	学历	部门	进入企业时间	担任职务	工资
8	006	杨楠	女	25	大专	文秘部	2003年3月1日		¥2,856
9	007	陈强	男	28	大专	采购部	1997年11月1日	部门经理	¥5,896
12	010	邱鸣	男	31	大专	广告部	2004年1月1日		¥3,598
16	014	巩月明	女	32	大专	采购部	1999年1月1日		¥5,550
27	025	刘用佳	女	25	大专	文秘部	2006年4月1日		¥5,550
34	032	宋派沛	男	26	大专	文秘部	2004年7月1日		¥6,000
36	034	张华郡	女	34	大专	文秘部	2003年2月1日		¥6,000
37	035	白中雪	女	23	大专	文秘部	1992年1月1日		¥5,500
41	039	王名梓	女	24	大专	市场部	2003年1月1日		¥6,000
52	050	宋派沛	女	25	大专	广告部	2000年6月1日		¥5,600
53	051	柳小鑫	男	28	大专	文秘部	1999年8月1日		¥6,000
56	054	孙小民	男	31	大专	采购部	2003年3月1日		¥4,568
60	058	邱鸣	女	32	大专	采购部	2004年1月1日		¥2,856
71	069	程丹	女	25	大专	市场部	1999年1月1日		¥6,456
78	076	想兄	男	26	大专	文秘部	1997年7月1日		¥4,452
80	078	吴娜你	女	34	大专	研发部	1997年2月1日	部门经理	¥6,523
81	079	丁数琴	女	23	大专	市场部	1995年4月1日		¥3,465

图 4-137　自动筛选的结果（局部）

④ 如果要使用基于另一列中数据的附加“与”条件，在另一列中重复步骤②和③即可。

当需要取消对某一列进行的筛选时，可单击该列旁边的“自动筛选箭头”按钮，从下拉菜单中选中“全选”复选框，然后单击“确定”按钮。

再次单击"排序和筛选"选项组中的"筛选"按钮，可以退出自动筛选功能。

课堂练习：在"员工档案表"工作表中筛选出部门经理名单。

（2）自定义筛选。

当基于某一列的多个条件筛选记录时，可以使用"自定义自动筛选"功能。例如，为了筛选出工作表"1 月份出勤考核表"中迟到次数在 3~5 的人员名单，可以参照下述步骤进行操作。

① 对数据区域执行"自动筛选"命令。

② 单击"迟到次数"列的"自动筛选箭头"按钮，从下拉菜单中选择"数据筛选"→"介于"命令，打开"自定义自动筛选方式"对话框。

③ 在"大于或等于"右侧的下拉列表框中输入"3"，选中"与"单选按钮，在"小于或等于"右侧的下拉列表框中输入"5" ，如图 4-138 所示。

④ 单击"确定"按钮，即可显示符合条件的记录，如图 4-139 所示。

图 4-138　自定义自动筛选方式

图 4-139　自定义筛选的结果

课堂练习：在工作表"1 月份出勤考核表"筛选出"研发部"或"企划部"的员工的考勤信息。

（3）高级筛选。

自动筛选只能对某列数据进行两个条件的筛选，并且不同列之间同时筛选时，只能是"与"关系。对于其他筛选条件，如在工作表"企业产品生产表"中筛选出生产量在 40 个以上的光纤放大器或光波导放大器的生产单，就需要使用高级筛选功能，操作步骤如下。

① 复制数据的列标题，在工作表中建立条件区域，以指定筛选结果必须满足的条件，如图 4-140 所示。注意以下几点。

a. 条件区域和数据区域要有空行或者空列进行间隔。

b. 条件区域中使用的列标题必须与数据区域中的列标题完全相同。

c. 条件区域不必包含数据区域中的所有列标题。

d. 如果需要含有相似的记录，可使用通配符"*"和"?"。

e. 对于复合条件，遵循的原则为"在同一行表示条件之间的'与'关系，在不同行表示'或'关系"。

② 单击数据区域的任意单元格，切换到"数据"选项卡，在"排序和筛选"选项组中单击"高级"按钮，打开"高级筛选"对话框。

③ 在"方式"栏内选中"将筛选结果复制到其他位置"单选按钮（如选择"在原有区域显示筛选结果"单选按钮，则不用指定"复制到"区域）。

④ 在"列表区域"框中，指定要进行高级筛选的数据区域$A$2:$H$351。

⑤ 将光标移至"条件区域"框中，然后拖动鼠标指定包括列标题在内的条件区域$J$2:$Q$3。

⑥ 将光标移至"复制到"框中，然后用鼠标单击筛选结果复制到的起始单元格$J$6。

⑦ 若要从结果中排除相同的行，可选择对话框中的"选择不重复的记录"复选框。

⑧ 单击"确定"按钮，高级筛选完成，结果如图 4-141 所示。

	J	K	L	M	N	O	P	Q
2	序号	产品名称	生产车间	产品型号	出产日期	生产成本	生产量	总成本
3		*放大器					>40	

图 4-140　指定高级筛选条件

	J	K	L	M	N	O	P	Q
6	序号	产品名称	生产车间	产品型号	出产日期	生产成本	生产量	总成本
7	005	光波导放大器	2车间	sdli-83457	3/14	¥15,000	45	¥675,000
8	026	光纤放大器	2车间	sdifeih	3/17	¥15,000	45	¥675,000
9	038	光波导放大器	1车间	sdli-83457	3/14	¥15,000	45	¥675,000
10	103	光纤放大器	2车间	11-65s	3/15	¥15,000	45	¥675,000
11	158	光纤放大器	1车间	sdifeih	3/16	¥15,000	45	¥675,000
12	181	光波导放大器	3车间	4nic-xs	3/14	¥15,000	45	¥675,000
13	225	光波导放大器	3车间	4nic-dc	3/16	¥15,000	45	¥675,000
14	301	光纤放大器	2车间	sid-la	3/16	¥15,000	45	¥675,000

图 4-141　高级筛选的结果

课堂练习：打开实例 1 中制作的工作簿“本学期班级考试成绩汇总表”，在工作表“本学期班级成绩汇总表”中筛选出理论课程需要补考的学生名单。

4．数据分类汇总

分类汇总是指根据指定的类别将数据以指定的方式进行统计，进而快速将大型表格中的数据进行汇总与分析，获得所需的统计结果。

（1）创建分类汇总。

插入分类汇总之前需要将数据区域按关键字排序，从而使相同关键字的行排列在相邻行中。下面统计工作表“1 月份出勤考核表”中各部门人员累计迟到、缺席和早退次数为例，介绍创建分类汇总的操作步骤。

① 单击数据区域中“所属部门”列的任意单元格，切换到“数据”选项卡，在“排序和筛选”选项组中单击“升序”按钮，对该字段进行排序。

② 在“数据”选项卡中，单击“分级显示”选项组内的“分类汇总”按钮，打开“分类汇总”对话框。

③ 在“分类字段”下拉列表框选择“所属部门”字段。在“汇总方式”下拉列表框中选择汇总计算方式“求和”。在“选定汇总项”列表框中选择“迟到次数”、“缺席次数”和“早退次数”复选框。

④ 单击“确定”按钮，即可得到分类汇总结果。

进行分类汇总后，在数据区域的行号左侧出现了一些层次按钮[-]，这是分级显示按钮，在其上方还有一排数值按钮[1][2][3]，用于对分类汇总的数据区域分级显示数据，以便于看清其结构。

（2）嵌套分类汇总。

当需要在一项指标汇总的基础上，再按另一项指标进行汇总时，可使用分类汇总的嵌套功能，操作步骤如下。

① 对数据区域中要实施分类汇总的多个字段进行排序。

② 将光标置于数据区域中，切换到“数据”选项卡，然后使用上面介绍的方法，按第一关键字对数据区域进行分类汇总。

③ 再次打开“分类汇总”对话框，在“分类字段”下拉列表框中选择次要关键字，将“汇总方式”下拉列表框、“选中汇总项”列表框保持与第一关键字相同的设置，接着撤选“替换当前分类汇总”复选框。

④ 单击“确定”按钮，操作完成。

（3）删除分类汇总。

对于已经设置了分类汇总的的数据区域，再次打开“分类汇总”对话框，单击“全部删除”按钮，即可删除当前的全部分类汇总。

（4）复制分类汇总的结果。

在实际工作中，用户可能需要将分类汇总结果复制到其他表另行处理。此时，不能使用一般的复制、粘贴操作，否则会将数据与分类汇总结果一起进行复制。仅复制分类汇总结果的操作步骤如下。

① 通过分级显示按钮，仅显示需要复制的结果。按"Alt+;"组合键选取当前显示的内容，并按"Ctrl+C"组合键将其复制到剪贴板中。

② 在目标单元格区域中按"Ctrl+V"组合键完成粘贴操作。

③ 如有需要，请使用"分类汇总"对话框将目标位置的分类汇总全部删除。

5．建立数据透视表

数据透视表是一种对大量数据快速汇总和建立交叉表的交互式表格，用户可以转换行以查看数据源的不同汇总结果，可以显示不同页面以筛选数据，还可以根据需要显示区域中的明细数据。

（1）创建数据透视表。

用户可以对已有的数据进行交叉制表和汇总，然后重新发布并立即计算出结果。下面以工作表"员工档案表"中的数据为基础，介绍使用数据透视表统计各部门中不同学历员工的平均工资的方法。

① 单击数据区域的任意单元格，切换到"插入"选项卡，在"表格"选项组中单击"数据透视表"按钮，打开"创建数据透视表"对话框。

② 软件自动选中"选择一个表或区域"单选按钮，并在"表/区域"文本框中自动填入数据区域。在"选择放置数据透视表的位置"选项组中选择"新工作表"单选按钮，如图 4-142 所示。

③ 单击"确定"按钮，进入数据透视表设计环境。从"选择要添加到报表的字段"列表框中，将"部门"字段拖到"行标签"框中，将"学历"字段拖到"列标签"框中，将"工资"字段拖到"数值"框中。

④ 在工作表中单击文本"求和项:工资"所在的单元格，切换到"选项"选项卡，在"活动字段"选项组中单击"字段设置"按钮，打开"值字段设置"对话框。

⑤ 选中"汇总方式"列表框中的"平均值"选项，然后单击"数字格式"按钮，打开"单元格格式"对话框，在"分类"列表框中选择"数值"选项。单击"确定"按钮，返回"值字段设置"对话框，如图 4-143 所示。

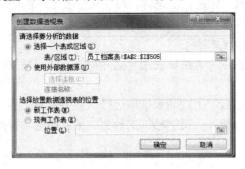

图 4-142 "创建数据透视表"对话框

图 4-143 "值字段设置"对话框

⑥ 单击"确定"按钮，数据透视表创建完毕。

用户可以在数据透视表中单击"行标签"右侧的箭头按钮，选择要查看的部门名称。

说明，在"数据透视表字段列表"窗格中，"报表筛选"区域中的字段可以控制整个数据透视表的显示情况；"行标签"区域中的字段显示为数据透视表侧面的行，位置较低的行嵌套在紧靠它上方的行中；"列标签"区域中的字段显示为数据透视表顶部的列，位置较低的列嵌套在它上方的列中；"数据"区域中的字段显示汇总数值数据。

（2）更新数据透视表数据。

对于建立了数据透视表的数据区域，其数据的修改并不影响数据透视表。因此，当数据源发生变化后，可右键单击数据透视表的任意单元格，从快捷菜单中选择"刷新"命令，以便于及时更新数据透视表中的数据。

（3）添加和删除数据透视表字段。

数据透视表创建完成后，用户也许会发现其中的布局不符合要求，这时可以根据需要在数据透视表中添加或删除字段。

例如，要在上述数据透视表中统计出不同部门、不同学历的男女员工的平均工资，可按照如下方法进行：单击数据透视表的任意一个单元格，从"选择要添加到报表的字段"列表框中将"性别"字段拖到"列标签"框中。

如果要删除某个数据透视表字段，可在"数据透视表字段列表"窗格中，撤选"选择要添加到报表的字段"列表框中相应的复选框。

（4）查看数据透视表中的明细数据。

在 Excel 中，用户可以显示或隐藏数据透视表中字段的明细数据，操作步骤如下。

① 右键单击标签中要查看明细的字段，从快捷菜单中选择"展开/折叠"→"展开"命令，打开"显示明细数据"对话框。

② 在列表框中选择要查看的字段名称，如"姓名"选项，如图 4-144 所示。

③ 单击"确定"按钮，明细数据显示在数据透视表中。单击行标签前面的⊞或⊟按钮，即可展开或折叠数据透视表中的数据，如图 4-145 所示。

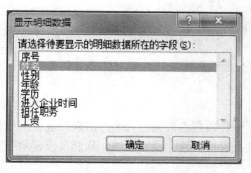

图 4-144 "显示明细数据"对话框

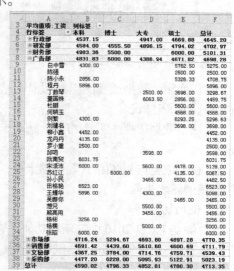

图 4-145 显示明细数据

若要显示字段中的所有明细数据，可右击数据透视表的数值区域的单元格，如右击市场部、本科员工平均工资的单元格 B9，从快捷菜单中选择"显示详细信息"命令，将在新的工作表中单独显示该单元格所属的一整行明细数据。

（5）数据透视表自动套用格式。

为了使数据透视表更美观、其中的数据更加清晰明了，还可以为数据透视表设置表格样式，方法为单击数据透视表的任意单元格，切换到"设计"选项卡，在"数据透视表样式"选项组中单击样式列表框右下角的"其他"按钮，从弹出的菜单中选择一种表格样式。

用户还可以切换到"设计"选项卡，在"数据透视表样式选项"选项组中，选中相应的复选框来设置数据透视表的外观，如"行标题"、"列标题"、"镶边行"和"镶边列"等。

（6）利用数据透视表创建数据透视图。

数据透视图是以图形形式表示的数据透视表。与图表和数据区域之间的关系相同，各数据透视表之间的字段相互对应。下面以上述建立的数据透视表为基础，介绍创建数据透视图的操作步骤。

① 单击数据透视表的任意单元格，切换到"选项"选项卡，在"工具"选项组中单击"数据透视图"按钮，打开"插入图表"对话框，从左侧列表框中选择"柱形图"图表类型，然后从右侧列表框中选择"簇状圆柱图"子类型。

② 单击"确定"按钮，即可在工作表中插入数据透视图，如图 4-146 所示。

③ 如果不想显示行政部和文秘部人员的工资数据，可在"数据透视图筛选"窗格中，撤选"部门"下拉列表框内的"行政部"和"文秘部"复选框，然后单击"确定"按钮，即可看到筛选后的数据，如图 4-147 所示。

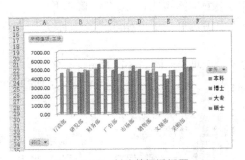

图 4-146　创建数据透视图

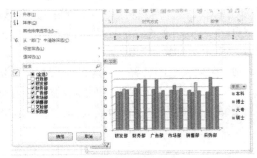

图 4-147　筛选数据透视图

④ 切换到"数据透视图工具|设计"选项卡，可以利用其中的相关命令，更改图表类型、图表布局和图表样式。

⑤ 在"数据透视图工具|布局"选项卡中，可以对数据透视图的标题、图例和坐标轴等进行设置。

⑥ 在"数据透视图|格式"选项卡中，可以对数据图视图进行外观上的设计，设置内容和方法与普通图表类似。

6．使用切片器

切片器是 Excel 2010 中的新增功能，它提供了一种可视性很强的筛选方法来筛选数据透视表中的数据。一旦插入切片器，即可使用按钮对数据进行快速分段和筛选，从而仅仅显示所需的数据。

（1）在数据透视表中插入切片器。

切片器是易于使用的筛选组件，它包含一组按钮，使用户能够快速地筛选数据透视表中的数据，而无需打开下拉列表以查找要筛选的项目。下面以上述创建的数据透视表为例，说明插入切片器的操作步骤。

① 打开已经创建的数据透视表，切换到"选项"选项卡，单击"排序和筛选"选项组中的"插入切片器"按钮，打开"插入切片器"对话框，选中要进行筛选的字段。例如，选择"部门"

字段，如图 4-148 所示。

　② 单击"确定"按钮，切片器出现在工作表中，如图 4-149 所示。

图 4-148 "插入切片器"对话框

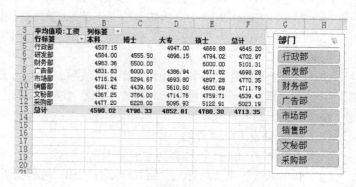

图 4-149 插入切片器

　③ 单击切片器中的部门名称按钮，即可查看数据透视表中的数据。

　④ 如果想再次显示全部数据，可单击"切换器"右上角的"清除筛选器"按钮。

（2）美化切片器。

　当用户在已有的数据透视表中创建切片器时，数据透视表的样式会影响切片器的样式，从而形成统一的外观。对切片器进行美化时，可单击要美化的切片器，切换到"切片器|选项"选项卡。在"切片器样式"选项组中，单击"快速样式"列表框中的样式，可以更改切片器的外观；通过调整"按钮"选项组中的微调框数值，可以修改切片器中按钮的大小；调整"大小"选项组中的微调框数值，可以控制切片器的尺寸。

　课堂练习：以实例中创建的多维数据透视表为基础，为"销售产品"字段插入切片器并进行适当的美化处理。

4.4.4　操作实训

1.选择题

（1）图表中包含数据系列的区域叫（　　　　）。

　　A. 绘图区　　　B. 图表区　　　C. 标题区　　　D. 状态区

（2）建立图表的快捷键是（　　　　）。

　　A. F1　　　　　B. "Shift+F1"　　　C. "Alt+F1"　　　D. "Ctrl+F1"

（3）用户单击嵌入图表的空白区域，在图表区周围会出现（　　　　）个控制点，表示已选中整个图表。

　　A. 7　　　　　B. 8　　　C. 9　　　D. 10

（4）用 Delete 键不能直接删除（　　　　）。

　　A. 嵌入式图表　　　B. 独立图表　　　C. 饼图　　　D. 折线图

（5）以下哪一项不能用撤销命令来撤销删除操作？（　　　　）。

　　A. 记录单删除　　　　　B. 单元格字符删除

　　C. 单元格底纹删除　　　D. 单元格插入行删除

2.填空题

（1）要选取不相邻的几张工作表可以在单击第一张工作表之后按住_____不放，再分别单击其他的工作表。

（2）按下键盘上的 Home 键，在 Excel 2010 中表示_____。

（3）要选取 A1 和 D4 之间的区域可以先单击 A1，再按住_____键，并单击 D4。

（4）如果在 Excel 2010 中文版中要输入当前系统时间可以按_____键。

（5）Excel 2010 中用户最多可以撤销最后_____次操作。

3．操作题

请在打开的窗口中进行如下操作，操作完成后，请关闭 Excel 并保存工作簿。注意：①请按题目要求在指定单元格位置进行相应操作；② 数据透视表直接在指定位置建立，不能通过复制、粘贴生成。

在工作表 Sheet1 中完成如下操作。

（1）重新命名 Sheet1 工作表为"成绩表"。

（2）利用函数计算"总分"、"每科平均分"和"每科优秀率"。（85 分及以上为优秀，优秀率用百分数表示，保留 1 位小数；其他计算结果均设为"数值"类型并保留到整数。）

（3）将区域 A3:A10 姓名的对齐方式设置为"分散对齐（缩进）"，出生年月设置为自定义"yyyy-m"的格式，对齐方式设置为"左对齐"。

（4）根据前 4 位同学的三门课的成绩绘制一个带数据标记的折线图，图例为学生姓名，图表标题为"三门课成绩比较图"，纵坐标主要刻度单位设为"20"，选择"图表布局 9"，形状样式为"细微效果-橙色，强调颜色 6"。

（5）建立数据透视表，按"性别"为行分别统计三门课程的平均分（结果设为"数值"类型并保留 2 位小数），将结果存到本工作表 I1 开始位置。选数据透视表样式"深色 3"。

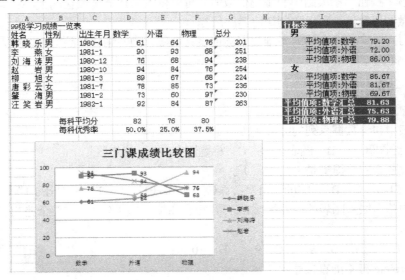

PART 5

单元 5
PowerPoint 2010 应用实例

　　演示文稿软件主要用于制作演讲、报告、教学内容的提纲，是一种电子版的幻灯片，可以方便人们进行信息交流，PowerPoint 是该领域最受欢迎的软件之一。本单元通过典型案例，主要介绍了使用 PowerPoint 2010 创建和管理演示文稿的基本方法，幻灯片的外观设计、动画设置、切换效果的运用等内容。

5.1　实例1：制作营销策划演示文稿

5.1.1　实例描述

　　淮安祯瑜商贸有限公司为了开拓市场，拟借助展销会展示和推介公司的最新产品。现梁总制作一份演示文稿，内容包括公司简介、经营理念、主要产品介绍等。结合 PowerPoint 2010 制作幻灯片的方法与步骤，完成了该任务，效果如图 5-1 所示。

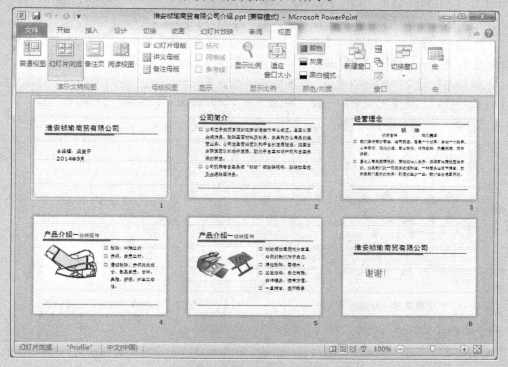

图 5-1　企业产品介绍效果图

本实例实现技术解决方案如下。

（1）通过"新建幻灯片"下拉菜单中的命令，可以向演示文稿中添加多种版式的幻灯片。

（2）通过使用含有内容占位符的幻灯片，或者借助于"插入"选项卡中的按钮，可以向演示文稿中插入表格、图片、SmartArt 图形、音频或视频文件。

（3）通过"视图"选项卡中的命令，可以在不同的视图模式中对幻灯片进行处理。

（4）通过使用"设计"选项卡，可以对幻灯片的主题进行设置。

（5）通过"动画"选项卡，可以为幻灯片中的对象设置动画效果。

（6）通过"切换"选项卡，可以设置前后幻灯片之间的切换方式。

（7）通过使用"页眉和页脚"对话框，可以对幻灯片的页面进行设置。

5.1.2 实例实施过程

1．编制产品演示文稿

启动 PowerPoint 2010 后，自动创建一个新的演示文稿，接着对幻灯片进行编辑处理并存盘。

（1）单击"开始"按钮，依次选择"所有程序"→"Microsoft Office"→"Microsoft PowerPoint 2010"命令，启动 PowerPoint 2010，建立演示文稿。

（2）制作幻灯片首页。

① 用鼠标单击"单击此处添加标题"占位符，在光标处输入文字"淮安祯瑜商贸有限公司"，然后按"Ctrl+A"组合键将文字选中，在"开始"选项卡的"字体"选项组中，将"字体"下拉列表框设置为"楷体"。

② 保持标题文字的选中状态，切换到"格式"选项卡，在"艺术字样式"选项组中，单击"艺术字"列表框的"其他"按钮，从弹出的列表中选择"填充-红色"选项，如图 5-2 所示。

③ 单击幻灯片中的"单击此处添加副标题"占位符，输入文字"总经理：梁宝平 2014 年 9 月"，然后将文字选中，切换到"开始"选项卡，单击"字体"选项组中的"加粗"按钮，从"字体颜色"下拉列表框的"主题颜色"中选择"黑色，文字 1"选项。

④ 保持主标题文字的选中状态，切换到"格式"选项卡，单击"艺术字样式"选项组中的"文字效果"按钮，从下拉菜单中选择"映像"→"全映像,8pt 偏移量"命令。

至此，幻灯片首页制作完毕，结果如图 5-3 所示。

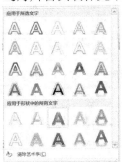

图 5-2　为标题文字应用艺术字效果　　　　图 5-3　制作完成的幻灯片首页

（3）制作展示提纲幻灯片。

① 切换到"开始"选项卡，单击"幻灯片"选项组中含有文字"新建幻灯片"的按钮，从下拉列表中选择"标题和内容"选项，演示文稿中出现了一张含有内容占位符的幻灯片。

② 在新插入的幻灯片中，将文字"展示提要"输入到"单击此处添加标题"占位符中，并为其设置艺术字效果。单击"单击此处添加文本"占位符中的"插入 SmartArt 图形"按钮，打开"选择 SmartArt 图形"对话框。

③ 单击左侧的"列表"选项，然后在右侧的列表框中选择"垂直曲形列表"选项，单击"确定"按钮，SmartArt 图形插入幻灯片中，如图 5-4 所示。

④ 切换到"设计"选项卡，单击"创建图形"选项组中的"添加形状"按钮，然后在"在此处键入文字"提示文字的下方依次输入"公司简介"、"经营理念"和"产品介绍"。

⑤ 右击文字"公司简介"左侧的圆形，从快捷菜单中选择"设置形状格式"命令，打开"设置形状格式"对话框。

⑥ 在对话框右侧的"填充"栏内选中"图片或纹理填充"单选按钮，然后单击下方的"文件"按钮，在打开的"插入图片"对话框中选择显示在圆形中的图片文件，如图 5-5 所示。单击"插入"按钮，返回"设置图片格式"对话框，如图 5-6 所示，单击"关闭"按钮，设置完成。

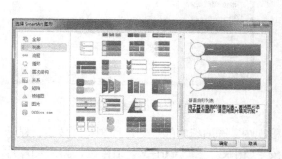

图 5-4　选择 SmartArt 图形

图 5-5　选择插入到图形中的图片

⑦ 重复步骤⑤～⑥中的操作，在文字"经营理念"和"产品介绍"前面的圆形中依次插入图片。

⑧ 在 SmartArt 图形的边框处单击，切换到"设计"选项卡，单击"SmartArt 样式"选项组中的"更改颜色"按钮，在下拉列表的"彩色"栏中选择"彩色范围，强调文字颜色 4 至 5"选项。接着，在"更改颜色"按钮右侧的列表框中选择"强烈效果"选项。

至此，提纲幻灯片制作完毕，结果如图 5-7 所示。

图 5-6　"设置图片格式"对话框

图 5-7　制作完成的提纲幻灯片

（4）制作公司简介和经营理念幻灯片。

① 在第二张幻灯片的后面插入一张仅含有"标题"占位符的幻灯片，在"单击此处添加标

题"占位符中输入文字"公司简介",并设置艺术字效果。

② 切换到"插入"选项卡,单击"文本"选项组中的"文本框"按钮,然后在幻灯片中拖动,绘制出一个自动换行的横排文本框,接着在其中输入公司简介文字,如图5-8所示。

③ 单击文本框的虚线边框,将文本框选中,然后切换到"开始"选项卡,将其字号设置为20,单击"段落"选项组的"对话框启动器"按钮,打开"段落"对话框。

④ 在"缩进"栏中,将"特殊格式"下拉列表框设置为"首行缩进",保持"度量值"微调框中的默认值;在"间距"栏中,将"行距"下拉列表框设置为"1.5倍行距",单击"确定"按钮,段落格式设置完毕,如图5-9所示。

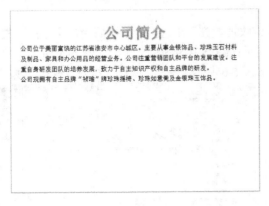

图 5-8 输入公司简介内容   图 5-9 设置段落格式

⑤ 切换到"视图"选项卡,单击"演示文稿视图"选项组中的"幻灯片浏览"按钮,显示幻灯片的缩略图。单击公司简介幻灯片,依次按"Ctrl+C"和"Ctrl+V"组合键,得到幻灯片的副本。

⑥ 在复制得到的幻灯片副本中,将标题修改为"经营理念",接着将其中的内容更换成公司的经营理念。单击内容文本框的边框,切换到"开始"选项卡,打开"段落"对话框,为其设置首行缩进和段落间距、行距,结果如图5-10所示。

图 5-10 经营理念幻灯片

（5）制作产品介绍幻灯片。

① 插入一张"两栏内容"的幻灯片,在"单击此处添加标题"占位符中输入文字"产品介绍－珍珠摇椅",并设置艺术字效果。

② 在左侧含有文字"单击此处添加文本"的占位符中,单击"插入来自文件的图片"按钮,打开"插入图片"对话框,选定相应的图片,并单击"打开"按钮,将图片插入到指定位置。

③ 在右侧含有文字"单击此处添加文本"的占位符中，输入介绍"珍珠摇椅"特点的文字，对项目符号的图表进行设置，并适当调整占位符的位置，结果如图5-11所示。

④ 使用类似的方法，制作"如意凳"幻灯片页。为了达到富于变化的效果，该幻灯片内的布局与前者不同，如图5-12所示。

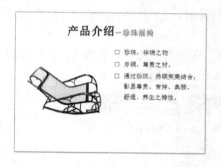

图 5-11 制作"珍珠摇椅"介绍幻灯片

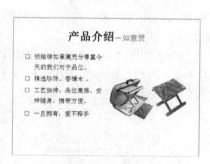

图 5-12 制作"如意凳"介绍幻灯片

至此，演示文稿的内容制作、编辑完毕。下一步，将为幻灯片进行外观设计。

（6）单击快速访问工具栏中的"保存"按钮，打开"另存为"对话框，以"产品介绍"为文件名，将演示文稿文件进行保存。

2．设计动感幻灯片

制作一个优秀的演示文稿，除了需要有杰出的创意和精致的素材之外，提供专业效果的外观同样非常重要。另外，为幻灯片添加必要的动画功能，可以使演示内容变得生动、有趣，吸引观众的注意力。

（1）设置幻灯片的页眉和页脚。

① 切换到"插入"选项卡，单击"文本"选项组中的"页眉和页脚"按钮，打开"页眉和页脚"对话框。

② 在对话框的"幻灯片"选项卡中，选中"日期和时间"复选框，保存"自动更新"按钮的选中状态，然后将下方的下拉列表框设置为"2014年3月12星期三"格式的日期格式。

③ 选中"幻灯片编号"复选框；选中"页脚"复选框，并在下方的文本框中输入文字"'祯瑜'牌珍珠摇椅、珍珠如意凳"；选中"标题幻灯片中不显示"复选框，如图5-13所示。

④ 单击"全部应用"按钮，所有幻灯片的页眉和页脚设置完毕，结果如图5-14所示。

图 5-13 设置幻灯片的页脚

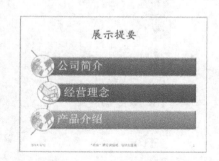

图 5-14 设置页脚后的效果

（2）修改幻灯片母版。

① 切换到"视图"选项卡，单击"母版视图"选项组中的"幻灯片母版"按钮，进入幻灯

片母版的编辑状态。

② 在窗口左侧的幻灯片母版窗格中，选择最上方的"**Office** 主题幻灯片母版"缩略图，如图 5-15 所示，切换到"插入"选项卡，单击"图像"选项组中的"图片"按钮，在打开的"插入图片"对话框中选择作为背景的图片。

③ 将插入的图片移动到幻灯片的顶部。在进行细微调整时，可以按"**Ctrl+方向键**"组合键进行操作。

④ 右击含有文字"单击此处编辑母版标题样式"占位符的边框，从快捷菜单中选择"置于顶层"→"置于顶层"命令，使其上移一层，结果如图 5-16 所示。

图 5-15　选定幻灯片母版

图 5-16　修改后的幻灯片母版

⑤ 切换到"视图"选项卡，单击"演示文稿视图"选项组中的"普通视图"按钮，返回幻灯片的编辑界面，幻灯片母版修改完毕。

（3）设置幻灯片的动画与切换效果。

① 在"大纲视图"窗格中单击第一张幻灯片，然后单击含有主标题的占位符，切换到"动画"选项卡。在"动画"选项组中，选择"动画样式"列表框内的"劈裂"选项，然后单击列表框右侧的"效果选项"按钮，从下拉菜单中选择"中央向上下展开"命令，如图 5-17 所示。

② 单击第一张幻灯片中含有副标题的占位符，然后选择"动画样式"列表框内的"轮子"选项。为了使公司的名称展示时间长一点，在"计时"选项组的"持续时间"微调框中稍微增加几秒。

③ 单击"高级窗格"选项组中的"动画窗格"按钮，在动画窗格中单击"播放"按钮，查看为第一张幻灯片添加的动画效果，如图 5-18 所示。

图 5-17　设置动画效果选项

图 5-18　在动画窗格中播放动画

④ 在"大纲视图"窗格中单击第二张幻灯片，然后选中 SmartArt 图形，在"动画"选项卡的"高级动画"选项组中，单击"添加动画"按钮，从下拉菜单中选择"更多进入效果"命

令，在打开的"添加进入效果"对话框中，选择"华丽型"栏内的"玩具飞车"选项，对预览效果满意后，单击"确定"按钮，如图5-19所示。

⑤ 选中公司简介幻灯片，单击含有简介内容的占位符，为其添加"旋转"动画效果。

⑥ 选中经营理念幻灯片，拖动鼠标依次选中 3 段文字，为其添加不同的动画效果，如图5-20所示。

图 5-19 设置动画的进入效果

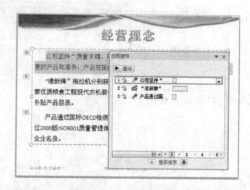

图 5-20 为同一占位符中的不同段落设置动画

⑦ 在幻灯片"珍珠摇椅"和"如意凳"中，为珍珠摇椅图片和特点列表依次添加动画效果。

⑧ 在"大纲视图"窗格中单击展示提要幻灯片的缩略图，切换到"切换"选项卡，在"切换到此幻灯片"选项组中，单击"切换方案"列表框中的"其他"按钮，从弹出的列表中选择"百叶窗"选项。

⑨ 使用上述方法，为后续的幻灯片设置切换效果，包括使用"效果选项"下拉菜单中的命令，对切换效果进行调整。

3. 对演示文稿进行排练预演

为了能够顺利播放产品介绍简报，小刘使用 PowerPoint 提供的"排练计时"功能进行排练预演，以便于在展示会现场自动循环播放幻灯片。

（1）切换到"幻灯片放映"选项卡，单击"设置"选项组中的"排练计时"按钮，PowerPoint 随后进入演示状态并开始计时。小刘估算演示每一张幻灯片所需的时间，当觉得需要切换幻灯片时，单击幻灯片显示下一张。

（2）当演示结束后，单击"录制"工具栏中的"关闭"按钮，软件会询问是否保存排练时间，单击"是"按钮，保存计时信息。

（3）在"幻灯片放映"选项卡中，单击"设置"选项组中的"设置幻灯片放映"按钮，打开"设置放映方式"对话框。

（4）在对话框的"放映类型"栏中，选择"在展台浏览"单选按钮，保持"换片方式"栏中的"如果存在排练计时，则使用它"选项，设置完毕，单击"确定"按钮。

（5）单击"开始放映幻灯片"选项组中的"从头开始"按钮，即可进入简报的播放状态，并以全屏方式播放设计的演示文稿。

（6）经过一轮播放后，按 Esc 键返回设计状态，并按"Ctrl+S"组合键再次存盘。

至此，演示文稿的制作完成，可以将其发送给经理，以便他在展销会上使用。

5.1.3 相关知识学习

1．PowerPoint 2010 简介

启动 PowerPoint，创建文档的方法与 Word 2010 相同。其中，单击"开始"→"所有程序"→"Microsoft Office 2010"→"Microsoft PowerPoint 2010"命令，可以在打开软件的同时建立一个新的文档，如图 5-21 所示。PowerPoint 2010 中的文档被称为演示文稿。如果需要关闭演示文稿或者退出 PowerPoint 2010，可以使用与退出 Word 2010 同样的方法。

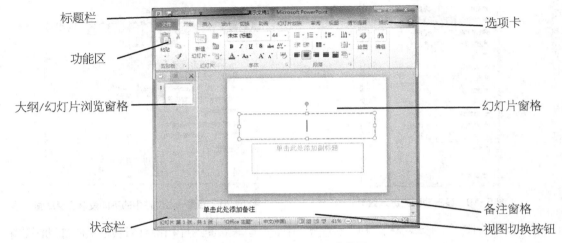

图 5-21　PowerPoint 2010 工作界面

从上图可以看出，PowerPoint 的工作界面与 Word、Excel 有类似之处，下面对其独有的部分进行讲解。

（1）工作界面中的窗格。

① 幻灯片窗格。

幻灯片窗格位于工作窗口最中间，其主要任务是进行幻灯片的制作、编辑和添加各种效果，还可以查看每张幻灯片的整体效果。

② 大纲视图窗格。

大纲视图窗格位于幻灯片窗格的左侧，主要用于显示幻灯片的文本并负责插入、复制、删除、移动整张幻灯片，可以很方便地对幻灯片的标题和段落文本进行编辑。

③ 备注窗格。

备注窗格位于幻灯片窗格下方，主要用于给幻灯片添加备注，为演讲者提供更多的信息。

（2）视图切换。

通过界面底部左侧的"普通视图"按钮、"幻灯片浏览视图"按钮和"幻灯片放映视图"按钮，可以在不同的视图模式中预览演示文稿。

① 普通视图。

普通视图是 PowerPoint 2010 创建演示文稿的默认视图，是大纲视图、幻灯片视图和备注页视图的综合视图模式。在普通视图的左侧显示了幻灯片的缩略图，右侧上面显示的是当前幻灯片，下面显示的是备注信息，用户可以根据需要调整窗口大小比例。

如果要显示某一张幻灯片，可使用下列方法进行操作。

a. 直接拖动垂直滚动条上的滚动块，系统会提示切换的幻灯片编号和标题。当达到所要的幻灯片时，释放鼠标左键。

b. 单击垂直滚动条中的"上一张幻灯片"按钮、"下一张幻灯片"按钮，可以分别切换到当前幻灯片的上一张和下一张。

c. 按 Page Up 键、Page Down 键，以切换到上一张和下一张幻灯片；按 Home 键可以切换到第一张幻灯片；按 End 键可以切换到最后一张幻灯片。

默认情况下，屏幕的左侧显示为幻灯片窗格，单击"大纲"选项卡可切换到大纲窗格。大纲窗格用于显示幻灯片的标题和文本信息，方便查看幻灯片的结构和主要内容。

在普通视图的大纲模式下，可以对"大纲"选项卡中幻灯片的内容直接进行编辑：单击选项卡中的幻灯片缩略图，可以实现幻灯片间的切换；还可以在该选项卡中拖动幻灯片来改变其顺序。

进入幻灯片模式也要首先切换到普通视图，然后单击大纲/幻灯片浏览窗格中的"幻灯片"选项卡。此时，窗口左边的"幻灯片"选项卡中列出了所有幻灯片，而幻灯片编辑窗口中则呈现出选中的一张幻灯片。与大纲模式不同，在该选项卡中不能对幻灯片进行编辑，但是可以实现幻灯片的切换、用鼠标拖动幻灯片以改变其顺序。

② 幻灯片浏览视图。

单击界面底部右侧的"幻灯片浏览视图"按钮（或切换到"视图"选项卡，在"演示文稿视图"选项组中单击"幻灯片浏览"按钮），可以切换到幻灯片浏览视图。

在该视图中，演示文稿中的幻灯片整齐排列，有利于用户从整体上浏览幻灯片，调整幻灯片的背景、主题，同时对多张幻灯片进行复制、移动、删除等操作。

③ 备注页视图。

切换到"视图"选项卡，在"演示文稿视图"选项组中单击"备注页"按钮，即可切换到备注页视图中。一个典型的备注页视图其幻灯片图像的下方带有备注页方框。

④ 幻灯片放映视图。

幻灯片放映视图显示的是演示文稿的放映效果，是制作演示文稿的最终目的。在这种全屏视图中，可以看到图像、影片、动画等对象的动画效果以及幻灯片的切换效果。

切换到"幻灯片放映"选项卡，单击"开始放映幻灯片"选项组中的按钮，即可进入幻灯片放映视图。

另外，单击界面底部的"幻灯片放映视图"按钮也可以进入幻灯片放映视图，并从当前编辑的幻灯片开始放映。

2．创建演示文稿

演示文稿是 PowerPoint 中的文件，它由一系列幻灯片组成。幻灯片可以包含醒目的标题、合适的文字说明、生动的图片以及多媒体组件等元素。

（1）新建空白演示文稿。

如果用户对创建文稿的结构和内容较熟悉，可以从空白的演示文稿开始设计，操作步骤如下。

① 切换到"文件"选项卡，单击"新建"命令，选择中间窗格内的"空白演示文稿"选项，如图 5-22 所示。

② 单击"创建"按钮，即可创建一个空白演示文稿。

③ 向幻灯片中输入文本，插入各种对象。

演示文稿中含有"单击此处添加标题"之类提示文字的虚线框称为占位符。鼠标在占位符中单击后，提示语会自动消失。

创建空白演示文稿具有最大程度的灵活性，用户可以使用颜色、版式和一些样式特性，充分发挥自己的创造性。

（2）根据模板新建演示文稿。

借助于演示文稿的华丽性和专业性，观众才能被充分感染。如果用户没有太多的美术基础，可以用 PowerPoint 模板来构建缤纷靓丽的具有专业水准的演示文稿，操作步骤如下。

① 切换到"文件"选项卡，选择"新建"命令，单击中间窗格内的"样本模板"选项，弹出的窗口中将显示已安装的模板。

② 选择要使用的模板，然后单击"创建"按钮，即可根据当前选定的模板创建演示文稿，如图 5-23 所示。

图 5-22　新建空白演示文稿

图 5-23　利用模板创建演示文稿

③ 如果已安装的模板不能满足制作的要求，可以在"新建"窗口的"Office.com 模板"区域中选择准备使用的模板样式，然后单击"下载"按钮即可下载使用。

（3）根据现有演示文稿新建演示文稿

用户可以根据现有的演示文稿新建演示文稿，操作步骤如下。

① 切换到"文件"选项卡，选择"新建"命令，在中间窗格内单击"根据现有内容新建"选项，打开"根据现有演示文稿新建"对话框。

② 在对话框中找到并选定作为目标的现有演示文稿，如图 5-24 所示，然后单击"确定"按钮即可。

保存、打开和关闭演示文稿的方法与 Word 相同。例如，首次保存演示文稿时，需要在如图 5-25 所示的"另存为"对话框中进行相关的操作。

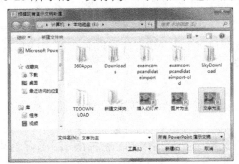

图 5-24　"根据现有演示文稿新建"对话框

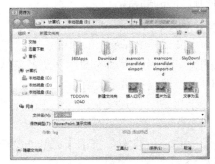

图 5-25　"另存为"对话框

3．处理幻灯片

一般来说，演示文稿中会包含多张幻灯片，用户需要对这些幻灯片进行相应的管理。

（1）选择幻灯片。

在对幻灯片进行编辑之前，首先要将其选中。根据使用视图的不同，选中幻灯片的方法也有所不同。

在普通视图的"大纲"选项卡中，单击幻灯片标题前面的图标，即可选中该幻灯片。选中连续的一组幻灯片时，先单击第一张幻灯片的图标，然后按住 Shift 键，并单击最后一张幻灯片的图标。

在幻灯片浏览视图中，单击幻灯片的缩略图可以将其选中，幻灯片的边框呈高亮显示。单击第一张幻灯片的缩略图，然后按住 Shift 键，并单击最后一张幻灯片的缩略图，即可选中一组连续的幻灯片。若要选中多张不连续的幻灯片，可按住 Ctrl 键，然后分别单击要选中的幻灯片缩略图，如图 5-26 所示。

在普通视图或幻灯片浏览视图中，按"Ctrl+A"组合键，可以选中当前演示文稿中的全部幻灯片。

（2）插入幻灯片。

如果要在幻灯片浏览视图中插入一张幻灯片，可参照如下步骤进行操作。

① 切换到"视图"选项卡，在"演示文稿视图"选项组中单击"幻灯片浏览"按钮，切换到幻灯片浏览视图。

② 单击要插入新幻灯片的位置，切换到"开始"选项卡，在"幻灯片"选项组中单击"新建幻灯片"按钮，从下拉菜单中选择一种版式，即可插入一张新幻灯片，如图 5-27 所示。

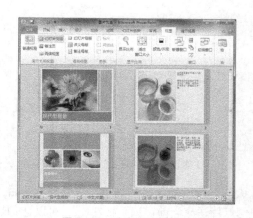

图 5-26　选定多张幻灯片

图 5-27　"新建幻灯片"下拉菜单

在大纲窗格中，单击文本的始端，然后按 Enter 键，可以在当前幻灯片的前面插入一张新幻灯片；单击文本的末端，然后按 Enter 键，可以在当前幻灯片的后面插入一张新的幻灯片。

在幻灯片浏览窗格中，单击某张幻灯片，然后按 Enter 键，可以在当前幻灯片的后面插入一张新的幻灯片。

（3）复制幻灯片。

制作演示文稿的过程中，可能有几张幻灯片的版式和背景都是相同的，只是其中的文本不同而已。这时，可以复制幻灯片，然后对复制后的幻灯片进行修改即可。如果要在演示文稿中复制幻灯片，可参照如下步骤进行操作。

① 在幻灯片浏览视图中，或者在普通视图的"大纲"选项卡中，选定要复制的幻灯片。

② 按住 Ctrl 键，然后按住鼠标左键拖动选定的幻灯片。在拖动过程中，出现一个竖条表示选定幻灯片的新位置。

③ 释放鼠标左键，再松开 Ctrl 键，选定的幻灯片将被复制到目标位置。

（4）移动幻灯片。

在视图窗格中选定要移动的幻灯片，然后按住鼠标左键并拖动，此时长条直线就是插入点，到达新的位置后松开鼠标按键。用户也可以利用"剪贴板"选项组中的"剪切"和"粘贴"命令或对应的快捷键来移动幻灯片。

（5）删除幻灯片。

选中要删除的一张或多张幻灯片，然后使用下列方法进行处理。

① 按 Delete 键。

② 在普通视图的"幻灯片"选项卡中，右键单击选定幻灯片的缩略图，从快捷菜单中选择"删除幻灯片"命令，如图 5-28 所示。

③ 切换到"开始"选项卡，在"幻灯片"选项组中单击"删除"按钮。

幻灯片被删除后，后面的幻灯片自动向前排列。

（6）更改幻灯片的版式。

选定要设置的幻灯片，切换到"开始"选项卡，在"幻灯片"选项组中单击"版式"命令，从下拉菜单中选择一种版式，即可快速更改当前幻灯片的版式，如图 5-29 所示。

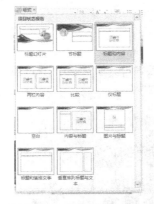

图 5-28　右键单击幻灯片缩略图弹出的快捷菜单　　　图 5-29　"版式"下拉菜单

另外，在编辑幻灯片的过程中，用户有时会放大幻灯片以处理某些细节。当处理完毕后，想再次呈现整张幻灯片时，单击窗口右下角的"使幻灯片适应当前窗口"按钮，可以让幻灯片快速缩放至最合适的显示尺寸。

4．编辑与格式化文本

演示文稿非常注重视觉效果，但正文文本仍然是演示者与观众之间最主要的沟通交流工具。因此，添加文本是制作幻灯片的基础，同时还要对输入的文本进行必要的格式设置。

（1）输入文本。

直接将文本输入到幻灯片的占位符中，是向幻灯片中添加文字最简单的方式。用户也可以通过文本框向幻灯片中输入文本。

① 在占位符中输入文本。

当打开一个空演示文稿时，系统会自动插入一张标题幻灯片。在该幻灯片中，单击标题占位符，插入点出现在其中，接着便可以输入标题的内容了。要为幻灯片添加副标题，请单击副标题占位符，然后输入相关的内容。

②　使用文本框输入文本。

文本框是一种可移动、可调大小的图形容器，用于在占位符之外的其他位置输入文本。

向幻灯片中添加不自动换行文本时，可切换到"插入"选项卡，在"文本"选项组中单击"文本框"按钮，从下拉菜单中选择"横排文本框"命令。单击要添加文本框的位置，即可开始输入文本。输入过程中，文本框的宽度会自动增大，但是文本并不自动换行。输入完毕后，单击文本框之外的任意位置即可。

如果要使文本自动换行，在选择"横排文本框"命令后，将鼠标指针移到要添加文本框的位置，按住左键拖动来限制文本框的大小，然后向其中输入文本，当输入到文本框的右边界时会自动换行。

（2）格式化文本。

所谓文本的格式化是指对文本的字体、字号、样式及色彩进行必要的设置，通常这些项目是由当前设计模板定义好的。设计模板作用于每个文本对象或占位符。

如果要格式化文本框中的所有内容，首先单击文本框，此时插入点出现在其中；接着在虚线边框上单击，边框变为细实线边框，文本框及其全部内容被选定。若对文本框中的部分内容进行格式化，先拖动鼠标指针选择要修改的文本，使其呈高亮显示，然后执行所需的格式化命令。

PowerPoint 提供了许多格式化文本工具，能够快速设置文本的字体、颜色、字符间距等。

①　设置字体与颜色。

在演示文稿中适当地改变字体与字号，可以使幻灯片结构分明、重点突出。选定文本，切换到"开始"选项卡，在"字体"选项组中单击"字体"和"字号"下拉列表框，从出现的列表中选择所需的选项，即可改变字符的字体或字号。

更改文本颜色时，可选定相关文本，切换到"开始"选项卡，在"字体"选项组中单击"颜色"按钮右侧的箭头按钮，从下拉菜单中选择一种主题颜色。如果要使用非调色板中的颜色，可单击"其他颜色"命令，在出现的"颜色"对话框中选择颜色。

②　调整字符间距。

排版演示文稿时，为了使标题看起来比较美观，可以适当增加或缩小字符间距，方法为选定要调整的文本，切换到"开始"选项卡，在"字体"选项组中单击"字符间距"按钮，从下拉菜单中选择一种合适的字符间距。

如果要精确设置字符间距的值，可选择"其他间距"命令，打开"字体"对话框，并自动切换到"字符间距"选项卡。在"间距"下拉列表框中选择"加宽"或"紧缩"选项，然后在"度量值"微调框中输入具体的数值，最后单击"确定"按钮，如图 5-30 所示。

（3）设置段落格式。

PowerPoint 允许用户改变段落的对齐方式、缩进、段间距和行间距等。

①　改变段落的对齐方式。

将插入点置于段落中，然后切换到"开始"选项卡，在"段落"选项组中单击所需的对齐方式按钮，即可改变段落的对齐方式。

②　设置段落缩进。

段落缩进是指段落与文本区域内部边界的距离。PowerPoint 提供了首行缩进、悬挂缩进与左缩进 3 种缩进方式。

设置段落缩进时，可将插入点置于要设置缩进的段落中，或者同时选定多个段落，切换到"开始"选项卡，在"段落"选项组中单击"对话框启动器"按钮，打开"段落"对话框。在"缩进"组中设置"文本之前"微调框的数值，以设置左缩进；指定"特殊格式"下拉列表框为"首行缩进"或"悬挂缩进"，并设置具体的度量值。设置完毕后，单击"确定"按钮。

用户也可以切换到"视图"选项卡，选中"显示"选项组内的"标尺"复选框，以便借助于幻灯片上方的水平标尺设置段落的缩进。

③ 使用项目符号编号列表。

添加项目符号的列表有助于把一系列主要的条目或论点与幻灯片中的其余文本区分开来。PowerPoint 允许为文本添加不同的项目符号。

默认情况下，在占位符中输入正文时，PowerPoint 会插入圆点作为项目符号。更改项目符号时，可选定幻灯片的正文，切换到"开始"选项卡，在"段落"选项组中单击"项目符号"按钮右侧的箭头按钮，从下拉列表中选择所需的项目符号。如果预设的项目符号不能满足要求，可选择"项目符号和编号"选项，打开"项目符号和编号"对话框。

在"项目符号"选项卡中单击"自定义"按钮，打开"符号"对话框。在"字体"下拉列表框中选择 Wingdings 字体，然后在下方的列表框中选择符号，如图 5-31 所示。单击"确定"按钮，返回"项目符号和编号"对话框。要设置项目符号的大小，可在"大小"微调框中输入百分比。要为项目符号选择一种颜色，可从"颜色"下拉列表框中进行选择，单击"确定"项目符号更改完毕。

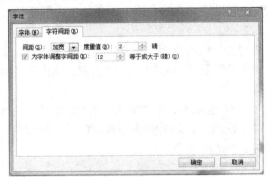

图 5-30　使用"字体"对话框调整字符间距

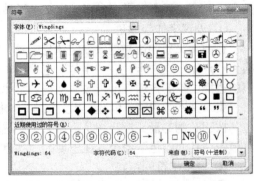

图 5-31　"符号"对话框

对于添加了项目符号或编号的文本，切换到"开始"选项卡，在"段落"选项组中单击"提高列表级别"按钮或者按 Tab 键，可以增加文本的缩进量；单击"降低列表级别"按钮或者按"Shift+Tab"组合键，可以减少文本的缩进量。

编号列表按照编号的顺序排列，可以使用与创建项目符号类似的方法创建编号列表，即切换到"开始"选项卡，在"段落"选项组中单击"编号"按钮右侧箭头按钮，从下拉菜单中选择一种预设编号。

如果要改变编号的大小和颜色，可选定要更改编号的段落，在"编号"下拉菜单中选择"项目符号和编号"命令，打开"项目符号和编号"对话框。切换到"编号"选项卡，在"大小"文本框中设置编号的大小，单击"颜色"列表框右侧的箭头按钮，从下拉列表框中选择该编号的颜色。

（4）使用大纲窗格。

除了可以在幻灯片中输入文本外，还可以在左侧的大纲窗格中处理演示文稿的内容。

① 输入演示文稿的大纲内容。

当用户要输入演示文稿的大纲内容时，可参照如下方法进行操作：在普通视图中，单击左侧窗格中的"大纲"选项卡，输入第一张幻灯片的标题，然后按 Enter 键。这时会在大纲窗格中创建一张新的幻灯片，同时让用户输入标题。

如果要输入第一张幻灯片的副标题，可右击该行，从快捷菜单中选择"降级"命令。为了创建第二张幻灯片，可在输入副标题后，按"Ctrl+Enter"组合键。输入第二张幻灯片的标题后，按 Enter 键。

要输入第二张幻灯片的正文，可右击该行，从快捷菜单中选择"降级"命令，即可创建第一级项目符号。为幻灯片输入一系列有项目符号的项目，并在每个项目后按 Enter 键。通过单击"升级"或"降级"命令来创建各种缩进层次。

在最后一个项目符号后按"Ctrl+Enter"组合键，即可创建下一张幻灯片。

② 在大纲下编辑文本。

如果检查发现幻灯片的标题和层次小标题有误，可以在大纲视图中编辑它们。

在大纲视图中，单击幻灯片图标或者段落项目黑点，即可选定幻灯片或者段落，然后右击该段落，从快捷菜单中选择"上移"或者"下移"命令，可以改变大纲的段落次序。

在大纲视图中选定要改变层次的段落后，右键单击该段落，从快捷菜单中选择"升级"或者"降级"命令，可以改变大纲的层次结构。

演示文稿中的幻灯片较多时，可以仅查看幻灯片的标题，而将含有的多个层次的小标题先隐藏起来，需要时再将其重新展开。在大纲视图中右击要操作的幻灯片，从快捷菜单中选择"折叠"→"折叠"命令，该幻灯片的所有正文被隐藏起来；右键单击折叠后的幻灯片，从快捷菜单中选择"展开"→"展开"命令，其标题和正文会再次显示出来。

5. 使用幻灯片对象

对象是幻灯片的基本成分，包括文本对象、可视化对象和多媒体对象三大类。这些对象的操作一般都是在幻灯片视图中进行的。

在 PowerPoint 2010 中新建幻灯片时，只要选择含有内容的版式，就会在内容占位符上出现内容类型选择按钮。单击其中的某个按钮，即可在该占位符中添加相应的内容。

（1）使用表格。

如果需要在演示文稿中添加排列整齐的数据，可以使用表格来完成。

① 向幻灯片中插入表格。

单击内容版式中的"插入表格"按钮，打开"插入表格"对话框。调整"列数"和"行数"微调框中的数值，然后单击"确定"按钮，即可将表格插入到幻灯片中。

表格创建后，插入点位于表格左上角的第一个单元格中。此时，即可在其中输入文本。当一个单元格的文本输入完毕后，用鼠标单击或按 Tab 键进入下一个单元格中。如果希望回到上一个单元格，请按"Shift+Tab"组合键。

如果输入的文本较长，则会在当前单元格的宽度范围内自动换行、增加该行的高度以适应当前的内容。

② 选定表格中的项目。

在对表格进行操作之前，首先要选定表格中的项目。选定一行时，可单击该行中的任意单元格，切换到"布局"选项卡，在"表"选项组中单击"选择"按钮，从下拉菜单中选择"选择行"命令。

选定一列或整个表格的方法与之类似。当需要选定一个或多个单元格时，拖动鼠标经过这些单元格即可。

③ 修改表格的结构。

对于已经创建的表格，用户可以修改表格的行列结构。如果要插入新行，可将插入点置于表格中希望插入新行的位置，切换到"布局"选项卡，在"行和列"选项组中单击"在上方插入"或"在下方插入"按钮。插入新列可以参照此方法进行操作。

将多个单元格合并为一个单元格时，首先选定这些单元格，然后切换到"布局"选项卡，在"合并"选项组中单击"合并单元格"按钮。单击"合并"选项组中的"拆分单元格"按钮，可以将一个大的单元格拆分为多个小的单元格。

④ 设置表格格式。

为了增强幻灯片的感染力，还需要对插入的表格进行格式化，从而给观众留下深刻的印象。选定要设置格式的表格，切换到"设计"选项卡，在"表格样式"选项组的"表样式"列表框中选择一种样式，即可利用 PowerPoint 2010 提供的表格样式快速设置表格的格式。

通过单击"表格样式"选项组中的"底纹"、"边框"和"效果"按钮，从对应下拉菜单中选择合适的命令，可以对表格的填充颜色、边框和外观效果进行设置。

（2）使用图表。

用图表来表示数据，可以使数据更容易理解。默认情况下，当创建好图表后，需要在关联的 Excel 数据表中输入图表所需的数据。当然，如果事先准备好了 Excel 格式的数据表，也可以打开相应的工作簿并选择所需的数据区域，然后将其添加到 PowerPoint 图表中。

向幻灯片中插入图表的操作步骤如下。

① 单击内容占位符上的"插入图表"按钮，或者单击"插入"选项卡中的"图表"按钮，打开"插入图表"对话框。

② 在对话框的左右列表框中分别选择图表的类型、子类型，然后单击"确定"按钮，如图5-32 所示。此时，自动启动 Excel，让用户在工作表的单元格中直接输入数据，PowerPoint 中的图表自动更新，如图 5-33 所示。

③ 数据输入结束后，单击 Excel 窗口的"关闭"按钮，并单击 PowerPoint 窗口的"最大化"按钮。

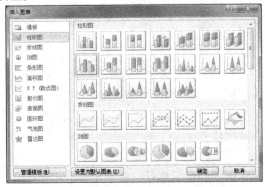

图 5-32　"插入图表"对话框

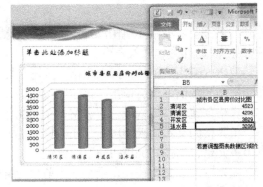

图 5-33　在 Excel 中输入数据作为图表数据源

接下来，用户可以利用"设计"选项卡中的"图表布局"和"图表样式"工具快速设置图表的格式。

（3）插入剪贴画。

Office 中提供的剪贴画都是专业美术家设计的，可以让演示文稿更出色。在幻灯片中插入剪贴画的操作步骤如下。

① 显示要插入剪贴画的幻灯片，切换到"插入"选项卡，在"插图"选项组中单击"剪贴

画"按钮，打开"剪贴画"任务窗格。

② 在"搜索文字"文本框中输入要插入剪贴画的说明文字，然后单击"搜索"按钮，在搜索结果中单击要插入的剪贴画，将其插入幻灯片中。

③ 用户还可以利用"格式"选项卡中的工具，快速设置图片的格式。

另外，在含有内容占位符的幻灯片中，单击内容占位符上的"插入剪贴画"图标，也可以在幻灯片中插入剪贴画。

（4）插入图片。

如果要向幻灯片中插入图片，可参照如下步骤进行操作。

① 在普通视图中，显示要插入图片的幻灯片，切换到"插入"选项卡，在"插图"选项组中单击"图片"按钮，打开"插入图片"对话框。

② 选定含有图片文件的驱动器和文件夹，然后在文件名列表框中单击图片缩略图。

③ 单击"打开"按钮，将图片插入到幻灯片中。

在含有内容占位符的幻灯片中，单击内容占位符上的"插入来自文件的图片"图标，也可以在幻灯片中插入图片。

对于插入的图片，可以利用"格式"选项卡上的工具进行适当的修饰，如旋转、调整亮度、设置对比度、改变颜色、应用图片样式等。

（5）插入 SmartArt 图形。

在 PowerPoint 2010 中，可以向幻灯片插入新的 SmartArt 图形对象，包括组织结构图、列表、循环图、射线图等，操作步骤如下。

① 在普通视图中，显示要插入 SmartArt 图形的幻灯片，切换到"插入"选项卡，在"插图"选项组中单击"SmartArt"按钮，打开"选择 SmartArt 图形"对话框。

② 从左侧的列表框中选择一种类型，再从右侧的列表框中选择子类型。单击"确定"按钮，即可创建一个 SmartArt 图形。

③ 输入图形中所需的文字，并利用"SmartArt 工具|设计"与"SmartArt 工具|格式"选项卡设置图形的格式。

单击包含要转换的文本占位符，切换到"开始"选项卡，在"段落"选项组中单击"转换为 SmartArt 图形"按钮。在库中单击所需的 SmartArt 图形布局，即可将幻灯片文本转换为 SmartArt 图形，结果如图 5-34 所示。

（6）插入音频文件。

在演示文稿中适当添加声音，能够吸引观众的注意力和新鲜感。PowerPoint 2010 支持 MP3 文件（MP3）、Windows 音频文件（WAV）、Windows Media Audio（WMA）以及其他类型的声音文件。

如果要向幻灯片中添加音频文件，可参照如下步骤进行操作。

① 显示需要插入声音的幻灯片，切换到"插入"选项卡，在"媒体"选项组中单击"音频"按钮的箭头按钮，从下拉菜单中选择一种插入音频的方式。例如，选择"剪贴画音频"命令后，将打开"剪贴画"窗格，单击列表框中合适的选项，该音频文件将插入幻灯片中。同时，幻灯片中会出现声音图标和播放控制条，如图 5-35 所示。

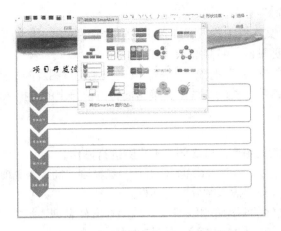

图 5-34　将文本转换为 SmartArt 图形

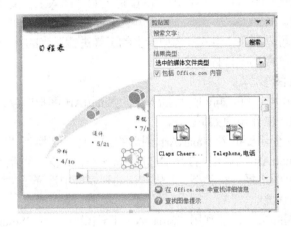

图 5-35　在幻灯片中插入音频文件

　　② 选中声音图标，切换到"播放"选项卡，在"音频选项"选项组中单击"开始"下拉列表框右侧箭头按钮，从下拉菜单中选择一种播放方式。

　　③ 在"音频选项"选项组中单击"音量"按钮，从下拉列表中选择一种音量。

　　（7）使用视频文件。

　　视频是解说产品的最佳方式，可以为演示文稿增添活力。视频文件包括最常见的 Windows 视频文件（AVI）、影片文件（MPG 或.MPEG）、Windows Media Video 文件（WMV）以及其他类型的视频文件。

　　① 添加视频文件。

　　插入视频文件的方法与插入声音文件的方法类似，即显示需要插入视频的幻灯片，切换到"插入"选项卡，在"媒体"选项组中单击"视频"按钮的箭头按钮，从下拉菜单中选择一种插入影片的方法。例如，选择"文件中的视频"命令，打开"插入视频文件"对话框，在其中定位到已经保存到计算机中的影片文件，如图 5-36 所示。单击"插入"按钮，幻灯片中显示视频画面的第一帧。

　　如果要在幻灯片中播放视频文件预览其效果，可以选中视频文件，切换到"格式"选项卡，在"预览"选项组中单击"预览"按钮。此时，选定的视频开始播放，可以在视频播放器上查看播放的速度。

② 调整视频文件画面效果。

在 PowerPoint 2010 中，可以调整视频文件画面的色彩、标牌框架以及视频样式、形状与边框等。

选中幻灯片中的视频文件，单击"大小"选项组的"对话框启动器"按钮，打开"设置视频格式"对话框。切换到"大小"选项卡，选中"锁定纵横比"复选框和"相对于图片原始尺寸"复选框，然后在"高度"微调框中调整视频的大小，如图 5-37 所示。

图 5-36 "插入视频文件"对话框

图 5-37 "设置视频格式"对话框

调整视频文件画面色彩是通过"格式"选项卡内"调整"选项组中的命令完成的。如果要更改视频的亮度和对比度，可单击"调整"选项组中的"更正"按钮，从下拉列表中选择适当的亮度和对比度；如果要更改视频画面的颜色，可以在"调整"选项组单击"颜色"按钮，从下拉列表中单击一种颜色选项；如果要更改视频文件的标牌框架，可单击"调整"选项组中的"标牌框架"按钮，从下拉列表中单击"文件中的图像"选项，打开"插入图片"对话框，选择需要的图片文件，然后单击"插入"按钮。此时，视频文件的标牌即以指定的图片替换，它将不是默认的视频文件第一帧图像，如图 5-38 所示。

选中幻灯片中的视频文件，切换到"格式"选项卡，在"视频样式"选项组中，单击"视频样式"列表框的"其他"按钮，从下拉列表中选择所需视频样式选项，视频画面就应用了指定的视频样式，如图 5-39 所示。

图 5-38 更改视频文件的标牌框架

图 5-39 设置视频画面样式

③ 控制视频文件的播放。

在 PowerPoint 2010 中新增了视频文件的剪辑功能，能够直接剪裁多余的部分并设置视频的起始点，方法为选中视频文件，切换到"播放"选项卡，在"编辑"选项组中单击"剪裁视频"按钮，打开"剪裁视频"对话框。向右拖动左侧的绿色滑块，设置视频是从指定时间开始播放；向左拖动右侧的红色滑块，设置视频是在指定时间点结束播放，如图 5-40 所示。单击"确定"按钮，返回幻灯片中。

设置视频的淡入、淡出效果能够让视频与幻灯片切换得更完美，不至于让观众觉得视频的播放和结束太突然，方法为选中视频文件，切换到"播放"选项卡，在"编辑"选项组的"淡入"、"淡出"微调框中输入相应的时间，如图 5-41 所示。

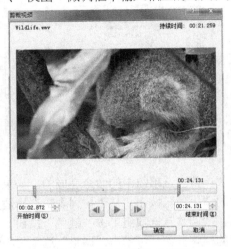

图 5-40 "剪裁视频"对话框

图 5-41 设置视频的淡入与淡出时间

（8）绘制图形。

用户可以利用 PowerPoint 2010 自带的绘图工具，绘制一些简单的平面图形，接着应用动画设计功能，使其变得栩栩如生。下面以绘制立体圆球图为例，说明使用绘图工具的操作步骤。

① 新建"仅标题"版式的幻灯片，切换到"插入"选项卡，在"插图"选项组中单击"形状"按钮，从下拉列表中选择"同心圆"，按住鼠标左键拖曳，绘制一个合适的同心圆对象。

② 拖曳黄色句柄调整同心圆的厚度，拖曳绿色句柄调整同心圆的角度，拖曳白色句柄调整同心圆的大小，结果如图 5-42 所示。

③ 右键单击同心圆，从快捷菜单中选择"设置形状格式"命令，打开"设置形状格式"对话框，在"填充"选项卡中设置一种渐变填充效果，接着单击"关闭"按钮。

④ 切换到"插入"选项卡，在"插图"选项组中单击"形状"按钮，从下拉列表中选择"椭圆"，然后按住 Shift 键绘制正圆。

⑤ 右键单击正圆，从快捷菜单中选择"设置形状格式"命令，打开"设置形状格式"对话框，在"填充"选项中选择"渐变填充"单选按钮，然后在"类型"下拉列表框中选择"射线"，在"方向"下拉列表框中选择"中心辐射"。

⑥ 切换到"格式"选项卡，单击"形状样式"选项组中的"形状效果"按钮，从下拉列表中选择一种透视效果，然后关闭对话框。

⑦ 右键单击正圆，从快捷菜单中选择"编辑文字"命令，在其中输入文字"积极主动"，适当调整字体、字号与颜色。

⑧ 复制制作好的圆球，放在同心圆的轨道上，并设计不同的颜色、文字，结果如图 5-43 所示。

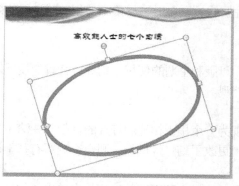

图 5-42　调整同心圆

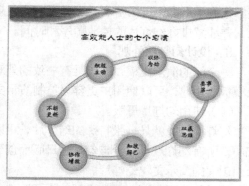

图 5-43　设置图形效果

（9）制作演示文稿的基本原则与技巧。

要想做出生动、出色、吸引观众的商务演示简报，必须首先进行前期规划准备。

① 确认目的，了解听众。在开始制作演示文稿前，要明确演示的具体目的，避免方向性的偏差。确定演示目标后，必须尽可能了解观众的年龄、目标主题与听众的关系、听众的时间安排等。

② 了解演示文稿的操控方式。常见的演示文稿演示者自己操控、演示文稿全自动播放和观众操控 3 种操控方式。只有了解使用何种操控方式，才能合理安排内容呈现的方式。

③ 确认演示环境及听众人数。在一些大型演示厅向观众演示，内容可能更倾向于介绍、讲解，穿插少量互动环节以活跃全场气氛就可以了。在小型会议室为少数人演示时，使用更多的互动设计幻灯片，提升观众的参与程度，无疑将获得更好的效果。

设计具有专业水准演示文稿的指导思想为风格一致、结构清晰、颜色和谐、信息明确，主要体现在以下几个方面。

① 选择适当的模板与背景。将幻灯片设计得精巧、美观固然重要，但不能喧宾夺主，要重点突出演示内容。一般而言，用于教学的幻灯片应选择简洁的模板，用于产品展示的幻灯片可以选择设计活泼的模板。如果幻灯片在投影屏幕上放映，制作时宜选择比较淡的背景，主体颜色深一些；若要在电视、电脑屏幕上放映，背景颜色应深一些，主体颜色应淡一些。

② 文字的恰当处理。一张幻灯片中放置的文字信息不宜过多，制作时应尽量精简。对于幻灯片中的字体而言，如果连贯的文字较多，以选用宋体为佳；至于标题，可以选择不同的字体（不超过 4 种为宜），并且最好少用或不用草书、行书、艺术字和生僻字体，否则可能导致异地放映时出现不正常现象。

至于字号，可以根据演示会场的大小和投影比例而定。一般来说，标题选用 32~36 号字为宜，加粗、加阴影效果更佳；其他内容可以根据空间情况选用 22~30 号字，并注意保持同级内容字号的一致性。

在考虑字体颜色时，可以将标题或需要突出的文字改用不同颜色加以显示，但同一张幻灯片的文字颜色不要超过 3 种。要注意整个画面的协调，不要将画面弄得五颜六色，使观众分散注意力。

③ 图片处理。可以利用图片处理软件将不同格式的图片均转换成 jpg 格式，图片像素大小控制在 600 点以内，容量大小可小于 130 KB，以减少文件占用的磁盘空间。一般情况下，图片

不宜过大，以占到整个幻灯片画面的 1/5～1/4 为宜，最大不要超过画面的 1/3。

④ 动画设置。PowerPoint 为用户提供了丰富的动画设置效果。适当的动画效果对演示内容能够起到承上启下、因势利导、激发观众兴趣的作用。设置动画时，尽量不使用动感过强的效果，并注意排好幻灯片的播放顺序和时间。

6．设计幻灯片外观

一个好的演示文稿，应该具有一致的外观风格。母版和主题的使用、幻灯片背景的设置以及模板的创建，可以使用户更容易控制演示文稿的外观。

（1）使用幻灯片母版。

幻灯片母版就是一张特殊的幻灯片，可以将它视为一个用于构建幻灯片的框架。在演示文稿中，所有幻灯片都基于该幻灯片母版而创建。如果更改了幻灯片母版，则会影响所有基于母版而创建的演示文稿幻灯片。

要进入母版视图，可切换到"视图"选项卡，在"演示文稿视图"选项组中单击"幻灯片母版"按钮。在幻灯片母版视图中，包括几个虚线框标注的区域，分别是标题区、对象区、日期区、页脚区和数字区，也就是前面介绍的占位符。用户可以编辑这些占位符，如设置文本的格式，以便在幻灯片中输入文字时采用默认的格式。

① 添加幻灯片母版和版式。

在 PowerPoint 中，每个幻灯片母版都包含一个至多个标准或自定义的版式集。当用户创建空白演示文稿时，将显示名为"标题幻灯片"的默认版式，还有其他标准版式可供使用。

如果找不到合适的标准母版和版式，可以添加和自定义新的母版和版式。切换到幻灯片母版视图中，要添加母版，可单击"编辑母版"选项组中的"插入幻灯片母版"按钮，将在当前母版最后一个版式的下方插入新的版式，如图 5-44 所示。在包含幻灯片母版和版式的左侧窗格中，单击幻灯片母版下方要添加新版式的位置。切换到"幻灯片母版"选项卡，在"编辑母版"选项组中单击"插入版式"按钮。

要删除母版中不需要的默认占位符，可单击该占位符的边框，然后按 Delete 键；要添加占位符，可单击"幻灯片母版"选项组中的"插入占位符"按钮，从下拉菜单中选择一个占位符，然后拖动鼠标绘制占位符，如图 5-45 所示。

图 5-44　插入母版

图 5-45　插入占位符

PowerPoint 提供了内容、文本、图片等 7 种占位符。在设计版面时，如果不能确定其内容的话，可插入通用的"内容"占位符，它可以容纳任意内容，以便于版面具有更广泛的可用性。

② 删除母版或版式。

如果在演示文稿中创建数量过多的母版和版式，在选择幻灯片版式时会造成不必要的混乱。为此，可进入幻灯片母版视图，在左侧的母版和版式列表中右击要删除的母版或版式，从快捷菜单中选择"删除母版"或"删除版式"命令，将一些不用的母版和版式删除。

③ 设计母版内容。

进入幻灯片母版视图，在标题区中单击"单击此处编辑母版标题样式"字样，激活标题区，选定其中的提示文字，并且改变其格式，可以一次更改所有的标题格式。单击"幻灯片母版"选项卡上的"关闭母版视图"按钮，返回普通视图中，每张幻灯片的标题均发生变化。

同理，对母版文字进行编辑，可以一次更改幻灯片中同层的所有文字格式。

用户可以在母版中加入任何对象，使每张幻灯片中都自动出现该对象。例如，为全部幻灯片贴上 Logo 标志的方法为在幻灯片母版视图中，切换到"插入"选项卡，在"插图"选项组中单击"图片"按钮，打开"插入图片"对话框。选择所需的图片，单击"插入"按钮，然后对图片的大小和位置进行调整。单击"幻灯片母版"选项卡上的"关闭母版视图"按钮，返回普通视图中，每张幻灯片中均出现插入的 Logo 图片。

（2）使用主题。

主题包括一组主题颜色、一组主题字体和一组主题效果（包括线条和填充效果）。通过应用主题，可以快速而轻松地设置整个文档的格式，赋予它专业和时尚的外观。

① 应用默认的主题。

快速为幻灯片应用一种主题时，可打开要应用主题的演示文稿，切换到"设计"选项卡，在"主题"选项组的"主题"列表框中单击要应用的文档主题，或单击右侧的"其他"按钮，查看所有可用的主题，如图 5-46 所示。

如果希望只对选择的幻灯片设置主题，可右击"主题"列表框中的主题，从快捷菜单中选择"应用于所选幻灯片"命令。

② 自定义主题。

如果默认的主题不符合需求，还可以自定义主题。

首先，切换到"设计"选项卡，在"主题"选项组中单击"主题颜色"按钮，从下拉菜单中选择"新建主题颜色"命令，打开"新建主题颜色"对话框。在"主题颜色"下依次单击要更改的主题颜色元素对应的按钮，然后选择所需的颜色，在"名称"文本框中为新的主题颜色输入一个适当的名称，单击"保存"按钮，如图 5-47 所示。

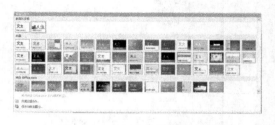

图 5-46　应用主题

图 5-47　新建主题颜色

然后，在"主题"选项组中单击"主题字体"按钮，从下拉菜单中选择"新建主题字体"命令，打开"新建主题字体"对话框。在各个字体下拉列表框中选择所需的字体名称，在"名称"文本框中为新的主题字体输入名称，单击"保存"按钮，如图 5-48 所示。

接着，在"主题"选项组中单击"主题效果"按钮，从下拉菜单中选择要使用的效果，让其作用于线条和填充颜色。

设置完毕后，单击"主题"列表框的"其他"按钮，从下拉菜单中选择"保存当前主题"命令，在打开的"保存当前主题"对话框中输入文件名并单击"保存"按钮，如图 5-49 所示。保存自定义主题后，可以在"主题"列表框中看到创建的主题。

图 5-48　新建主题字体

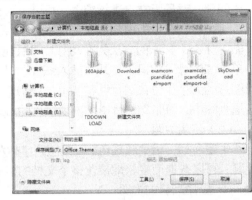

图 5-49　保存当前主题

（3）设置幻灯片背景。

在 PowerPoint 2010 中，对幻灯片设置背景是添加一种背景样式。当更改文档主题后，背景样式会随之更新以反映新的主题颜色和背景。如果希望只更改演示文稿的背景，可以选择其他背景样式。

向演示文稿中添加背景样式时，可单击要添加背景样式的幻灯片，切换到"设计"选项卡，在"背景"选项组中单击"背景样式"按钮右侧的箭头按钮，弹出"背景样式"下拉菜单。右击所需的背景样式，从快捷菜单中执行适当的命令，如图 5-50 所示。

如果内置的背景样式不符合需求，可以进行自定义操作，方法为单击要添加背景样式的幻灯片，在"背景"选项组中单击"背景样式"按钮右侧的箭头按钮，从下拉菜单中选择"设置背景格式"命令，在打开的"设置背景样式"对话框中进行相关的设置，如图 5-51 所示，然后单击"关闭"按钮。

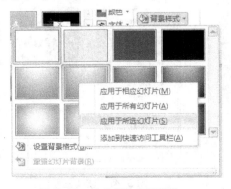

图 5-50　为幻灯片应用背景

图 5-51　"设置背景格式"对话框

如果要将幻灯片中设置的背景清除，可选择"背景样式"下拉菜单中的"重置幻灯片背景"命令。

7．设置动画效果与切换方式

对幻灯片设置动画，可以让原本静止的演示文稿更加生动。可以利用 PowerPoint 2010 提供的动画方案、自定义动画和添加切换效果等功能，制作出形象的演示文稿。

（1）使用动画。

① 创建基本动画。

在普通视图中，单击要制作成动画的文本或对象。切换到"动画"选项卡，从"动画"选项组的"动画样式"列表框中选择所需的动画，即可快速创建基本的动画，如图 5-52 所示。在"动画"选项组中单击"效果选项"按钮，从下拉列表框中选择动画的运动方向。

② 使用自定义动画。

如果用户对标准动画不满意，可在普通视图中显示包含要设置动画效果的文本或者对象的幻灯片。切换到"动画"选项卡，在"高级动画"选项组中单击"添加效果"按钮，从下拉列表中选择所需的动画效果选项。例如，为了给幻灯片的标题设置进入的动画效果，可以选择"进入"选项组中的一种效果，如图 5-53 所示。

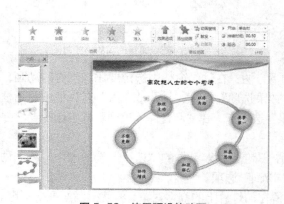

图 5-52　使用预设的动画

图 5-53　"添加效果"下拉菜单

如果选项中的动画效果依然不能满足用户的要求，可单击"更多进入效果"命令，在打开的"添加进入效果"对话框中进行选择，然后单击"确定"按钮，设置完毕。

③ 删除动画效果。

删除自定义动画效果的方法很简单，可以在选定要删除动画的对象后，切换到"动画"选项卡，通过下列两种方法来完成。

a. 在"动画"选项组中的"动画样式"列表框中选择"无"选项。

b. 在"高级动画"选项组中单击"动画窗格"按钮，打开动画窗格，在列表区域中右击要删除的动画，从快捷菜单中选择"删除"命令，如图 5-54 所示。

④ 设置动画选项。

当在同一张幻灯片中添加了多个动画效果后，还可以重新排列动画效果的播放顺序，方法为显示要调整播放顺序的幻灯片，切换到"动画"选项卡，在"高级动画"选项组中单击"动画窗格"按钮，在打开的动画窗格中选定要调整顺序的动画，然后用鼠标将其拖到列表框内的其他位置。单击列表框下方的 ⬆ 和 ⬇ 按钮也能够改变动画序列。

动画的开始方式一般有 3 种，即单击时、与上一动画同时、上一动画之后。为动画设置开始方式时，可在动画窗格的列表框中，单击动画右侧的箭头按钮，从下拉菜单中选择上述 3 个命令之一。

用户可以单击"动画"选项卡中的"预览"按钮，预览当前幻灯片中设置动画的播放效果。如果对动画的播放速度不满意，可在动画窗格中选定要调整播放速度的动画效果，在"计时"选项组的"持续时间"框中输入动画的播放时间，如图 5-55 所示。

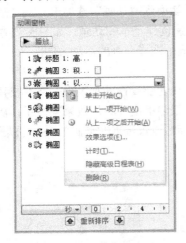

图 5-54　删除动画效果

图 5-55　设置动画的播放时间

如果要将声音与动画联系起来，可采取如下方法：在动画窗格中选定要添加声音的动画，单击其右侧的箭头按钮，从下拉菜单中选择"效果选项"命令，打开"飞入"对话框（对话框的名称与选择的动画名称对应）。切换到"效果"选项卡，在"声音"下拉列表框中选择要增强的声音，如图 5-56 所示。

如果要使文本按照字母或者逐字进行动画，请在上述对话框的"效果"选项卡中，将"动画文本"下拉列表框设置为"按字母"或"按字/词"选项。

当加入了太多的动画效果，播放完毕后停留在幻灯片上的众多对象，将使得画面拥挤不堪。此时，最好仅将播放一次的动画对象设置成随播放的结束而自动隐藏，即在上述对话框的"效果"选项卡中，将"动画播放后"下拉列表框设置为"播放动画后隐藏"。

使用动画计时功能时，可在动画窗格中单击要设置动画右侧的箭头按钮，从下拉菜单中选择"效果选项"命令，在出现的对话框中切换到"计时"选项卡。在"延迟"微调框中输入该动画与上一动画之间的延迟时间；在"期间"下拉列表框中选择动画的速度；在"重复"下拉列表框中设置动画的重复次数。设置完毕后，单击"确定"按钮。

（2）设置幻灯片的切换效果。

所谓幻灯片切换效果，就是指两张连续幻灯片之间的过渡效果。PowerPoint 允许用户设置幻灯片的切换效果，使它们以多种不同的方式出现在屏幕上，并且可以在切换时添加声音。

设置幻灯片切换效果的操作步骤如下。

① 在普通视图的"幻灯片"选项卡中单击某个幻灯片缩略图，然后单击"切换"选项卡，在"切换到此幻灯片"选项组中，从"切换方案"列表框中选择一种幻灯片切换效果，如图 5-57 所示。

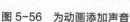

图 5-56　为动画添加声音

图 5-57　设置幻灯片的切换效果

② 如果要设置幻灯片切换效果的速度，可在"计时"选项组的"持续时间"微调框中输入幻灯片切换的速度值。

③ 如有必要，可在"声音"下拉列表框中选择幻灯片换页时的声音。

④ 单击"全部应用"按钮，则会将切换效果应用于整个演示文稿。

（3）设置交互动作。

通过绘图工具在幻灯片中绘制图形按钮，然后为其设置动作，能够在幻灯片中起到指示、引导或控制播放的作用。

① 在幻灯片中放置动作按钮。

在普通视图中创建动作按钮时，可切换到"插入"选项卡，在"插图"选项组中单击"形状"按钮，从下拉列表中选择"动作按钮"组内的一个按钮。要插入一个预定义大小的动作按钮，可单击幻灯片；要插入一个自定义大小的动作按钮，可按住鼠标左键在幻灯片中拖动。将动作按钮插入到幻灯片中后，会弹出"动作设置"对话框，如图 5-58 所示，在其中选择该按钮将要执行的动作，然后单击"确定"按钮。

在"动作设置"对话框中选择"超链接到"单选按钮，然后在下面的下拉列表框中选择要链接的目标选项。如果选择"幻灯片"选项，会弹出"超链接到幻灯片"对话框，如图 5-59 所示，在其中选定要链接的幻灯片后单击"确定"按钮；如果选择"URL"选项，将弹出"超链接到 URL"对话框，在"URL"文本框中输入要链接到的 URL 地址后单击"确定"按钮。

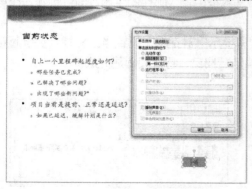

图 5-58　"动作设置"对话框

图 5-59　"超链接到幻灯片"对话框

如果在"动作设置"对话框中选择"运行程序"单选按钮，然后再单击"浏览"按钮，在打开的"选择一个要运行的程序"对话框中选择一个程序后，单击"确定"按钮，将建立运行外部程序的动作按钮。

在"动作设置"对话框中选择"播放声音"复选框，并在下方的下拉列表框中选择一种音效，可以在单击动作按钮时增加更炫的效果。

用户也可以选中幻灯片中已有的文本等对象，切换到"插入"选项卡，单击"链接"选项组中的"动作"按钮，在打开的"动作设置"对话框中进行适当的设置。

② 为空白动作按钮添加文本。

插入到幻灯片的动作按钮中默认没有文字。右键单击插入到幻灯片中的空动作按钮，从快捷菜单中选择"编辑文本"命令，接着在插入点处输入文本，即可向空白动作按钮中添加文字。

③ 格式化动作按钮的形状。

选定要格式化的动作按钮，切换到"格式"选项卡，从"形状样式"选项组中选择一种形状，即可对动作按钮的形状进行格式化。用户还可以进一步利用"形状样式"选项组中的"形状填充"、"形状轮廓"和"形状效果"按钮，对按钮进行美化。

课堂练习：在"公司简介"、"经营理念"幻灯片的适当位置各插入一个超链接到"展示提要"幻灯片的动作按钮。

（4）使用超链接。

通过在幻灯片内插入超链接，可以直接跳转到其他幻灯片、文档或 Internet 的网页中。

① 创建超链接。

在普通视图中，选定幻灯片内的文本或图形对象，切换到"插入"选项卡，在"链接"选项组中单击"超链接"按钮，打开"插入超链接"按钮。在"链接到"列表框中选择超链接的类型。

a. 选择"现有文件或网页"选项，在右侧选择要链接到的文件或 Web 页面的地址，可以通过"当前文件夹"、"浏览过的网页"和"最近使用过的文件"按钮，从文件列表中选择所需链接的文件名。

b. 选择"本文档中的位置"选项，可以选择跳转到某张幻灯片上，如图 5-60 所示。

c. 选择"新建文档"选项，可以在"新建文档名称"文本框中输入新建文档的名称。单击"更改"按钮，设置新文档所处的文件夹名称，再在"何时编辑"组中设置是否立即开始编辑新文档。

d. 选择"电子邮件地址"选项，可以在"电子邮件地址"文本框中输入要链接的邮件地址，如输入"mailto: huaiannyzj@sina.com"，在"主题"文本框中输入邮件的主题，即可创建一个电子邮件地址的超链接。

单击"屏幕提示"按钮，打开"设置超链接屏幕提示"对话框，设置当鼠标指针位于超链接上时出现的提示内容，如图 5-61 所示。单击"确定"按钮，超链接创建完成。

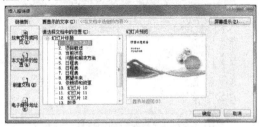

图 5-60　超链接到本文档中的位置

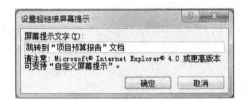

图 5-61　"设置超链接屏幕提示"对话框

放映幻灯片时，将鼠标指针移到超链接上，指针将变成手形，单击鼠标即可跳转到相应的链接位置。

② 编辑超链接。

更改超链接目标时，可选定包含超链接的文本或图形，切换到"插入"选项卡，单击"链接"选项组中的"超链接"按钮，在出现的"编辑超链接"对话框中输入新的目标地址或者重新指定跳转位置即可。

③ 删除超链接。

如果仅删除超链接关系，可右击要删除超链接的对象，从快捷菜单中选择"删除超链接"命令。

选定包含超链接的文本或图形，然后按 Delete 键，超链接以及代表该超链接的对象将全部被删除。

8. 放映幻灯片

制作幻灯片的最终目标就是为观众进行放映。幻灯片的放映设置包括控制幻灯片的放映方式、设置放映时间等。

（1）幻灯片的放映控制。

考虑到演示文稿中可能包含不适合播放的半成品幻灯片，但将其删除又会影响以后再次修订。此时，切换到普通视图，在幻灯片窗格中选择不进行演示的幻灯片，然后右击选中区，从快捷菜单中选择"隐藏幻灯片"命令，将它们进行隐藏，接下来就可以播放幻灯片了。

① 启动幻灯片。

在 PowerPoint 2010 中，按 F5 键或者单击"幻灯片放映"选项卡中的"从头开始"按钮，即可开始放映幻灯片。

如果不是从头放映幻灯片，可单击工作界面右下角的"从当前幻灯片开始幻灯片放映"按钮，或者按"Shift+F5"组合键。

在幻灯片放映过程中，按"Ctrl+H"和"Ctrl+A"组合键，能够分别实现隐藏、显示鼠标指针操作。

当演示者在特定场合下需要使用黑屏效果时，可直接按 B 键或.（句号）键。按键盘上的任意键，或者单击鼠标左键，可以继续放映幻灯片。假如觉得插入黑屏使演示气氛变暗，可以按 W 键或,（逗号）键，插入一张纯白图像。

另外，切换到"文件"选项卡，选择"另存为"命令，在"另存为"对话框的"保存类型"下拉列表框中选择"PowerPoint 放映"选项，在"文件名"文本框中输入新名称，然后单击"确定"按钮，保存为扩展名为 ppsx 的文件，从"计算机"窗口中打开该类文件，即可自动放映幻灯片。

② 控制幻灯片的放映。

查看整个演示文稿最简单的方式是移动到下一张幻灯片，方法如下。

a. 单击鼠标左键。

b. 按 Space Bar 键。

c. 按 Enter 键。

d. 按 N 键。

e. 按 Page Down 键。

f. 按↓键。

g. 按→键。

h. 单击鼠标右键，从快捷菜单中选择"下一张"命令。

i. 将鼠标指针移到屏幕的左下角，单击➡按钮。

演示者在播放幻灯片时，往往会因为不小心单击到指定对象以外的空白区域而直接跳到下一张幻灯片，导致错过了一些需要通过单击触发的动画。此时，切换到"切换"选项卡，撤选"换片方式"选项组中的"单击鼠标时"复选框，即可禁止单击换片功能。这样一来，右击幻灯片，从快捷菜单中选择"下一张"命令，才能实现幻灯片的切换。

要回到上一张幻灯片，可使用以下任意方法。

a. 按 BackSpace 键。

b. 按 P 键。

c. 按 Page Up 键。

d. 按↑键。

e. 按←键。

f. 单击鼠标右键，从快捷菜单中选择"上一张"命令。

g. 将鼠标指针移到屏幕的左下角，单击 ⬅ 按钮。

在幻灯片放映时，要切换到指定的某一张幻灯片，可单击鼠标右键，从快捷菜单中选择"定位至幻灯片"菜单项，然后在级联菜单中选择目标幻灯片的标题。另外，如果要快速回转到第一张幻灯片，可按 Home 键。

若幻灯片是根据排练时间自动放映的，当遇到观众提问、需要暂停放映等情况时，可从快捷菜单中选择"暂停"命令。如果要继续放映，则从快捷菜单中选择"继续执行"命令。

在上述快捷菜单中，使用"指针选项"级联菜单中的"笔"或"荧光笔"命令，可以实现画笔功能，在屏幕上"勾画"重点，以达到突出和强调的作用。要使指针恢复箭头形状，可单击"指针选项"级联菜单中的"箭头"命令。

如果要清除涂写的墨迹，可在"指针选项"级联菜单中选择"橡皮擦"命令。按 E 键可以清除当前幻灯片上的所有墨迹。

另外，如果演示现场没有提供激光笔，而演示者又需要提醒观众留意幻灯片中的某些地方，可按住 Ctrl 键，再按住鼠标左键不放，即可将鼠标指针临时变成红色圆圈，代替激光笔的功能。

③ 退出幻灯片放映。

如果想退出幻灯片的放映，可使用下列方法。

a. 单击鼠标右键，从快捷菜单中选择"结束放映"命令。

b. 按 Esc 键。

c. 按-键。

d. 单击屏幕左下角的 ▤ 按钮，从弹出的菜单中选择"结束放映"命令。

（2）设置放映时间。

利用幻灯片可以设置自动切换的特性，能够使幻灯片在无人操作的展台前，通过大型投影仪进行自动放映。

用户可以通过两种方法设置幻灯片在屏幕上显示时间的长短：一是人工为每张幻灯片设置时间，再运行幻灯片放映，查看设置的时间是否恰到好处；二是使用排练计时功能，在排练时自动记录时间。

① 人工设置放映时间。

如果要人工设置幻灯片的放映时间（如每隔 8 秒自动切换到下一张幻灯片），可参照如下方法进行操作。

首先，切换到幻灯片浏览视图中，选定要设置放映时间的幻灯片，单击"切换"选项卡，在"计时"选项组内选中"设置自动换片时间"复选框，然后在右侧的微调框中输入希望幻灯片在屏幕上显示的秒数。

单击"全部应用"按钮，所有幻灯片的切片时间间隔将相同；否则，设置的是选定幻灯片切换到下一张幻灯片的时间。

接着，设置其他幻灯片的换片时间。此时，在幻灯片浏览视图中，会在幻灯片缩略图的左下角显示每张幻灯片的放映时间，如图5-62所示。

② 使用排练计时。

使用排练计时可以为每张幻灯片设置放映时间，使幻灯片能够按照设置的排练计时时间自动放映，操作步骤如下。

首先，切换到"幻灯片放映"选项卡，在"设置"选项组中单击"排练计时"按钮，系统将切换到幻灯片放映视图，如图5-63所示。

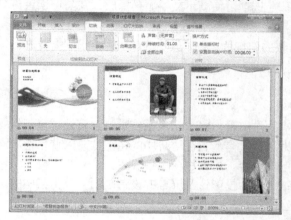

图 5-62　设置幻灯片的放映时间

图 5-63　"设置"选项组

在放映过程中，屏幕上会出现"录制"工具栏，如图5-64所示。单击工具栏中的"下一项"按钮，即可播放下一张幻灯片，并在"幻灯片放映时间"框中开始记录新幻灯片的时间。

排练结束放映后，在出现的对话框中单击"是"按钮，即可接受排练的时间；要取消本次排练，可单击"否"按钮。

若不再需要幻灯片的排练计时，可切换到"幻灯片放映"选项卡，撤选"设置"选项组中的"使用计时"复选框。此时，再次放映幻灯片，将不会按照用户设置的排练计时进行放映，但所排练的计时设置仍然存在。

另外，PowerPoint还提供了"自定义放映"功能，用于在演示文稿中创建子演示文稿。例如，用户可能要针对公司的销售部和售后部进行演示，传统方法是创建两个演示文稿，即使二者中有多张幻灯片是重复的，这显然浪费时间且增加工作量。使用自定义放映功能则可以避免上述麻烦。

（3）设置放映方式。

默认情况下，演示者需要手动放映演示文稿。用户也可以创建自动播放演示文稿，在商贸展示或展台中播放。设置幻灯片放映方式的操作步骤如下。

① 切换到"幻灯片放映"选项卡，在"设置"选项组中单击"设置幻灯片放映"按钮，打开"设置放映方式"对话框，如图5-65所示。

图 5-64 "录制"工具栏

图 5-65 "设置放映方式"对话框

② 在"放映类型"栏中选择适当的放映类型。其中,"演讲者放映(全屏幕)"选项可以运行全屏显示的演示文稿;"在展台浏览(全屏幕)"选项可使演示文稿循环播放,并防止读者更改演示文稿。

③ 在"放映幻灯片"栏中,可以设置要放映的幻灯片。在"放映选项"栏中根据需要进行设置。在"换片方式"栏中,指定幻灯片的切换方式。

④ 设置完成后,单击"确定"按钮。

(4)使用演示者视图。

连接投影仪后,演示者的笔记本电脑就拥有两个屏幕,Windows 系统默认二者处于复制状态,即显示相同的内容。当演示者播放幻灯片时,需要查看自己屏幕中的备注信息、使用控制演示的各种按钮,也就是将两个屏幕显示为不同的内容,可使用演示者视图。

使用演示者视图时,可按"Win+P"组合键,显示投影仪及屏幕的设置画面,单击其中的"扩展"按钮,将当前屏幕扩展至投影仪。切换到"幻灯片放映"选项卡,选择"监视器"选项组中的"使用演示者视图"复选框即可。

9.打包与打印演示文稿

如果需要将演示文稿内容输出到纸张上或其他计算机中放映,可进行演示文稿的打印和打包操作,在此之前可以设置幻灯片的页眉页脚,并进行页面设置。

(1)设置页眉和页脚。

要将幻灯片编号、时间和日期、公司的徽标等信息添加到演示文稿的顶部或底部,可使用设置页眉和页脚功能,操作步骤如下。

① 切换到"插入"选项卡,在"文本"选项组中单击"页眉和页脚"按钮,打开"页眉和页脚"对话框。

② 要添加日期和时间,可选中"日期和时间"复选框,然后选择"自动更新"或"固定"单选按钮。选中"固定"单选按钮后,可以在下方的文本框中输入要在幻灯片中插入的日期和时间。

③ 选中"幻灯片编号"复选框,可以为幻灯片添加编号。要为幻灯片添加一些附注性的文字,可选中"页脚"复选框,然后在下方的文本框中输入内容。

④ 要使页眉页脚的内容不显示在标题幻灯片上,可选中"标题幻灯片中不显示"复选框。

⑤ 单击"全部应用"按钮,可以将页眉和页脚的设置应用于所有幻灯片上。要将页眉和页脚的设置应用于当前幻灯片中,可单击"应用"按钮。返回到编辑窗口后,可以看到在幻灯片中添加了设置的内容。

(2)页面设置。

幻灯片的页面设置决定了幻灯片、备注页、讲义以及大纲在屏幕和打印纸上的尺寸和放置方向，操作步骤如下。

① 切换到"设计"选项卡，在"页面设置"选项组中单击"页面设置"按钮，打开"页面设置"对话框，如图 5-66 所示。

② 在"幻灯片大小"下拉列表框中，选择幻灯片的大小。如果要建立自定义的尺寸，可在"宽度"和"高度"微调框中输入需要的数值。

③ 在"幻灯片编号起始值"微调框中，输入幻灯片的起始号码。

④ 在"方向"栏中，指明幻灯片、备注、讲义和大纲的打印方向。

⑤ 单击"确定"按钮，设置完成。

（3）打包演示文稿。

当用户将制作好的演示文稿复制到 U 盘中，然后到他人的计算机中放映时，发现其中并没有安装 PowerPoint 程序。打包演示文稿功能就避免了这样的尴尬场面。所谓打包是指将与演示文稿有关的各种文件都整合到同一个文件夹中，只要将这个文件夹复制到其他计算机中，然后启动其中的播放程序，即可正常播放演示文稿。如果要对演示文稿进行打包，可参照下述步骤进行操作。

① 切换到"文件"选项卡，选择"保存并发送"→"将演示文稿打包成 CD"命令，再单击"打包成 CD"按钮，打开"打包成 CD"对话框，如图 5-67 所示。在"将 CD 命名为"文本框中输入打包后演示文稿的名称。

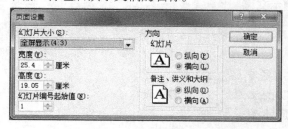

图 5-66 "页面设置"对话框

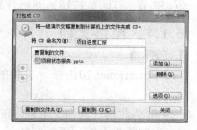

图 5-67 "打包成 CD"对话框

② 单击"选项"按钮，可以在打开的"选项"对话框中设置是否包含链接的文件，是否包含嵌入的 TrueType 字体，还可以设置打开文件的密码等，如图 5-68 所示。单击"确定"按钮，保存设置并返回"打包成 CD"对话框。

③ 单击"复制到文件夹"按钮，打开"复制到文件夹"对话框，可以将当前文件复制到指定的位置。

④ 单击"复制到 CD"按钮，弹出的对话框提示程序会将链接的媒体文件复制到计算机中，单击"是"按钮。弹出"正在将文件复制到文件夹"对话框并复制文件。

⑤ 复制完成后，用户可以关闭"打包成 CD"对话框，完成打包操作。

⑥ 在"计算机"窗口中打开光盘文件，可以看到打包的文件夹和文件。

此外，用户还可以将演示文稿创建为视频文件，以便于通过光盘、Web 或电子邮件进行分发。创建的视频中包含所有录制的计时、旁白等，并且保留动画、转换和媒体等。

PowerPoint 2010 新增了广播幻灯片的功能，向位于远程的用户通过 Web 浏览器广播幻灯片。远程观众不用安装程序，只需在浏览器中跟随浏览即可。

（4）打印演示文稿。

如同 Word 和 Excel 一样，可以在打印之前预览演示文稿，满意后再将其投入打印，操作步骤如下。

① 切换到"文件"选项卡，单击"打印"命令，在右侧窗格中可以预览幻灯片打印的效果。如果要预览其他幻灯片，可单击下方的"下一页"按钮。

② 在中间窗格的"份数"微调中指定打印的份数。

③ 在"打印机"下拉列表框中选择所需的打印机。

④ 在"设置"选项组中指定演示文稿的打印范围。

⑤ 在"打印内容"列表框中确定打印的内容，如幻灯片、讲义、注释等，如图 5-69 所示。

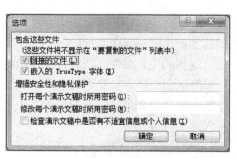

图 5-68 "选项"对话框

图 5-69 "打印内容"下拉菜单

⑥ 单击"打印"按钮，即可开始打印演示文稿。

5.1.4 操作实训

1. 选择题

（1）PowerPoint 2010 演示文稿的默认扩展名是（   ）。

A. ptt   B. xlsx   C. pptx   D. docx

（2）要修改幻灯片中文本框内的内容，应该（   ）。

A. 先删除文本框，再重新插入一个文本框

B. 选择该文本框中所要修改的内容，然后重新输入文字

C. 重新选择带有文本框的版式，然后再向文本框内输入文字

D. 用新插入的文本框覆盖原文本框

（3）下列（   ）操作，不能退出 PowerPoint 2010 工作界面。

A. "文件"选项卡中选择"退出"命令   B. 单击窗口右上角的"关闭"按钮

C. 按"Alt+F4"键   D. 按 Esc 键

（4）在幻灯片的"动作设置"对话框中设置的超链接对象不允许是（   ）。

A. 下一张幻灯片   B. 一个应用程序

C. 其他演示文稿   D. "幻灯片"中的一个对象

（5）关于幻灯片动画效果，说法不正确的是（   ）。

A. 可以为动画效果添加声音   B. 可以进行动画效果预览

C. 同一个对象不可以添加多个动画效果   D. 可以调整动画效果顺序

2. 填空题

（1）项目符号和编号一般用于_____，作用是突出这些层次小标题，使得幻灯片更加有条理性，易于阅读。

（2）PowerPoint 的视图模式中，最常用的是_____和_____视图模式。

（3）在_____视图中浏览 PowerPoint 文档时，用户可以看到整个演示文稿的内容，各幻灯片将按次序排列。

（4）幻灯片母版的格式包括_____、_____和_____3 种。

（5）如果要从当前幻灯片"溶解"到下一张幻灯片，应使用 _____命令。

3. 制作题

根据演示文稿 yswg.pptx，按照下列要求完成对此文稿的修饰并保存。

（1）使用"凤舞九天"主题修饰全文，放映方式为"观众自行浏览"。

（2）将第四张幻灯片版式改为"两栏内容"，将图片文件 pp1.jpg 插入到第四张幻灯片右侧内容区。第一张幻灯片加上标题"计算机功能"，图片动画设置为"强调"、"陀螺旋"，效果选项的方向为"逆时针"、数量为"完全旋转"。然后将第二张幻灯片移到第一张幻灯片之前，幻灯片版式改为"标题幻灯片"，主标题为"计算机系统"，字体为"黑体"，52 磅字，副标题为"计算机功能与硬件系统组成"，30 磅字，背景设置"渐变填充"，预设颜色为"宝石蓝"，类型为"矩形"。第三张幻灯片的版式改为"标题和内容"，标题为"计算机硬件系统"，将图片文件 ppt2.jpg 插入内容区，并插入备注："硬件系统只是计算机系统的一部分"。使第四张幻灯片成为第二张幻灯片。

单元 6
网络基础和 Internet 应用

随着计算机应用的深入，特别是家用计算机越来越普及，用户一方面希望能共享信息资源，另一方面也希望各计算机之间能互相传递信息。基于这些原因，计算机将向网络化发展，将分散的计算机连接成网，组成计算机网络。

计算机网络的诞生使计算机的应用发生了巨大变化，已经遍布经济、文化、科研、军事、政治、教育和社会生活等各个领域，进而引起世界范围内产业结构的变化和全球信息产业的发展。

6.1　什么是计算机网络

计算机网络，是指将地理位置不同的具有独立功能的多台计算机及其外部设备，通过通信线路连接起来，在网络操作系统、网络管理软件及网络通信协议的管理和协调下，实现资源共享和信息传递的计算机系统。

简单地说，计算机网络就是通过电缆、电话线或无线通信将两台以上的计算机互连起来的集合。

6.2　网络的功能与分类

6.2.1　计算机网络功能

计算机网络是通过通信媒体，把各个独立的计算机互连所建立起来的系统。一般来说，计算机网络可以提供以下一些主要功能。

1．通信功能

计算机网络是现代通信技术和计算机技术结合的产物。数据通信是计算机网络的基本功能，正是这一功能才能实现计算机之间各种信息（包括文字、声音、图像、动画等）的传送以及对地理位置分散的单位进行集中管理与控制。

2．资源共享

资源共享指共享计算机系统的硬件、软件和数据。其目的是让网络上的用户无论处于何处都能使用网络中的程序、设备、数据等资源。也就是说，用户使用千里之外的数据就像使用本地数据一样。资源共享主要分为 3 部分。

（1）硬件资源共享。共享硬件资源包括打印机、超大型存储器、高速处理器、大容量存储设备和昂贵的专用外部设备等。

（2）软件资源共享。现在计算机软件层出不穷，其中不少是免费共享的，它们是网络上的宝贵财富。共享的软件资源包括各种语言处理程序、服务程序和网络软件，如电子设备软件、联机考试软件、办公管理软件等。

（3）数据资源共享。数据资源包括各种数据库、数据文件等，如电子图书库、成绩库、档案库、新闻、科技动态信息等它们都可以放在网络数据库或文件里供大家查询利用。

因此，从功能上可以把计算机网络划分为资源子网和通信子网两种子网，如图6-1所示。

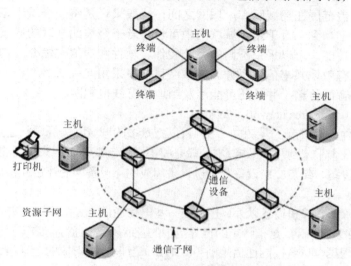

图 6-1 计算机网络的功能构造

资源子网由主计算机、终端控制器、终端和计算机所能提供共享的软件资源和数据源（如数据库和应用程序）构成，给用户提供访问的能力。

主计算机通过一条高速多路复用线或一条通信链路连接到通信子网的结点上。

终端用户通常是通过终端控制器访问网络的。终端控制器能对一组终端提供几种控制，因而减少了终端的功能和成本。

通信子网是由用作信息交换的结点计算机（NC）和通信线路组成的独立的数据通信系统。它承担全网的数据传输、转接、加工和交换等通信处理工作。

网络结点提供双重作用：一方面作为资源子网的接口，另一方面也可作为对其他网络结点的存储转发结点。作为网络接口结点，接口功能是按指定用户的特定要求而编制的。由于存储转发结点提供了交换功能，故报文可以在网络中传送到目标结点。它同时又与网络的其余部分合作，以避免拥塞并提供网络资源的有效利用。

6.2.2 计算机网络分类

计算机网络的分类可按不同的分类标准进行划分，从不同的角度观察网络系统、划分网络，有利于全面地了解网络系统的特性。

1. 按网络作用范围分类

根据计算机网络所覆盖的地理范围、信息的传递速率及应用的目的，计算机网络通常被分为局域网、城域网和广域网。

（1）局域网（local area network，LAN）。

局域网指在有限的地理区域内构成的规模相对较小的计算机网络，其覆盖范围一般不超过几十千米。局域网常被用于连接公司办公室、中小企业、政府机关或一个校园内分散的计算机和工作站，以便共享资源（如打印机）和交换信息。

局域网是最为常见、应用最为广泛的一种网络。其主要特点是覆盖范围较小，用户数量少，配置灵活，速度快，误码率低。局域网组建方便，采用的技术较为简单，是目前计算机网络发展中最为活跃的分支。

（2）城域网（metropolitan area network，MAN）。

城域网的覆盖范围在局域网和广域网之间，一般来说是将一个城市范围内的计算机互联，范围在几十千米到几百千米。城域网中可包含若干个彼此互联的局域网，每个局域网都有自己独立的功能，可以采用不同的系统硬件、软件和通信传输介质构成，从而使不同类型的局域网能有效地共享信息资源。城域网目前多采用光纤或微波作为传输介质，它可以支持数据和声音的传输，并且还可能涉及当地的有线电视网。

（3）广域网（wide area network，WAN）。

广域网是一种跨越城市、国家的网络，可以把众多的城域网、局域网连接起来。广域网的作用范围通常为几十千米到几千千米，它一般是将不同城市或不同国家之间的局域网互联起来。广域网是由终端设备、结点交换设备和传送设备组成的，设备间的连接通常是租用电话线或用专线建造的。

广域网通常除了计算机设备以外，还涉及一些电信通信方式。广域网有时也称为远程网。

Internet 也称为因特网，是指特定的世界范围的互联网，指通过网络互联设备把不同的众多网络或网络群体根据全球统一的通信规则（TCP/IP）互联起来形成的全球最大的、开放的计算机网络。它被广泛地用于连接大学、政府机关、公司和个人用户。用户可以利用 Internet 来实现全球范围的电子邮件、WWW 信息查询与浏览、文件传输、语言与图像通信服务等功能。

2．其他分类方法

（1）根据通信介质的不同，网络可分为有线网和无线网两种。

① 有线网。采用如同轴电缆、双绞线、光纤等物理介质来传输数据的网络。

② 无线网。采用卫星、微波等无线形式来传输数据的网络。

（2）根据使用范围不同，网络可分为公用网和专用网。

① 公用网。公用网也称公众网，是指由国家的电信公司出资建造的大型网络。它一般都由国家政府电信部门管理和控制，网络内的传输和转接装置可提供给任何部门和单位使用（需交纳相应费用）。公用网属于国家基础设施。

② 专用网。专用网是某个部门为本系统的特殊业务工作的需要而建造的网络。它只为拥有者提供服务，一般不向本系统以外的人提供服务。

（3）根据通信传播方式不同，网络可分为广播式网络和点对点网络两种。

① 广播式网络。广播式网络仅有一条通信信道，网络上所有计算机共享，主要有在局域网上，以同轴电缆连接起来的总线网、星状网和树状网；在广域网上以微波、卫星通信方式传播的广播形网。

② 点对点网络。由一对多计算机之间的多条连接构成。即以点对点的连接方式，把各计算机连接起来。一般来讲，小的、地理上处于本地的网络采用广播方式，而大的网络则采用点对点方式。

其他还有一些分类方式，如按网络的拓扑结构分类、按网络的通信速率分类、按网络的交换功能分类等。

6.2.3　网络的拓扑结构

网络的拓扑结构就是网络的各结点的连接形状和方法。构成网络的拓扑结构有很多种，通常包括星状拓扑、总线型拓扑、环状拓扑、树状拓扑、混合型拓扑、网状拓扑及蜂窝状拓扑。

1. 星状拓扑

星状拓扑是由中央节点和通过点对点通信链路接到中央结点的各个站点组成，如图 6-2 所示。星状拓扑的各节点间相互独立，每个结点均以一条单独的线路与中央节点相连，其连接图形像闪光的星。一般星状拓扑结构的中心节点是由交换机来承担的。

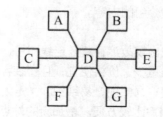

图 6-2　星状拓扑结构

中央节点执行集中式通信控制策略，因此中央结点较复杂，而各个站点的通信处理负担都小。采用星状拓扑的交换方式有电路交换和报文交换，尤以电路交换更为普遍。现在的数据处理和声音通信的信息网大多采用这种拓扑结构。目前流行的专用交换机（private branch exchange，PBX）就是星状拓扑的典型实例。一旦建立了通道连接，可以无延迟地在连通的两个站点之间传送数据。

星状拓扑结构的优点如下。

（1）控制简单。在星状网络中，任何站点都直接和中央节点相连接，因而介质访问控制的方法很简单，致使访问协议也十分简单。

（2）容易实现故障诊断和隔离。在星状网络中，中央节点对连接线路可以一条一条地隔离开来进行故障检测和定位。单个连接点出现故障或单独与中心节点的线路损坏时，只影响该工作站，不会对整个网络造成大的影响。

（3）方便服务。中央结点可方便地对各个站点提供服务和对网络重新配置。

（4）网络的扩展容易。需要增加结点时直接与中央结点连上即可。

星状拓扑结构的缺点如下。

（1）电缆长度和安装工作量可观。因为每个站点都要和中央节点直接连接，需要耗费大量的电缆，所带来的安装、维护工作量也骤增，成本高。

（2）过分依赖中央节点，中央节点的负担加重，形成瓶颈，一旦发生故障，则全网受影响，因而中央节点的可靠性和冗余度方面的要求很高。

（3）各站点的分布处理能力较少。

2. 总线型拓扑

总线型拓扑结构采用单根传输线作为传输介质，所有的站点（包括工作站和共享设备）都通过硬件接口直接连到这一公共传输介质上，或称总线上。各工作站地位平等，无中央节点控制。任何一个站点发送的信号都沿着传输介质传播而且能被其他站点接收。总线型拓扑结构的总线大都采用同轴电缆。总线型拓扑结构如图 6-3 所示。

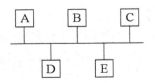

图 6-3 总线型拓扑结构

因为所有站点共享一条公用的传输信道，所以一次只能由一个设备传输信号。通常采用分布式控制策略决定下一次哪一个站点可以发送。当分组经过各站点时，其中的目的站点会识别到分组的目的地址，然后复制这些分组的内容。

总线型拓扑结构的优点如下。

（1）隔离性比较好，一个站点出现故障，断开连线即可，不会影响其他站点工作。

（2）总线结构所需要的电缆数量少，价格便宜，且安装容易。

（3）总线结构简单，连接方便，易实现、易维护。又是无源工作，有较高的可靠性。

（4）易于扩充，增加或减少用户比较方便。增加新的站点容易，仅需在总线的相应接入点将工作站接入即可。

总线型拓扑结构的缺点如下。

（1）系统范围受到限制。同轴电缆的工作长度一般在 2 千米 以内，在总线的干线基础上扩展时，需使用中继器扩展一个附加段。

（2）故障诊断较困难。因为总线型拓扑网络不是集中控制，故障检测需要在网上各个结点进行，故障检测不容易。哪个站点出故障，只需简单地把连接拆除即可。故障隔离困难，如果传输介质有故障，则整个这段总线要切断和变换。

3. 环状拓扑

环状拓扑结构的网络由网络中若干中继器使用电缆通过点对点的链路首尾相连组成一个闭合环，如图 6-4 所示。

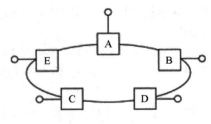

图 6-4 环状拓扑结构

网络中各节点计算机通过一条通信线路连接起来，信息按一定方向从一个节点传输到下一个结点，形成一个闭合环路。

所有结点共享同一个环状信道，环上传输的任何数据都必须经过所有节点。这种链路可以是单向的，也可以是双向的。单向的环状网络，数据只能沿一个方向传输，数据以分组形式发送。

例如，图 6-4 中，A 站希望发送一个报文到 C 站，那么要把报文分成若干个分组，每个分组包括一段数据加上某些控制信息，其中包括 C 站的地址。A 站依次把每个分组送到环上，沿环传输，C 站识别到带有它自己地址的分组时，就将它接收下来。由于多个设备连接在一个环上，因此需要用分布控制形式的功能来进行控制，每个站都有控制发送和接收的访问逻辑。

环状拓扑结构的优点如下。

（1）电缆长度短。环状拓扑网络所需的电缆长度和总线型拓扑网络相似，但比星状拓扑网络要短得多。

（2）增加或减少工作站时，仅需要简单地连接或拆除。

（3）单方向传输，适用于光纤，传输速度高。

（4）抗故障性能好。

（5）单方向单通路的信息流使路由选择控制简单。

环状拓扑结构的缺点如下。

（1）环路上的一个站点出现故障，该站点的中继器不能进行转发，相当于环在故障结点处断掉，会造成整个网络瘫痪。这里因为在环上的数据传输是通过接在环上的每一个结点，一旦环中某一结点发生故障就会引起全网的故障。

（2）检测故障困难，这与总线型拓扑相似，因为不是集中控制，故障检测需在网上各个结点进行，故障的检测就非常困难。

（3）环状拓扑结构的介质访问控制协议都采用令牌传递的方式，则在负载很轻时，其等待时间相对来说就比较长。

4．树状拓扑

树状拓扑是从总线型拓扑演变而来的，形状像一棵倒置的树，顶端是树根，树根以下带分支，每个分支还可再带子分支，如图 6-5 所示。

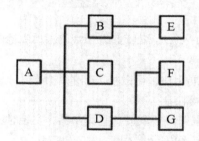

图 6-5　树状拓扑结构

树状拓扑是一种分层结构，适用于分级管理控制系统。

这种拓扑的站点发送时，根接收该信号，然后再广播发送到全网。树状拓扑的优缺点大多和总线型的优缺点相同，但也有一些特殊之处。

树状拓扑结构的优点如下。

（1）组网灵活，易于扩展。从本质上讲，这种结构可以延伸出很多分支和子分支，这些新结点和新分支都能较容易地加入网内。线路总长度比星状拓扑结构短，故它的成本较低。

（2）故障隔离较容易。如果某一分支的结点或线路发生故障，很容易将故障分支和整个系统隔离开。

树状拓扑结构的缺点是各个结点对根的依赖性太大，如果根发生故障，全网就不能正常工作。从这一点看，树状拓扑结构的可靠性与星状拓扑结构相似，结构较星状拓扑复杂。

5．混合型拓扑

将以上两种单一拓扑结构类型混合起来，综合两种拓扑结构的优点可以构成一种混合型拓扑结构。常见的有星状/环状拓扑和星状/总线型拓扑，如图 6-6 和图 6-7 所示。

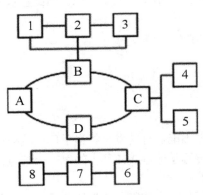

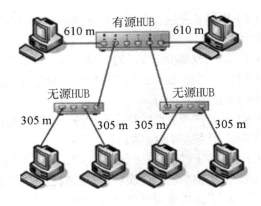

图 6-6　星状/环状混合型拓扑结构　　　　图 6-7　星状/总线型混合型拓扑结构

星状/环状拓扑从电路上看完全和一般的环状结构相同，只是物理安排成星状连接。星状/环状拓扑的故障诊断方便而且隔离容易；网络扩展方便；电缆安装方便。这种拓扑的配置是由一批接入环中的集中器组成，由集中器开始再按星状拓扑结构连至每个用户站点。

星状/总线型拓扑用一条或多条总线把多组设备连接起来，而相连的每组设备本身又呈星状分布。

对于星状/总线型拓扑，用户很容易配置网络设备。

混合型拓扑结构的优点如下。

（1）故障诊断和隔离较为方便。一旦网络发生故障，首先诊断哪一个集中器有故障，然后，将该集中器与全网隔离。

（2）易于扩展。如果要扩展用户，可以加入新的集中器，以后设计时，在每个集中器留出一些设备的可插入新结点的连接口。

（3）安装方便。网络的主电缆只要联通这些集中器，安装时就不会有电缆管理拥挤的问题。这种安装和传统的电话系统的电缆安装很相似。

混合型拓扑结构的缺点如下。

（1）需要选用带智能的集中器。这是实现网络故障自动诊断和故障结点的隔离所必需的。

（2）集中器到各个站点的电缆安装会像星状拓扑结构一样，有时会使电缆安装长度增加。

6．网状拓扑

网状拓扑近年来在广域网中得到了广泛应用，如图 6-8 所示。

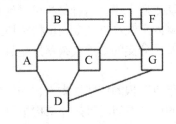

图 6-8　网状拓扑结构

网络拓扑结构的优点是不受瓶颈问题和失效问题的影响。由于结点之间有许多条路径相连，可以为数据流的传输选择适当的路由，绕过失效的部件或过忙的结点。这种结构比较复杂，成本比较高，且为提供上述功能，其网络协议也比较复杂，但由于它的可靠性高，仍受到用户的欢迎。

7．蜂窝状拓扑

蜂窝状拓扑结构是作为一种无线网络的拓扑结构，结合无线点对点和点对多点的策略，将一个地理区域划分成多个单元，每个单元代表整个网络的一部分，在这个区域内有特定的连接设备，单元内的设备与中央结点设备或集线器进行通信。集线器在互联时，数据能跨越整个网络，提供一个完整的网络结构。目前，随着无线网络的迅速发展，蜂窝状拓扑结构得到了普遍应用，如图 6-9 所示。

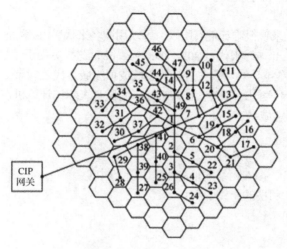

图 6-9　蜂窝状拓扑结构

蜂窝状拓扑结构的优点是并不依赖于互连电缆，而是依赖于无线传输介质，这就避免了传统的布线限制，对移动设备的使用提供了便利条件，同时使得一些不便布线的特殊场所的数据传输成为可能。另外，蜂窝状拓扑结构的网络安全相对容易，有结点移动时不用重新布线，故障的排除和隔离相对简单，易于维护。

蜂窝状拓扑结构的缺点是容易受外界环境的干扰。

6.2.4　IP 地址和域名系统

1．IP 地址

IP 地址是区别 Internet 上所有计算机的唯一标志。IP 地址是由 4 组被圆点隔开的数字组成的 32 位地址，每组都是 0~255 的一个十进制数，如"天津热线"的服务器 IP 地址是 202.99.96.68。

现在的 IP 网络使用 32 位地址，以点分十进制表示，如 172.16.0.0。地址格式为 IP 地址=网络地址＋主机地址或 IP 地址=主机地址＋子网地址＋主机地址。

最初设计互联网络时，为了便于寻址以及层次化构造网络，每个 IP 地址包括两个标识码（ID），即网络 ID 和主机 ID。同一个物理网络上的所有主机都使用同一个网络 ID，网络上的一个主机（包括网络上工作站、服务器和路由器等）有一个主机 ID 与其对应。IP 地址根据网络 ID 的不同分为 A 类地址、B 类地址、C 类地址、D 类地址和 E 类地址 5 种类型。

（1）A 类 IP 地址。一个 A 类 IP 地址由 1 字节的网络地址和 3 字节的主机地址组成，网络地址的最高位必须是"0"，地址范围从 1.0.0.0 到 126.0.0.0。可用的 A 类网络有 126 个，每个网络能容纳 1 亿多个主机。

（2）B 类 IP 地址。一个 B 类 IP 地址由 2 个字节的网络地址和 2 个字节的主机地址组成，网络地址的最高位必须是"10"，地址范围从 128.0.0.0 到 191.255.255.255。可用的 B 类网络有 16 382 个，每个网络能容纳 6 万多台主机。

（3）C 类 IP 地址。一个 C 类 IP 地址由 3 字节的网络地址和 1 字节的主机地址组成，网络地址的最高位必须是"110"，地址范围从 192.0.0.0 到 223.255.255.255。C 类网络可达 209 万余个，每个网络能容纳 254 台主机。

2. 域名

由于 IP 地址对人们来说很难记忆，所以，可以用域名来代替 IP 地址。一个 IP 地址对应一个域名，如用 public. tpt. tj. cn 来代替 202. 99. 96. 68，这样更便于记忆。域名由多个词组成，由圆点分开，位置越靠左越具体。最右边是一级域或顶级域，代表国家，如我国为 CN，英国为 UN。由于 Internet 起源于美国，所以没有国家标志的域名表示该计算机在美国注册了国际域名。

国际顶级域名的类别域名有：

AC   科研机构

COM   工、商、金融等企业

NET   互联网络、接入网络的信息中心和运行中心

OR   各种非营利性的组织

EDU   教育机构

GOV   政府部门

MIL   军事机构

我国二级域名的类别域名有：

AC. CN   科研机构

COM. CN   工、商、金融等企业

EDU. CN   教育机构

NET. CN   互联网络、接入网络的信息中心和运行中心

ORG. CN   各种非营利性的组织

GOV. CN   政府部门

我国二级域名的行政区域名有 34 个，适用于我国的各省、自治区、直辖市，如 BJ. CN（北京市）、SH. CN（上海市）、TJ. CN（天津市）、CQ. CN（重庆市）、HE. CN（河北省）、SX. CN（山西省）、NM. CN（内蒙古自治区）、LN. CN（辽宁省）、JL. CN（吉林省）、HL. CN（黑龙江省）、JS. CN（江苏省）、ZJ. CN（浙江省）……

域名的命名有一些共同的规则，主要有以下几点。

（1）域名中只能包含 26 个英文字母、0~9 这 10 个阿拉伯数字和"－"（英文中的连字符）。

（2）在域名中，不区分英文字母的大小写。

（3）各级域名之间用圆点"．"连接。

6.3 实例 1：搜索信息与在线交流

6.3.1 实例描述

张力是广州某企业销售部的员工。近期，公司准备为北京客户定制一批产品，于是安排他与另外一名同事出差，与北京客户详细洽谈合同细节内容。张力之前没有去过北京，于是他首

先利用 Internet 查看列车时刻表，为出行做好打算，如图 6-10 所示；接着他又查询了从北京火车站到颐和园附近及客户公司所在地的交通路线及乘车方案，如图 6-11 所示，并将该网页打印出来备用。

图 6-10　查询具体车次的列车运行信息

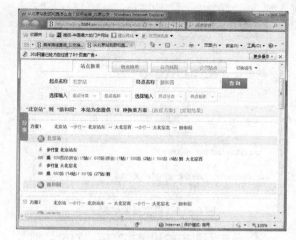

图 6-11　查询乘车方案

张力从北京出差回到广州后，由于要与客户经常沟通，便使用网络下载工具"迅雷"（图 6-12）从 Internet 下载了腾讯 QQ 软件，并安装到电脑中。接着，他申请了 QQ 号，登录 QQ，准备在 QQ 上与客户进行交流，获得产品的反馈信息等第一手资料，如图 6-13 所示。

图 6-12　"迅雷"工作界面

图 6-13　QQ 软件登录界面

6.3.2　实例实施过程

1．借助 Internet 查询乘车方案

（1）使用搜索引擎，查询列车时刻表。

① 双击桌面上的 IE 浏览器图标，在打开软件的地址栏中输入百度搜索引擎的 URL 地址"http//www.baidu.com"，按 Enter 键，将其首页打开。

② 在搜索文本框中输入文本"列车时刻表"，在输入过程中可以使用百度的智能提示。输入完成后，单击"百度一下"按钮，浏览器中将显示出与列车时刻表有关的结果，如图 6-14 所示。

③ 在文字"站站查询"后的文本框中分别输入文字"广州"和"北京"，然后单击"查询"按钮，得到如图 6-15 所示的结果。

图 6-14　百度搜索结果

图 6-15　列车查询后部分结果

④ 单击网页中的超链接文字"T16 详情"，可以查看该车次所有靠停站点的详细信息。为了查询方便，张力决定将查询结果网页保存在计算机中，以便以后使用。

⑤ 选择"页面"→"另存为"命令，打开"保存网页"对话框，在导航窗格中选择"本地磁盘（C:）"，然后在"文件名"文本框中输入文字"广州到北京的列车时刻表"，最后单击"保存"按钮，将网页保存到计算机中。

（2）使用"8684 公交网"，查询最佳乘车方案。

有时到外地出差，往往不知道如何乘坐公交车、地铁等交通工具到达目的地，利用"8684公交网"可以方便地查询到最佳乘车方案。

①单击 IE 浏览器中的"新选项卡"按钮，打开一个空白页，然后在地址栏中输入"8684公交网"的网址"http://www.8684.cn"，打开网站首页，如图 6-16 所示。

图 6-16　"8684 公交网"首页

② 在页面中单击"公交查询"按钮右侧的"切换城市"超链接，在打开的"切换城市"窗口中单击城市名称按钮，然后单击弹出界面中的"北京"超链接，并返回"8684 公交网"主页。

③ 选择主页中的"换乘查询"单选按钮，然后在"起点名称"和"终点名称"文本框中分别输入"北京站"和"颐和园"，单击"搜索"按钮，查看乘车方案。

④ 浏览网页后，单击标签栏右侧的 按钮，打开"打印"对话框，如图 6-17 所示。在

"常规"选项卡的"选择打印机"列表框中选择使用的打印机，在"页面范围"栏内选中"全部"单选按钮，在"份数"微调框中设置打印份数，最后单击"打印"按钮。

图 6-17　网页"打印"对话框

2．从 Internet 下载软件

（1）通过网站服务器进行 HTTP 下载。

① 在 IE 浏览器中打开百度首页，然后在搜索文本框中输入"迅雷"，按 Enter 键后，找到相关的下载信息。

② 单击"迅雷软件中心"超链接，打开其官方主页，在"下载产品"中单击"迅雷 7"超链接，打开"文件下载-安全警告"对话框，如图 6-18 所示。

图 6-18　"文件下载-安全警告"对话框

③ 单击"保存"按钮，在打开的"另存为"对话框中设置保存位置及名称，然后单击"保存"按钮，如图 6-19 所示。接下来，系统开始下载"迅雷"并在对话框中显示下载进度，如图 6-20 所示。注意，为了后续操作方便，可以撤选"下载完成后关闭此对话框"复选框。

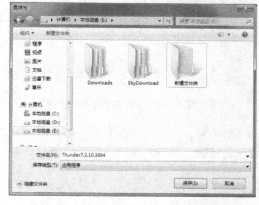

图 6-19　选择下载文件的保存位置与名称

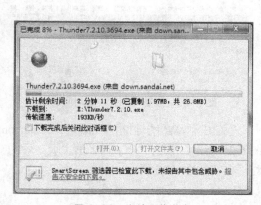

图 6-20　文件下载进度

④ 下载结束后会自动弹出"下载完毕"窗口，如图 6-21 所示。单击其中的"打开文件夹"按钮，打开"迅雷"所在的文件夹窗口，可以看到下载完成的文件，如图 6-22 所示。

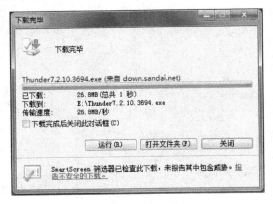

图 6-21　"下载完毕"窗口

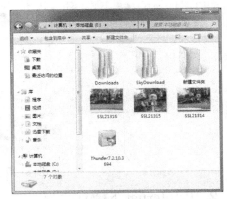

图 6-22　"迅雷"安装程序所在窗口

（2）使用"迅雷"进行网络下载。

在使用"迅雷"之前，需要首先安装该软件，接着就可以使用它下载所需资源了。如在图 6-22 所示的文件夹中双击文件"Thunder7.2.10.3694"，在弹出的"用户账户控制"对话框中单击"是"按钮，打开向导对话框。

① 阅读有关协议后，单击"接受"按钮继续安装软件，如图 6-23 所示。进入"安装选项"对话框，如图 6-24 所示。

② 单击"下一步"按钮，继续安装，直到最后单击"完成"按钮，完成"迅雷"的安装。

③ 根据软件的提示，在"迅雷"的"设置向导"对话框中进行适当的操作。接下来就可以使用"迅雷"的下载文件了。

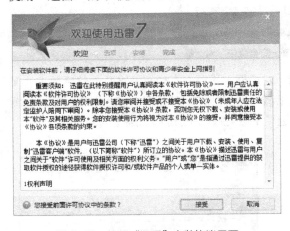

图 6-23　接受"迅雷"安装协议界面

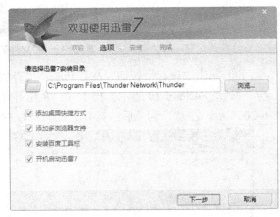

图 6-24　"安装选项"对话框

④ IE 浏览器的地址栏中输入"pc.qq.com"，按 Enter 键，打开"腾讯软件中心"页面，如图 6-25 所示。单击"QQ2012 正式版"后的"下载"超链接，系统将弹出迅雷的"新建任务"对话框，如图 6-26 所示。

图 6-25 "腾讯软件中心"首页

⑤ 对话框中指定文件的保存路径，然后单击"立即下载"按钮开始下载，直至文件下载完成，如图 6-27 所示。

图 6-26 "迅雷""新建任务"对话框

图 6-27 软件下载进度界面

3. 使用 QQ 软件交流业务

（1）安装 QQ 软件。

① 在"迅雷"的"已完成"列表中双击文件"QQ2012.exe"的图标 ，打开"腾讯 QQ2012 安装向导"对话框，如图 6-28 所示。阅读条款后，勾选"我已阅读并同意软件许可协议和青少年上网安全指引"复选框，单击"下一步"按钮，进入含有文字"自定义安装选项"的对话框。

② 在对话框中进行设置后，单击"下一步"按钮，进入包含文字"程序安装目录"的对话框，选择默认安装目录，并单击"安装"按钮，进入安装界面，安装成功后的界面如图 6-29 所示。

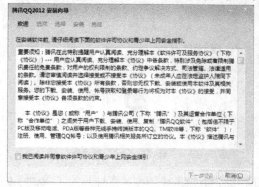

图 6-28 "腾讯 QQ2012 安装向导"对话框

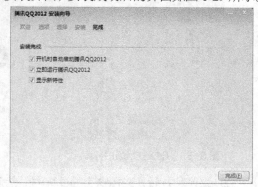

图 6-29 "腾讯 QQ"安装完成界面

（2）注册和登录 QQ 号码。

对于第一次使用 QQ 软件的用户来说，首先需要进行网上注册，获得 QQ 账号，然后才能登录平台并与朋友交流。

① 双击桌面上的"腾讯 QQ"图标，在打开的 QQ 登录界面中单击"注册账号"超链接，打开账号申请页面，如图 6-30 所示。

② 据提示填写注册信息，然后单击"立即注册"按钮，提示用户通过短信等方式进行验证。注册成功的页面如图 6-31 所示。

图 6-30　免费 QQ 账号申请界面

图 6-31　QQ 账号申请成功页面

③ 再次切换到"QQ 用户登录"窗口，分别在"QQ 账号"和"QQ 密码"文本框中输入刚申请到的 QQ 账号及对应的密码，然后单击"登录"按钮，进入 QQ 平台，如图 6-32 所示。

（3）查找好友与信息交流。

张力从客户处得知其 QQ 号码为 1036210491，于是他首先使用 QQ 软件提供的查找功能找到对方，接着与其进行交流。

① 单击图 6-32 中的"查找"按钮，打开"查找联系人"对话框，在"账号"文本框中输入对方的 QQ 号码，然后单击"查找"按钮，如图 6-33 所示。

图 6-32　QQ 登录后的界面

图 6-33　"查找联系人"对话框

② 找到对方后，选择这个 QQ 账号，然后单击"加为好友"按钮➕，在打开的"添加好友"对话框中输入必要的验证信息，最后单击"完成"按钮，好友添加完毕，如图 6-34 所示。

③ 当对方收到自己的请求并同意后，会弹出通过验证的对话框，在文本框中输入好友的名

字，然后单击"确定"按钮。

④ 单击 QQ 操作面板中的"我的好友"选项，双击其中的"北京客户"图标，在打开的 QQ 交流对话框中输入信息（如"钱总，你好！"），然后单击"发送"按钮，并等待对方的回复，如图 6-35 所示。

图 6-34 "添加好友"对话框

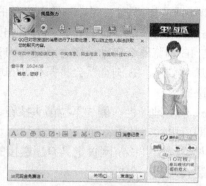

图 6-35 QQ 信息交流界面

6.3.3 相关知识学习

浏览器又称 Web 客户端程序，用于获取 Internet 上的信息资源。Internet Explorer（简写 IE 浏览器）是微软公司开发的基于超文本技术的 Web 浏览器。Windows 7 系统预设的 IE 版本是 IE 8.0，如果用户开启了 Windows Update 功能，系统会自动搜索与下载 IE 9.0 更新程序。当用户同意升级后，原来系统预设的 IE 8.0 就会变成 IE 9.0。以下介绍均基于 IE 8.0。

（1）工作界面。

可以使用下列方法启动 IE 浏览器。

① 选择"开始"→"Internet Explorer"命令。

② 在快速启动栏中单击"启动 Internet Explorer 浏览器"图标。

IE 浏览器工作界面由标题栏、菜单栏、地址栏、工具栏、链接栏、工作区和状态栏等组成。例如，在地址栏输入"http://news.sohu.com"，并按 Enter 键，IE 浏览器窗口中显示搜狐网的新闻页面，如图 6-36 所示。

图 6-36 IE 浏览器工作界面

（2）浏览网页。

① 使用地址栏。

在浏览器的地址栏中输入要访问网页的 URL 地址，然后按 Enter 键（或单击地址栏中的"转到"按钮），即可进入某个网站或浏览某个网页。

遇到下列情况时，可以不输入完整的 URL 地址而访问网页。

a. 如果协议类型是 HTTP，输入时可以省略，IE 浏览器会自动加上。

b. IE 浏览器会自动记忆之前输入的 URL 地址。这样，如果在地址栏中输入某个 URL 地址的前几个字符，IE 浏览器会将保存过的地址中前几个字符与输入字符相同的地址罗列出来，供用户选择。

c. 单击地址栏右侧的下拉箭头按钮，从弹出的下拉列表框中选择某个曾经访问过的网页地址，即可再次对其进行访问。

将鼠标指针移至网页上具有超链接的文字或图形上，鼠标指针会变成手形，此时单击鼠标可以跳转到另一个页面。

② 使用命令按钮。

IE 浏览器的导航按钮方便了用户浏览网页，其导航按钮主要有如下几种。

a. "后退"按钮 ：单击该按钮，可以返回上一个访问的网页。

b. "前进"按钮 ：用于链接到当前页面的下一个页面，单击右侧的下拉箭头按钮，可以从弹出的下拉列表中选择访问该网页之前曾经访问过的页面。

c. "停止"按钮 ：用于停止对当前网页的显示。

d. "刷新"按钮 ：用于重新显示当前网页。

e. "主页"按钮 ：用于返回到起始网页。

③ 选项卡浏览。

从 IE 7 开始，IE 浏览器增加了多选项卡浏览网页功能，IE 8 的多选项卡浏览功能更加强大。每当打开一个新窗口，IE 会在新建的选项卡中将网页内容显示出来。此时，通过单击不同的选项卡即可切换显示不同的网页。在选项卡栏的左侧，单击"快速导航选项卡"按钮 ，当前窗口内所有打开的选项卡内容就会以缩略图的形式呈现出来，如图 6-37 所示。单击某一个缩略图，即可切换到对应的页面。单击该按钮右侧的箭头按钮，从弹出的下拉菜单中选择网页的标题，也可以直接进入该选项卡。

在 Windows 7 中，配合 Aero 界面，IE 8 的选项卡切换变得更加简单。在打开多个选项卡的情况下，将鼠标指针指向任务栏的 IE 图标后，系统会自动用弹出菜单显示所有选项卡的缩略图内容，将指针移至某一缩略图后，还可以查看该选项卡的完整内容。在找到所需信息对应的页面后，单击相应的缩略图，其内容就会自动放大显示到其他窗口的前面。

如果同一窗口内的选项卡来自不同的网站，IE 8 会自动将来自同一网站的所有选项卡使用同样的颜色标注出来，更加方便阅读。

在网页选项卡按钮的最右侧，有一个没有显示网页图标和网页名称的按钮，单击该按钮可以新建一个空白选项卡，并显示如图 6-38 所示的"接下来您想做什么？"的界面。在这个界面左侧的"重新打开已关闭选项卡"栏目下，自动列出最后关闭的 10 个选项卡名称，单击名称即可在新选项卡中打开对应的页面。当不小心关闭了整个窗口，重新打开 IE 浏览器后，按"Ctrl+T"组合键，打开如图 6-38 所示的界面，单击其中的"重新打开上次浏览会话"链接，上一次关闭的所有选项卡将被自动恢复。

图 6-37　切换不同选项卡的内容

图 6-38　新建选项卡界面

另外，使用下列方法，可以使一个链接或者地址在新的选项卡中打开。

a. 用鼠标右键单击链接，从快捷菜单中选择"在新选项卡中打开"命令。

b. 在按住 Ctrl 键的同时，用鼠标单击该链接。

c. 在地址栏中输入网页的网址后，按"Alt+Enter"组合键。

（3）保存网页上的信息。

在浏览网页的同时，可以保存整个网页，也可以保存其中的一部分，如某些文本或某张图片。

① 保存当前页。

选择"页面"→"另存为"命令，打开"保存网页"对话框，如图 6-39 所示。选择用于保存网页的文件夹，并输入保存该网页的文件名，然后单击"保存"按钮。

保存结束后，在保存位置将会出现该网页文件，双击网页图标即可打开该网页。

② 保存网页中的图片。

右击网页中要保存的图片，从快捷菜单中选择"图片另存为"命令，在打开的"保存图片"对话框中选择文件夹并输入文件名，然后单击"保存"按钮。

③ 保存网页中的部分文本。

首先选择要保存的文本，然后按"Ctrl+C"组合键，将其复制到剪贴板中，接着启动文字处理程序，如"记事本"，在其中按"Ctrl+V"组合键，最后，对文档进行保存。

（4）使用收藏夹。

用户在浏览网页的时候，如果发现有自己感兴趣的网站，可以将其收藏起来。以后再次访问该网页时，不用输入其网址即可快速将其打开。

① 收藏自己喜欢的网站。

在地址栏中输入要收藏网站的网址，打开网站主页，然后单击"收藏夹"工具栏中的"添加到收藏夹"按钮，IE 浏览器即可将网页的网址添加到收藏夹中。

如果用户对添加到收藏夹的名称不满意，可以在名称上右击，从快捷菜单中选择"重命名"

命令，在打开的"重命名"对话框中更改名称，如图 6-40 所示。

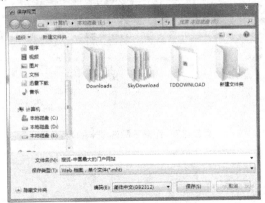

图 6-39 "保存网页"对话框

图 6-40 "重命名"对话框

② 用收藏夹中的网址。

在"收藏夹"工具栏中单击"收藏夹"按钮，打开"收藏夹"面板，所有收藏的网址将以列表的形式显示出来，如图 6-41 所示。单击要浏览的选项，即可打开相应的网站。

③ 整理收藏夹。

收藏的网页多了，收藏夹中就会显得杂乱无章，此时可以对收藏夹进行整理，以便于查阅。其方法为在"收藏夹"面板中，单击"添加到收藏夹"按钮右侧的下三角按钮，从下拉菜单中选择"整理收藏夹"命令，打开"整理收藏夹"对话框，如图 6-42 所示；然后使用"创建文件夹"、"移动"、"重命名"、"删除"等按钮完成相应的功能。

图 6-41 "收藏夹"面板

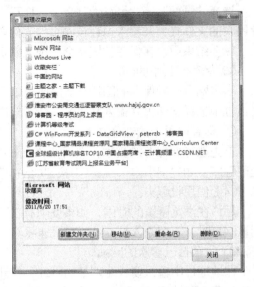

图 6-42 "整理收藏夹"对话框

（5）管理 IE 浏览器。

在使用 IE 浏览器的同时，可以通过更改设置和首选项来帮助保护个人隐私和维护计算机的安全，并使 IE 浏览器按照自己所希望的方式工作。

① 删除浏览的历史记录。

默认情况下，IE 浏览器将保留用户在 20 天内访问过的网页历史记录，该时间段过后，历史记录将自动删除。

打开 IE 浏览器，执行"工具"→"删除浏览的历史记录"命令，在弹出的"删除浏览的历史记录"对话框中选择删除的项目，然后单击"确定"按钮，即可将不希望他人看到的网页浏览记录删除，如图 6-43 所示。

② Internet 选项设置。

选择"工具"→"Internet 选项"命令，可以在打开的"Internet 选项"对话框中，对 IE 浏览器进行相关的设置，包括设置主页和历史记录等，如图 6-44 所示。

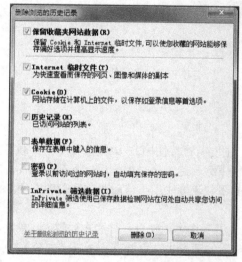

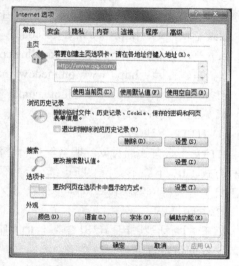

图 6-43　"删除浏览的历史记录"对话框　　　　图 6-44　"Internet 选项"对话框

（6）网上信息资源的搜索。

整个因特网就像信息的海洋，用户在面对浩如烟海的信息资源时，往往感到无从下手。此时，需要了解因特网上搜索信息的手段，通过不同的搜索方法获得预期的信息。

① 使用 IE 浏览器的搜索功能。

IE 浏览器中提供了信息搜索工具，在搜索框中输入查找关键字，例如"全国计算机等级考试"，然后单击"搜索"按钮，搜索到的相关网址显示在工作窗口中，单击其中的超链接，可以打开相应的网页。

② 使用搜索引擎。

搜索引擎是一个提供信息检索服务的网站，它使用某些软件程序把 Internet 上的信息归类或者人为地将某些数据归入某个类别中，形成一个可供查询的大型数据库。

在因特网中，搜索引擎向用户提供目录服务和关键字服务两种信息查询方式。目录服务是将各类信息以大类、子类、子类的子类直到相关信息的具体网址，按照树形结构组织内容，向用户提供搜索服务。关键字检索服务使用最为广泛，在界面中输入关键字、词组、句子等进行搜索时，搜索引擎会在索引数据库中查找相匹配的信息，并将结果返回给用户。

下面介绍几个常见的搜索引擎，帮助用户在网上搜索信息。

a. 百度搜索：http://www.baidu.com.

b. 新浪搜索：http://search.sina.com.cn.

c. 天网搜索：http://e.pku.edu.cn.

d. 搜狗：http://www.sogou.com.

其中，百度搜索是目前全球最大的中文搜索引擎，也是全球最优秀的中文信息检索与传递技术供应商，中国所有具备搜索功能的网站中，由百度提供搜索引擎技术的超过 **80%**。有关百度搜索的应用技巧，可参考能力提升部分。

（7）从 WWW 网站下载文件。

为方便因特网用户下载资源，许多 WWW 网站专门搜索最新的软件，并把它们分类整理，附上必要的说明，如软件大小、运行环境、功能简介及其主页地址等，使用户可以快速找到自己需要的软件并进行下载。

以下列举一些包含许多共享软件、自由软件和试用软件的网站。

a.天空软件站：http://www.skycn.com.

b.太平洋电脑网：http://www.pconline.com.cn.

c.华军软件园：http://www.onlinedown.net.

d.多特软件站：http://www.duote.com.

常见的下载方式有以下几种。

① HTTP 下载。

HTTP 下载方式通过网站服务器进行资源下载，主要有直接使用 IE 浏览器和专门下载工具两种方式。IE 下载不支持"断点续传"，不能多线程下载，速度比较慢，适合下载小文件。专门工具主要包括网络蚂蚁与网际快车等，这类工具的下载速度快，下载后对文件管理方便。

② FTP 下载。

基于 FTP 协议，用户可以登录到 FTP 服务器中，看到像本地硬盘一样的布局界面，单击其中的文件即可进行下载。随着用户的增多，FTP 对带宽的要求也随之增高，所以大部分 FTP 下载服务器有用户人数与下载速度的限制，该方式比较适合大文件的传输。

③ P2P 下载。

P2P（Peer-to-Peer）能够使用户直接链接到其他用户的计算机上交换文件，而不是链接到服务器上浏览和下载。在 P2P 下载中，每台主机都是服务器，既负责下载又负责上传，它们相互帮忙，下载速度不会因为人数的增加而变慢。

④ P2SP 下载。

P2SP 下载方式实际是对 P2P 技术的进一步延伸，它的下载速度更快，下载资源也更丰富，下载稳定性更强。最常用的 P2SP 下载工具是迅雷。

⑤ 流媒体下载。

流媒体下载可以通过专门的工具软件"影音传送带"进行，这是一个高效稳定、功能强大的下载工具，下载速度快，CPU 占用率低，支持多线程与断点续传。

下载。

利用先进的计算机技术，迅雷能够将网络上存在的服务器和计算机资源进行有效的整合，构成独特的迅雷网络，各种数据文件通过该网络以最快的速度进行传输。使用迅雷下载文件的操作步骤如下。

① 启动迅雷，显示迅雷窗口。单击窗口右上角的"关闭"按钮，这时在 Windows 桌面上

和任务栏中都显示迅雷图标，双击或单击该图标可以再次打开其窗口。

② 在浏览器页面中右键单击下载文件的链接，从快捷菜单中选择"使用迅雷下载"命令。此时，屏幕上将弹出"新建任务"对话框。

③ 在"分类"下拉列表框中选择下载文件类型，然后单击"确定"按钮，开始下载文件。单击迅雷窗口管理窗格中的"正在下载项"，任务窗格中将显示正在下载文件的文件名、文件大小、完成百分比、用时等信息。

④ 下载完毕后，在任务栏上右键单击迅雷图标，从快捷菜单中选择"退出（X）"命令，关闭迅雷。

（8）即时通信。

即时通信也称网络聊天（instant messenger，IM），是因特网最基本的应用之一。网上聊天基本上可分为以下 3 种。

① Web 聊天室。

Web 聊天室是指聊天室以 Web 页面的形式出现，只要登录其中，就可以同时与多个网友聊天，其最大优点是简单、易用。许多大型的网站，特别是门户网站，内嵌了网络聊天室。

要使用网络聊天室，一般先要在该聊天室注册，获得一个固定的注册号，然后再聊天。当然，也可以不注册，以"过客"的身份进行聊天。

② 腾讯 QQ。

腾讯 QQ 是目前拥有最多用户的中文网络寻呼站。它是由腾讯科技有限公司开发的基于 Internet 的即时通信软件。使用 QQ 的 6 个基本步骤为下载 QQ 软件、安装 QQ 软件、申请注册 QQ 号码、登录 QQ、查找并添加 QQ 好友、与好友聊天。

QQ 可显示好友是否在线、即时传送和接收消息、即时交谈、即时发送文件和传送语音。QQ 可以自动检查用户的计算机是否已经接入 Internet；可以根据各种关键词或类别搜索好友、显示在线好友；可以根据 QQ 号、昵称、姓名等关键词查找，还可以在腾讯公司的主页中根据其他类别查找，找到后可将其加入到通讯录中。

③ 飞信。

飞信是中国移动通信公司运营的即时通信工具，其用户数已超过微软公司的 MSN，成为国内第二大即时通信软件。飞信融合语音、GPRS、短信等多种通信方式，覆盖了完全实时的语音服务、准实时的文字和小数据量通信服务、非实时的通信服务 3 种不同形态的客户通信需求，实现 Internet 和移动网间的无缝通信服务。

飞信具有以下主要特点。

① 具备防骚扰功能，只有对方被您授权为好友时，才能与您通话和发短信，安全又方便。

② 可以免费从 PC 给手机发短信，而且不受任何限制，能够随时随地与好友开始语聊，并享受超低语聊资费。

③ 实现无缝链接的多端信息接收，MP3、图片和普通 Office 文件都能随时随地传输，与好友保持畅快、有效的沟通，工作效率高。

④ 面向联通和电信用户开放注册，三网可以互加好友，沟通无缝隙。

使用飞信的基本步骤包括：下载飞信客户端软件；安装客户端软件；通过手机、邮箱、昵称等方式进行注册，如图 6-45 所示；注册成功后，登录飞信，显示主界面，如图 6-46 所示；查找并添加好友；向好友发送消息及短信息等。

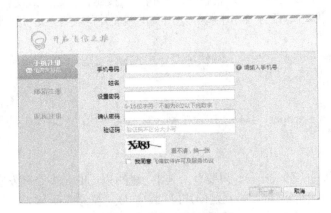

图 6-45　飞信注册对话框　　　　　　　　图 6-46　"飞信"主界面

6.3.4　操作实训

（1）若欲把雅虎（www.yahoo.com.cn）设为主页，应该如何操作？（　　　　）

A.在 IE 属性主页地址栏中键入：www.yahoo.com.cn

B.在雅虎网站中申请

C.在 IE 窗口中单击主页按钮

D.将雅虎添加到收藏夹

（2）在 IE8.0 的地址栏中，应当输入（　　　　）。

A.要访问的计算机名　　　　　B.需要访问的网址

C.对方计算机的端口号　　　　D.对方计算机的属性

（3）下面不是上网方式的是（　　　　）。

A.ADSL 拨号上网　　　　B.光纤上网　　　　C.无线上网　　　　D.传真

（4）家庭上网必需的网络设备是（　　　　）。

A.防火墙　　　　　　　　B.路由器　　　　　C.交换机　　　　D.调制解调器

（5）要打开 IE 窗口，可以双击桌面上的（　　　　）图标。

A.internetexplore　　　　B.网上邻居　　　　C.outlook express　　　D.我的电脑

6.4　实例 2：收发电子邮件

6.4.1　实例描述

大学生小曹的父亲老曹是个蔬菜种植大户，老曹想发一封电子邮件给农业专家王教授，请教有关西红柿的种植技术。寒假期间老曹让小曹教自己如何进行电子邮件的收发，使用界面如图 6-47 所示。

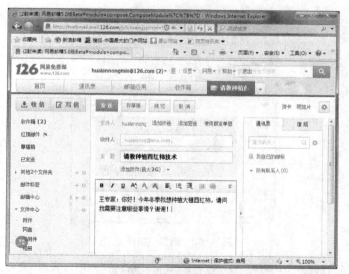

图 6-47　使用电子邮箱的页面

6.4.2　实例实施过程

1．申请免费电子邮箱

目前很多网站都提供了免费电子邮箱服务，而且这些免费电子邮箱的容量也很大。基于此，小曹在网易中申请了一个免费的 126 邮箱。

（1）启动 IE 浏览器，在地址栏中输入网易 126 免费邮箱的网址：http://www.126.com，按 Enter 键进入其主页面，如图 6-48 所示。

（2）单击"注册"按钮，打开"网易 126 免费邮箱"窗口，在相应的文本框中输入信息（测试用户名为 huaiannongmin，密码为 nongmin），如图 6-49 所示。信息输入完毕后，单击"立即注册"按钮。

图 6-48　126 网易免费邮箱界面

图 6-49　邮箱注册界面

（3）如果输入的用户名已经存在，窗口中会弹出多个可供选择的推荐用户名，用户可以从中选择，也可以重新输入新的用户名，然后再次单击"立即注册"按钮直至申请成功（申请成功后这个免费邮箱的地址为 huaiannongmin@126.com）。接着，自动进入新申请的邮箱页面，如图 6-50 所示。

图 6-50　网易邮箱界面

（4）在浏览器的地址栏中输入"http://mail.sina.com.cn/"，按 Enter 键进入新浪邮箱页面，注册一个用户名为 huaiannyzj，密码为 zhuanjia 的新浪网免费邮箱。申请成功后这个新浪网的免费邮箱的地址为 huaiannyzj@sina.com。

2．发送电子邮件

（1）在 IE 浏览器的地址栏中输入"http://www.126.com/"进入其首页，在"用户名"和"密码"文本框中分别输入用户名和密码，然后单击"登录"按钮进入电子邮箱。

（2）登录到自己的邮箱后，在邮箱窗口中单击"写信"按钮，进入邮件编辑窗口。

（3）在"收件人"文本框中输入收件人的邮箱地址（如 huaiannyzj@sina.com），在"主题"文本框中输入邮件的主题"请教种植西红柿技术"，在正文文本框中编辑邮件的内容"王专家：你好！今年冬季我想种植大棚西红柿，请问我需要注意哪些事情？谢谢！"。书写完成后单击"发送"按钮。

电子邮件不仅可以是纯文本，还可以带有图像、声音以及视频文件等附件信息。

（4）在邮件编辑窗口中单击"添加附件"超链接，在打开的"选择文件"对话框中选择需要发送的图片文件，然后单击"打开"按钮，如图 6-51 所示。

图 6-51　为邮件添加附件

（5）选择的文件将显示在"添加附件"超链接的下方，附件添加完成后单击"发送"按钮，附件将随着邮件一起发送给收信人。

3．接收并回复电子邮件

邮箱窗口中显示了未读邮件的数量，可以据此判断是否有未读邮件。收到来信后，用户可以有选择地回复邮件（以电子邮件地址 huaiannyzj@sina.com 为例）。

（1）在 IE 浏览器的地址栏中输入新浪免费电子邮箱的网址，打开其首页。在"用户名"和"密码"文本框中分别输入用户名和密码，然后单击"登录"按钮进入电子邮箱，如图 6-52 所示。

（2）单击"收件夹"超链接，在窗口中可以查看接收到的邮件，如图 6-53 所示。单击其中接收到的邮件的主题，即可在分栏后网页中查看邮件的内容，如图 6-54 所示。

图 6-52　新浪邮箱登录后的界面

图 6-53　收信夹中收到的邮件

（3）单击"回复"按钮，切换到页面中的"写邮件"选项卡，原有的信件内容会出现在正文框中，在其中编辑要回复的内容，如图 6-55 所示，然后单击"发送"按钮发送邮件。

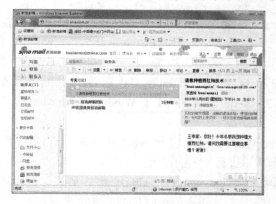

图 6-54　浏览接收到的邮件信息

图 6-55　回复邮件页面

6.4.3　相关知识学习

1．电子邮箱概述

电子邮件又称电子信箱、电子邮政、E-mail，是一种利用电子手段进行信息交换的通信方式。在计算机网络中，电子邮箱可以自动接收其他电子邮箱所发的电子邮件，并能存储规定大小的多种格式的电子文件。

E-mail 像普通的邮件一样，也需要地址，它与普通邮件的区别在于它是电子地址，且每个 E-mail 地址都是全球唯一的。邮件服务器就是根据这些地址，将每封电子邮件传送到用户的信箱中。

一个完整的 Internet 邮件地址的格式为"登录名@主机名.域名"。其中，中间用表示"在"（at）的符号"@"分开，符号的左边是对方的登录名，右边是完整的主机名，由主机名与域名组成。域名由几部分组成，每一部分称为一个子域，各子域之间用圆点"."隔开。

常见的电子邮箱有网易 163 邮箱（mail.163.com）、网易 126 邮箱（www.126.com）、新浪邮箱（mail.sina.com.cn）、QQ 邮箱（mail.qq.com）等。

2. 使用 Windows Live Mail

Windows Live 是微软公司近几年推出的一套网络服务的名称，包括用于收发电子邮件的 Windows Live Mail，用于聊天和网上交流的 Windows Live Messenger，用于查看和整理照片的 Windows Live 照片库等。Windows Live 套件不仅可作为单机程序使用，也可以直接访问网络服务获得更多功能。同时，这些服务默认并未包含在 Windows 7 系统中，如果用户喜欢，只要安装后就可以使用；如果不喜欢，也可以安装其他同类型的软件。

Windows Live Mail 是一个小巧但功能强大的电子邮件客户端软件。Windows 7 系统中已不再包含很多人熟悉的 Outlook Express，但 Windows Live Mail 具备 Outlook Express 的所有功能，同时进行了额外的扩展。

（1）下载和安装 Windows Live Mail。

在百度搜索引擎中输入"Windows Live Mail"后，单击适当的链接，将 Windows Live Mail 安装包下载到计算机中。

双击安装包的图标，打开许可协议对话框，如图 6-56 所示，接着使用 Windows Live Mail 安装向导，完成软件的安装。关闭对话框后，将弹出的申请 Windows Live Messenger 账号对话框也关闭。

（2）设置电子邮件账号。

下面以案例中的 E-mail 账号 huaiannyzj@sina.com 为例，说明在 Windows Live Mail 中设置账号操作步骤。

① 在浏览器中打开新浪邮箱登录界面，登录到自己的邮箱中。单击页面上方的"邮箱服务"链接，在"设置区"选项卡中单击"POP/SMTP"链接，在"POP3/SMTP 服务："栏的下方选中"开启"选项按钮，最后单击"保存"按钮，并输入验证码，以便于 Windows Live Mail 客户端能够管理新浪邮件。

② 单击"开始"按钮，选择"Windows Live Mail"命令，打开 Windows Live Mail 的工作界面，弹出"添加电子邮件账户"对话框，提示用户进行相关的设置。

③ 在文字"电子邮件地址"后面的文本框中输入"huaiannyzj@sina.com"，撤选"记住密码"复选框，如图 6-57 所示。然后单击"下一步"按钮，进入设置邮件服务器的界面。

图 6-56　Windows Live Mail 许可协议界面

图 6-57　添加电子邮件账户

④ 在"待收服务器"文本框中输入"pop.sina.com"，在"待发服务器"文本框中输入"smtp.sina.com"，选中"待发服务器要求身份验证"复选框，如图 6-58 所示。然后单击"下一

步"按钮，在切换后界面中单击"完成"按钮，账号设置完成并关闭对话框。

（3）接收和阅读邮件。

设置好邮件账户后，就可以接收和发送电子邮件的了。单击工具栏中的"同步"按钮，从下拉菜单中选择邮件账号，弹出"登录"对话框，提示用户输入邮箱的密码，如图 6-59 所示。密码输入正确后，Windows Live Mail 开始接收邮件，完成后会自动断开连接，接收邮件工作结束。

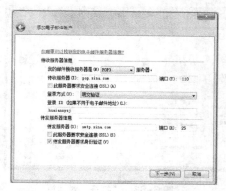

图 6-58　设置邮件服务器

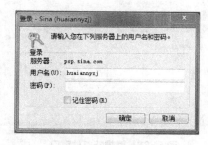

图 6-59　"登录"对话框

接收进来的邮件默认放在收件箱中，同时，"邮件列表"窗格中罗列了收到的邮件。可以单击需要阅读的邮件，然后通过"预览"窗格阅读邮件内容，如图 6-60 所示。可以看出，没有阅读的邮件在"邮件列表"窗格中以黑体字显示。

凡是在"邮件列表"窗格中有"🔋"符号的，说明该邮件含有附件。打开附件时，可单击带附件的邮件，打开"预览"窗格。在 🖉 图标后面的文件名上右击，从快捷菜单中选择"打开"命令，Windows 7 系统将以该文件对应的默认程序将其打开。如果要将附件保存到计算机中，请从上述快捷菜单中选择"另存为"命令，在弹出的"附件另存为"对话框中进行处理，如图 6-61 所示。

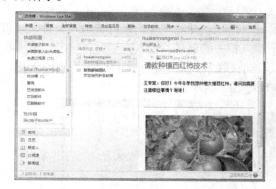

图 6-60　阅读邮件

图 6-61　"附件另存为"对话框

经过一段时间的使用后，可以利用邮件的排序功能，将所有邮件按照特定的顺序进行排列，以方便使用。为此，需要单击"排序方式"按钮，从下拉菜单中选择一种需要使用的排序方式即可。

在排序按钮的上方，还有用于搜索邮件的搜索框。可以直接将关键字输入其中，随后Windows Live Mail 会将当前文件夹下所有符合条件的邮件都列出来。搜索框中不仅可以输入文字、主题、内容，还可以直接输入联系人的名称或电子邮件地址，搜索来自该联系人的所有邮件。

（4）创建并发送邮件。

① 单击工具栏中的"新建"按钮，在打开的编辑新邮件窗口中输入收件人的 E-mail 地址、邮件主题和邮件内容，如图 6-62 示。

② 如果要添加附件，可单击工具栏中的"附件"按钮，在"打开"对话框中选择作为附件的文件，如图 6-63 示，然后单击"打开"按钮，返回"新邮件"窗口。

图 6-62　编辑新邮件窗口

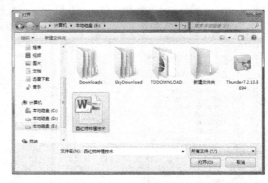

图 6-63　"打开"对话框

③ 单击工具栏中的"发送"按钮，邮件将被送到本地"发件箱"，Windows Live Mail 开始自动向邮件服务器发送邮件，如正确发送到目的服务器，则"发件箱"中的邮件就会转到"已发送邮件"中。如发送失败，邮件仍然留在"发件箱"中。

另外，用户在预览某邮件后，单击工具栏中的"答复"按钮，将打开答复邮件窗口，其中会自动附加有答复的邮件的正文内容，同时地址栏自动输入要答复的发件人地址。

（5）管理联系人。

在 Windows Live Mail 窗口左下角的模式切换窗格中单击"联系人"链接，打开"Windows Live 联系人"窗口，如图 6-64 所示。用户可以在其中创建和管理联系人，对联系人进行分组等操作。

单击"Windows Live 联系人"窗口中的"新建"按钮，打开"添加联机联系人"窗口，如图 6-65 所示。可以根据实际情况，在每个类别下输入相关的信息。输入完毕后，单击"添加联系人"按钮，该联系人信息就会被保存起来。以后向该联系人发送电子邮件时，无需输入其电子邮件地址，直接从联系人列表中选取即可，从而提高了效率。

图 6-64　"Windows Live 联系人"窗口

图 6-65　"添加联机联系人"窗口

3．创建博客

博客（Blog）和微博（MicroBlog）是继 E-mail、BBS 和 IM 之后出现的网络交流方式。它以网络作为载体，用户通过它能简单、迅速、便捷地将个人工作、生活故事、思想历程、闪现的灵感等进行及时记录和发布，能有效地轻松与他人进行交流。它是集丰富多彩的个性化展示于一体的综合平台。

博客是一个网页，通常由简短且经常更新的帖子构成，这些帖子一般是按照年份和月份倒序排列的，其作用主要体现在个人自由表达和出版、知识过滤与积累、深度交流沟通三大方面。

下面以申请开通个人博客为例，说明其使用方法。

（1）申请博客。

在百度中搜索文字"博客"，找一家自己喜欢的网站，如新浪、网易等，进入该网站首页或博客首页进行注册。新浪博客的注册页面如图6-66所示，在其中填写资料后，单击"提交"按钮就可以了。此时，新浪系统会提示发送了一个激活邮件到填写的指定信箱中。进入邮箱后，单击由"新浪博客"发送的激活链接，成功后，出现含有"恭喜您，已成功开通新浪博客！"字样的网页。

（2）建设博客。

申请博客成功后，对其进行简单的设置，个人博客即正式开通了，如图6-67所示。接着，用户可以建设自己的博客空间，包括完善个人资料、发表博文、上传资料等。

图6-66 注册新浪博客窗口

图6-67 新浪个人博客主界面

如果企业或个人希望通过博客进行自我宣传，就需要进行营销推广。目前，推广博客的方法主要有博客评论推广、软文推广、博客群建、写好内容等几种。

6.4.4 操作实训

（1）下列选项中，对于一个电子邮箱地址书写正确的是（　　　　）。

A. @263.net　　　　　B. 2008BJ@263.net　　　C. WWW.263.net　　　D. 2008BJ#263.net

（2）打开个人信箱后，如果要发送电子邮件给他人，可单击（　　　　）功能菜单。

A.文件夹　　　　　B.通讯录　　　　　C.日程安排　　　　　D.发邮件

（3）发送电子邮件时，在发邮件界面中"发送给"一栏中，应该填写（　　　　）。

A. 接收者名字　　B. 接收者邮箱地址　　C. 接收者IP地址　D. 接收者主页地址

（4）收发电子邮件，首先必须拥有（　　　　）。

A.电子邮箱　　　　　B.上网账号　　　　　C.中文菜单　　　　　D.个人主页

[1] 赵建明.大学计算机应用基础[M].北京：科学技术出版社.2006.

[2] 杨振山，龚培增，等.计算机文化基础（第3版）[M].北京：高等教育出版社.2004.

[3] 卢湘鸿，等.计算机应用教程[M].北京：清华大学出版社.2002.

[4] 卢湘鸿，等.计算机基础教程习题解答与实验指导[M].北京：清华大学出版社.2002.

[5] 刘升贵，黄敏，庄强兵.计算机应用基础.[M].北京：机械工业出版社.2010.

[6] 刘升贵，钱兆楼.计算机应用基础[M]. 北京：东软电子出版社.2013.

[7] 教育部考试中心.全国计算机等级考试一级教程 [M]. 北京：高等教育出版社.2013.